GRUNDWISSEN FÜR HOLZINGENIEURE

Band 6

GRUNDWISSEN FÜR HOLZINGENIEURE

Band 6

Herausgegeben von

Prof. Dr.-Ing. habil. Andreas Hänsel und
Prof. Dr.-Ing. Hans-Peter Linde
Berufsakademie Sachsen
Hans-Grundig-Str. 25
D-01307 Dresden

Andreas Hänsel

Holz und Holzwerkstoffe

Prüfung - Struktur - Eigenschaften

Lehrbuch für das Bachelorstudium an Berufsakademien und Dualen Hochschulen

Logos Verlag Berlin

Autor:

Prof. Dr.-Ing. habil. Andreas Hänsel
Berufsakademie Sachsen und HNEE (FH)
Hans-Grundig-Str. 25
01307 Dresden

Lektorat: Jenny Menzel

Bibliografische Information der Deutschen Nationalbibliothek

Die Deutsche Nationalbibliothek verzeichnet diese Publikation in der Deutschen Nationalbibliografie; detaillierte bibliografische Daten sind im Internet über http://dnb.d-nb.de abrufbar.

ISBN 978-3-8325-3697-8
ISSN 2193-939X

Logos Verlag Berlin GmbH
Comeniushof, Gubener Str. 47,
10243 Berlin
Tel.: +49 (0)30 / 42 85 10 90
Fax: +49 (0)30 / 42 85 10 92
http://www.logos-verlag.de

Inhaltsverzeichnis

1 Einleitung

Holz als Naturprodukt wurde über einen langen Zeitraum von den Ingenieurwissenschaften als ein für technische Anwendungen wenig geeigneter Werkstoff angesehen und folgerichtig durch andere Materialien verdrängt. Dazu trugen neben dem per se vorhandenen komplexen strukturellen Aufbau ein unzureichendes wissenschaftliches Verständnis und damit verbunden die geringe technologische Ausnutzung des im Werkstoff liegenden Potenzials bei. Dabei ist der Wald bezüglich der Umwandlung von Sonnenenergie quasi der größte Stoffproduzent der Welt.

Vorzüge von Holz wie
- Nachhaltigkeit – aber nicht Unerschöpflichkeit – der nachwachsenden Biomasse,
- technisch nur teilweise ausgeschöpftes Leistungspotenzial,
- sehr gute Umweltverträglichkeit (s. Bild 1-1) und Einordnung in Stoffkreisläufe sowie
- wirtschaftliche Be- und Verarbeitungsmöglichkeiten

führen heute zu einer stark wachsenden Bedeutung des Materials, auch als Rohstoff in der chemischen Industrie als Ersatz für Erdöl.

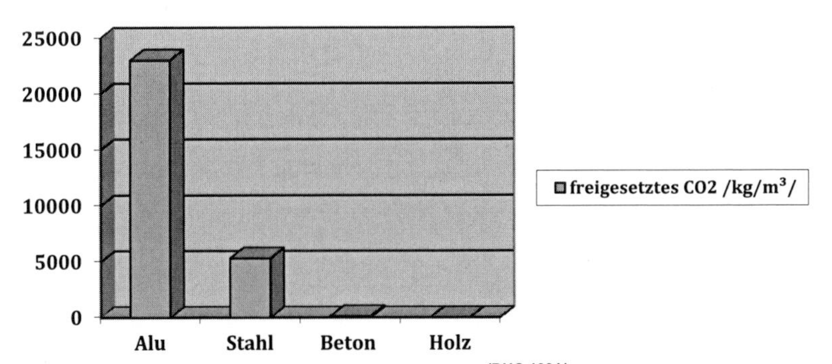

Bild 1-1: Kohlendioxid-Bilanz ausgewählter Baustoffe /BUC 1991/

Unter „Struktur“ soll nachfolgend der innere Aufbau eines Werkstoffs verstanden werden. Werkstoffe stehen am Anfang jeder technologischen

Entwicklung. Den Zusammenhang zwischen ihrem inneren Aufbau (Struktur) und den daraus resultierenden Eigenschaften zu verstehen und daraus gezielte Entwicklungen abzuleiten, ist Gegenstand der Werkstoffwissenschaften als Teildisziplin der Ingenieurwissenschaften.

Tabelle 1-1 stellt ausgewählte Eigenschaften von nativem Holz anderen Werkstoffen gegenüber. Die erreichbaren Werte physikalischer Eigenschaften des Holzes sind dabei von der Skalierung abhängig. Bild 1-2 verdeutlicht dies für die Zugfestigkeit. Es zeigt sich, dass auf der Mikro- (µm) und Meso-Betrachtungsebene (mm) der Struktur deutlich höhere Werte gegenüber der Makroebene erreicht werden können.

Tabelle 1-1: Eigenschaftsvergleich von nativem Holz gegenüber anderen technischen Materialien

Werkstoffeigenschaft	Eigenschaften von nativem Holz tendenziell im Vergleich zu:			
	Kunststoff		Metall	Naturstein
	unverstärkt	verstärkt		
Isotropie[1]	geringer	ambivalent	geringer	geringer
Festigkeit	höher	geringer	geringer	ambivalent
Härte	geringer	geringer	geringer	geringer
Dimensionsstabilität	geringer	geringer	geringer	geringer
Streuung der Eigenschaften	höher	höher	höher	höher
Wärmeleitfähigkeit	ambivalent	geringer	geringer	geringer
Brennbarkeit	ambivalent	ambivalent	höher	höher
Dauerhaftigkeit	ambivalent	ambivalent	geringer	geringer

Ein solches Verhalten wird auch als Werkstoffparadoxon bezeichnet, das folgende Erscheinungen umfasst:

- Die Festigkeit eines Stoffs steigt mit abnehmender Dicke.
- Die messbare Festigkeit eines Partikels steigt mit der Verkürzung seiner Einspannlänge.
- Spannungen in Verbundstoffen können höher sein als die Bruchspannungen des schwächeren Strukturelements.

[1] Isotropie liegt vor, wenn die Eigenschaften eines Stoffs in allen Richtungen des Raums gleich sind.

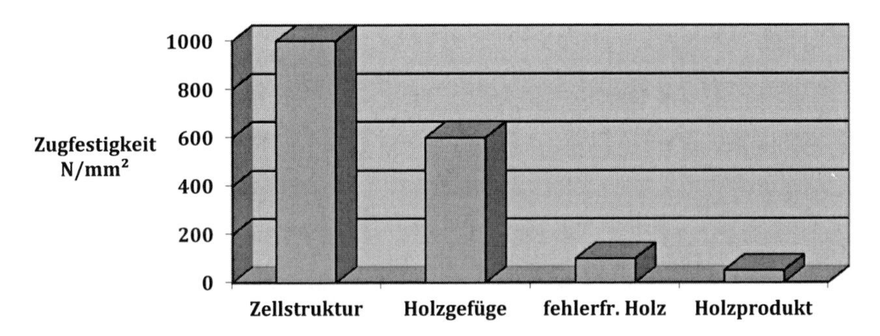

Bild 1-2: Zugfestigkeit in Abhängigkeit von der Strukturebene

Eine technische Nutzung dieses Phänomens, bezogen auf den Rohstoff Holz, erfolgt gegenwärtig nur in geringem Umfang.[2] Das Verhalten selbst lässt sich durch die Volumenakkumulation von Schwachstellen erklären (vgl. /WEI 1936/).

Verschiedene Autoren untersuchten den Geometrieeinfluss auf die nominelle Festigkeit von Holz, der nach *MADSON* und *BUCHANAN* mit nachfolgender Beziehung abgeschätzt werden kann:

$$\frac{\sigma_2}{\sigma_1} = \left(\frac{V_1}{V_2}\right)^k \cong \left(\frac{l_1}{l_2}\right)^x \cdot \left(\frac{b_1}{b_2}\right)^y \cdot \left(\frac{d_1}{d_2}\right)^z$$

Es bedeuten:
$\sigma_{1,2}$: Festigkeit des Querschnitts 1 bzw. 2; $V_{1,2}$: Volumen des Querschnitts 1 bzw. 2; l, b, d: Länge, Breite, Dicke des Querschnitts; x: 0,15; y: 0,10; z: 0,25

Bei der Holzwerkstoffherstellung werden die Zielstrukturen unter Anwendung der gesamten Breite der Fertigungsgrundprozesse (vgl. DIN 8580[3]) erzeugt. Jeder Prozessschritt bestimmt die Eigenschaften des Endprodukts dahingehend, dass er Strukturparameter in einer gewissen Ausprägung entstehen lässt. Insofern ist die Struktur eines Holzwerkstoffs das Resultat des Zusammenwirkens bzw. der Wechselwirkungen ver-

[2] So wird in der Norm DIN 1052 ein Ansatz der Bruchmechanik (s. Abschn. 3.3.4) verwendet, der zu geringeren Traglasten bei zunehmender Bauteilgröße führt.
[3] DIN 8580 (2003): Fertigungsverfahren – Begriffe, Einteilung.

schiedener Ausgangsmaterialien, diverser Hilfsstoffe sowie der Prozessführung bzw. der dieser zugrunde liegenden Maschinentechnik.

Der vorliegende Band soll Studierende unterstützen, die exzellenten Eigenschaften von Holz zu erkennen, zu verstehen und in neuen, anwendungsgerechten Produkten („taylor made") zu nutzen.

2 Definition von Holz und Holzwerkstoffen und Anforderungen an sie

2.1 Aufbau und Einsatzgebiete

Der anatomische Aufbau von Holz und seine chemischen Eigenschaften werden in der Literatur ausführlich beschrieben (z. B. /WAG 1980/. Die charakteristischen, durch seinen strukturellen Aufbau (z. B. Kern- und Splintholz, Früh- und Spätholz, anisotroper Aufbau in den Schnittrichtungen tangential, radial, längs zur Faser u. a.) bestimmten Eigenschaften übertragen sich auf aus Holz hergestellte Werkstoffe.

DEFINITION:

Holzwerkstoffe sind Produkte, die durch Zerkleinern lignozelluloser Ausgangsstoffe und das darauffolgende Fügen dieser Elemente z. B. unter Verwendung von Bindemitteln hergestellt werden. Die Stoffeigenschaften der zerkleinerten Elemente oder des Produkts können dabei eine Veränderung erfahren (s. a. /MOM 1993/, DIN 8580 (2003) u. a.).

Das Ziel der Erzeugung neuer Werkstoffstrukturen besteht darin, positive Eigenschaften des Ausgangsmaterials (z. B. gute Bearbeitbarkeit, günstiges Verhältnis von Festigkeit und Gewicht) beizubehalten bzw. hinsichtlich des künftigen Verwendungszwecks zu verbessern /AMB 2005/. Die Realisierung kann in Form einer Werkstoffkombination (Verarbeitung von Halbzeugen, z. B. als Bretter, Furniere u. a.) sowie als Rohstoffkombination bzw. Kombinationswerkstoff (Verarbeitung von Materialien aus unregelmäßig geformten, festen Körpern) erfolgen.

Makroskopisch kann bei dem Werkstoff zwischen einer Grob- und einer Feinstruktur unterschieden werden /HÄN 1987/. Erstere stellt die durch Schichten charakterisierte Querschnittstruktur dar, wobei jede Schicht ein bestimmtes Eigenschaftsspektrum (Rauheit, elastomechanische und optische Eigenschaften usw.) aufweist. Die Feinstruktur ist durch die Eigenschaften der stofflichen Komponenten (z. B. Holzspäne), deren räumliche Anordnung und Fixierung definiert (s. Bild 2-1). Damit eröffnen sich breite Möglichkeiten, durch gezielte Kombinationen gewünschte Eigenschaften zu generieren und für ein neues Material zu prognostizieren.

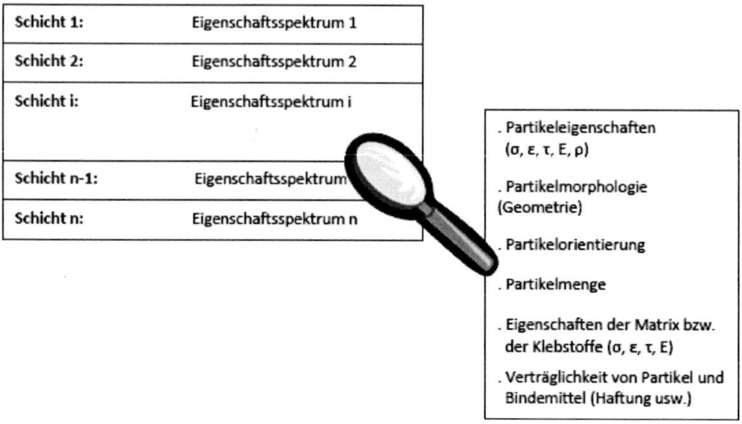

Schicht 1:	Eigenschaftsspektrum 1
Schicht 2:	Eigenschaftsspektrum 2
Schicht i:	Eigenschaftsspektrum i
Schicht n-1:	Eigenschaftsspektrum
Schicht n:	Eigenschaftsspektrum n

. Partikeleigenschaften (σ, ε, τ, E, ρ)

. Partikelmorphologie (Geometrie)

. Partikelorientierung

. Partikelmenge

. Eigenschaften der Matrix bzw. der Klebstoffe (σ, ε, τ, E)

. Verträglichkeit von Partikel und Bindemittel (Haftung usw.)

Bild 2-1: Grob- und Feinstruktur als Denkmodell der Werkstoffanalyse

In Tabelle 2-1 werden Möglichkeiten der Konfektionierung von Holzwerkstoffen dargestellt. Die einzelnen Realisierungen können dabei auf detaillierten Ebenen konkretisiert werden. So finden thermoreaktive Klebstoffe wie Harnstoff-Formaldehyd-Harze, Phenol-Formaldehyd-Harze, Melamin-Formaldehyd-Harze, Misch-Kopolymerisate oder Polyurethan-Klebstoffe als organische Bindemittel Anwendung.

Nach dem Aufschlussgrad des Rundholzes lassen sich folgende Hauptgruppen unterscheiden:

- Basis Schnittholz und Furnier: Schichtholz, Sperrholz, Massivholzplatten
- Basis spanförmige Partikel: Spanplatten (flach-/stranggepresst), „Oriented Strand Board" (OSB), Langspanholz, Furnierstreifenholz, zementgebundene Spanplatte, Holzwolle-Leichtbauplatte, gipsgebundene Spanplatte
- Basis faserförmige Partikel: poröse Faserplatte
  mittelharte Faserplatte
  harte Faserplatte
  mitteldichte Faserplatte

- Basis Halbzeuge: Verbundwerkstoffe, z. B. Wabenplatte

Tabelle 2-1: Kombinationsmöglichkeiten zur Generierung von Werkstoffstrukturen

Strukturübergänge im Querschnitt	Schichten im Querschnitt	Elemente der Grobstruktur	Elemente der Feinstruktur	Modifikation der Feinstruktur	Modifikation der Grobstruktur	Fixierung der Grob- bzw. Feinstruktur
stetig	1-schichtig	Bretter	Holzart	thermisch	selektive Verstärkung	Kleben
unstetig	2-schichtig	Furniere	Aufschlussart	chemisch	unidirektionale Verstärkung	Einbetten (organ. Matrix)
	3-schichtig	Partikel	Partikel-Morphologie	biologisch	multidirektionale Verstärkung	Einbetten (anorgan. Matrix)
	...	Holzwerkstoffe	Partikelrohstoff	mechanisch	selektive Magerung	mechanisch Verbinden
	n-schichtig	Schäume	Mischungsverhältnisse	Strahlung	geometrische Orientierung	Reaktivierung holzeigener Bindekräfte
		schubweiche Lagen			globale Verstärkung	Schweißen
		Gewebe			thermisch	
		Matten				

Einen Überblick wichtiger Holzwerkstoffe unter Berücksichtigung der Normung gibt Tabelle 2-2. Mit Einführung der DIN EN 13986 werden Holzwerkstoffe für das Bauwesen hinsichtlich Eigenschaften, zu deren Ermittlung anzuwendender Prüfverfahren sowie der Kennzeichnung geregelt. Gleichzeitig beschreibt die Norm das Verfahren zum Nachweis der Konformität mit den anzuwendenden Normen und Zulassungen. Dies wird durch das CE-Kennzeichen[4] dokumentiert, das vom Hersteller selbst am Produkt angebracht wird. Es handelt sich dabei um kein Prüfzeichen.

[4] CE: Communauté Européenne.

Die Kennzeichnung umfasst folgende Angaben:

- CE-Kennzeichen
- Nummer der fremdüberwachenden Stelle und Bezeichnung des CE-Zertifikats
- Adresse des Herstellers
- Jahr der Kennzeichnung
- Bezugsnorm (z. B. DIN EN 13986)
- Plattentyp (s. Tabelle 2-2) und Nenndicke der Platte

Aus Tabelle 2-2 wird deutlich, dass für die Verwendung – und damit auch für die Konstruktion bzw. Struktur des Werkstoffs – mehrere Einsatzgebiete unterschieden werden.

a) Nach den ***klimatischen Bedingungen*** des Einsatzes und der sich dabei einstellenden Materialfeuchte

Trockenbereich: Temperatur: 20° C, relative Luftfeuchte von 65 % wird nur für wenige Wochen im Jahr überschritten

Feuchtbereich: Temperatur: 20° C, relative Luftfeuchte von 85 % wird nur für wenige Wochen im Jahr überschritten

Außenbereich: wie Feuchtbereich, schließt jedoch den Kontakt mit Wasser oder Wasserdampf an einem feuchten, aber belüfteten Ort ein

b) Nach der ***Belastung*** während des Einsatzes

allgemeine Zwecke: alle nichttragenden Anwendungen (z. B. Möbel)

tragende Zwecke: Einsatz in einem Tragwerk[5]

hochbelastbar: Die Notwendigkeit der Verwendung folgt aus der Berechnung der Beanspruchung (rechnerischer Nachweis).

Der strukturelle Aufbau und die Eigenschaften der einzelnen Materialien werden in Abschnitt 5 erläutert.

[5] Tragwerk bedeutet, dass Teile, deren Festigkeit und Standsicherheit berechnet werden, miteinander verbunden werden.

Tabelle 2-2: Übersicht der Einsatzbereiche ausgewählter Holzwerkstoffe

Mechanische Belastung	Klimatischer Einsatzbereich	Holzwerkstoff: Bezeichnung und Normverweis			
		Sperrholz	Spanplatte	OSB	MDF
allgemeine Verwendung	Trockenbereich	DIN EN 636-1 G	DIN EN 312 P1	DIN EN 300 OSB/1	DIN EN 622-5 MDF
	Trockenbereich (Möbel)	DIN EN 636-1 G	DIN EN 312 P2	DIN EN 300 OSB/1	DIN EN 622-5 MDF
	Feuchtbereich	DIN EN 636-2 G	DIN EN 312 P3	--------	DIN EN 622-5 MDF.H
	Außenbereich	DIN EN 636-3 G	--------	--------	---------
tragend	Trockenbereich	DIN EN 636-1 S	DIN EN 312 P4	DIN EN 300 OSB/2	DIN EN 622-5 MDF.LA
	Feuchtbereich	DIN EN 636-2 S	DIN EN 312 P5	DIN EN 300 OSB/3	DIN EN 622-5 MDF.HLS
	Außenbereich	DIN EN 636-3 S	-------	--------	--------
hoch-belastbar	Trockenbereich	DIN EN 636-1 S	DIN EN 312 P6	--------	--------
	Feuchtbereich	DIN EN 636-2 S	DIN EN 312 P7	DIN EN 300 OSB/4	--------

2.2 Beanspruchungen in der Bearbeitungs- und Nutzungsphase

Holz und Holzwerkstoffe sind während der Phasen ihrer Bearbeitung sowie der Nutzung unterschiedlichen Anforderungen ausgesetzt. Diese sind mittels geeigneter, prüfbarer Kenngrößen zu erfassen, um den Gebrauchswert des Endprodukts über die Nutzungsdauer sicherzustellen. Bild 2-2 verdeutlicht diese Zusammenhänge.

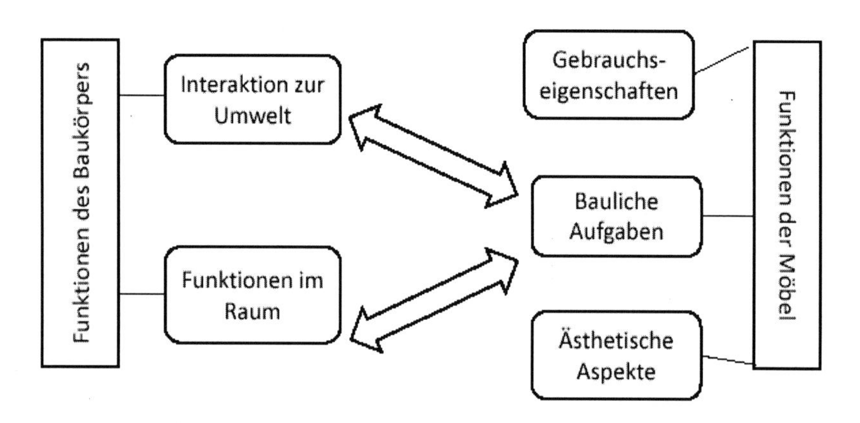

Bild 2-2: Funktionen von für Holzwerkstoffe relevanten Einsatzbereichen

Die Komplexität der Anforderungen an Werkstoffe in der Möbelindustrie verdeutlicht Bild 2-3. Auf das Endprodukt selbst wirken Gebrauchslasten und Lasten aus funktionellem Missbrauch ein, die aufgenommen und abgeleitet werden müssen. Weiterhin werden Licht, Wärme und Feuchte in unterschiedlichem Maß wirksam. In der Regel sind die genannten Beanspruchungen über längere Zeiten wirksam. Insbesondere mechanische Lasten auf horizontale Bauteile können eine Minderung des Gebrauchswerts durch Kriechverformung hervorrufen (s. Abschn. 3.3.2). Allgemein lässt sich diese Zeitabhängigkeit einzelner Eigenschaften wie folgt ausdrücken:

$$E_w(t) = E_{w,0} \pm E_w(t, \omega, T, q)$$

Es bedeuten:
$E_w(t)$: Werkstoffeigenschaft nach Ablauf der Zeit t; $E_{w,0}$: Werkstoffeigenschaft zu Beginn der Nutzungsphase; t: Zeit; T: Temperatur; ω: Feuchte

Beanspruchungen im Gebrauch	Beanspruchungen in der Fertigung

-Belastbarkeit -Funktionstüchtigkeit -Ästhetik -Formbeständigkeit -physiolog. Verträglichkeit -Beständigkeit gegen Feuchteeinfluss	-Fügeprozesse -Trennprozesse -Beschichtungs-prozesse -Lagerhaltung -Gesundheitsschutz -Qualitätskriterien -Produktivitäts-kriterien

prüftechnisch reproduzierbare Eigenschaften
z.B. Biegefestigkeit, E-Modul. Querzugfestigkeit, Emissionsgrenzwerte, Dickenquellung

Bild 2-3: Zusammenhang zwischen Anforderungen aus Bearbeitung bzw. Gebrauch und Werkstoffeigenschaften

Die Tauglichkeit des Endprodukts kann mit den Methoden der Möbelprüfung, die spezielle Anforderungen an den Trägerwerkstoff (z. B. Spanplatte) testen, durch geeignete Prüfverfahren (s. Abschn. 3) nachgewiesen werden. Tabelle 2-3 korreliert die Anforderungen mit üblichen Materialkennwerten.

Analog ist es möglich, die Notwendigkeit einer Beschreibung des Materialverhaltens für Tragwerke oder Maschinenelemente abzuleiten. Die wirkenden Beanspruchungen lassen sich dabei ebenfalls auf elementare Kraftwirkungen zurückführen (s. Bild 2.4). Je nach Einsatzgebiet erweitern sich die relevanten Eigenschaften um weitere Aspekte wie die Wärmeleitung oder das akustische Verhalten.

Tabelle 2-3: Zusammenhang zwischen Materialanforderungen und Werkstoffeigenschaften von Spanplatten für den Verwendungsfall Möbel

Eigenschaftsbereich	Anforderung hinsichtlich ...	Realisiert durch die Werkstoffeigenschaft(en):
Gebrauchsphase	Belastbarkeit	Biegefestigkeit, Elastizitätsmodul, Querzugfestigkeit
	Funktionstüchtigkeit von Eckverbindungen und Beschlägen	Querzugfestigkeit (Druckfestigkeit in Plattenebene)
	Ästhetik der Oberfläche	Dickenquellung (Rauheit der Oberfläche)
	Feuchtebeständigkeit	Dickenquellung
	Formstabilität	Elastizitätsmodul (Rohdichteprofil)
	Wohnklima	Emissionen
Produktionsphase	Schmalflächenbearbeitung	Querzugfestigkeit (Rohdichteprofil)
	Oberflächenbeschichtung	Dickenquellung, Feuchtesatz, Dickentoleranz (Rauheit, Rohdichteprofil, elektrische Leitfähigkeit)
	Fügeprozess	Querzugfestigkeit (Rohdichteprofil)
	Standzeit von Werkzeugen	(Rohdichteprofil)
	Lagerhaltung	Dickenquellung (Rohdichteprofil)

Für den Einsatz im Baubereich sind in Folge der Gefahrneigung, z. B. bei der Verwendung als tragende Teile oder Fassaden, spezielle Genehmigungsverfahren zu durchlaufen, um sicherzustellen, dass die notwendigen technischen Anforderungen erfüllt werden.

Dazu wird der Einsatz von Produkten für den Bau in Deutschland in den jeweiligen Landesbauordnungen geregelt, die verbindlich sind. Produkte, die als ***geregelte Bauprodukte*** bezeichnet werden, dürfen demgemäß nur dann zum Einsatz kommen, wenn sie

- nur unwesentlich von den in der Bauregelliste A (s. /WEE 2012/) beschriebenen Regeln abweichen oder
- mit dem CE-Zeichen versehen sind, also auf Grundlage europäischer Normen, Richtlinien oder Zulassungen in den Verkehr gebracht werden.

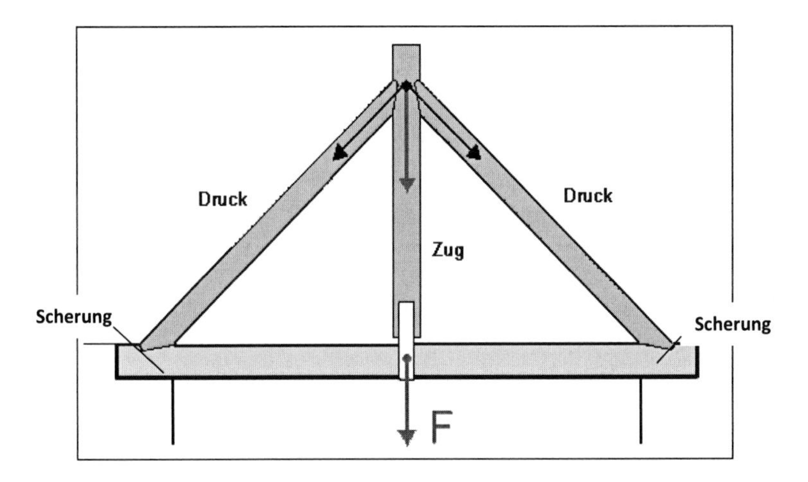

Bild 2-4: Einfaches Hängewerk /WEA 2011/

Ungeregelte Bauprodukte weichen demgegenüber entweder von den Regeln der Bauregelliste A ab oder es existieren für sie (noch) keine technischen Baubestimmungen bzw. allgemein anerkannte Regeln. Sollen solche Produkte dennoch zum Einsatz gelangen, ist ein entsprechender Nachweis zu führen. Dieser kann auf folgenden Wegen erbracht werden:

- allgemeine bauaufsichtliche Zulassung
- allgemeines bauaufsichtliches Prüfzeugnis
- Zustimmung im Einzelfall

Die allgemeine bauaufsichtliche Zulassung wird vom Deutschen Institut für Bautechnik (DIBt) für eine bestimmte Dauer auf Antrag des Herstellers erteilt. Eine Verlängerung ist möglich. In der Regel ist die Zulassung mit entsprechenden Prüfungen verbunden.

Die Regeln für ein allgemeines bauaufsichtliches Prüfzeugnis sind ebenfalls in der Bauregelliste A dargestellt. Deren Beantragung ist sinnvoll, wenn das Bauprodukt mittels bekannter Prüfverfahren beurteilt werden kann bzw. keine erheblichen Anforderungen bzgl. der Sicherheit des Bauwerks bestehen.

Eine Zustimmung im Einzelfall wird von der Obersten Bauaufsichtsbehörde des Bundeslands erteilt, in dem das Produkt zum Einsatz gelangt. Sie gilt für ein einziges Bauwerk. Ihre Anwendung erstreckt sich auch auf Produkte, für die über die CE-Kennzeichnung hinausgehende Eigenschaftsparameter angegeben werden sollen. Produkte, denen nur eine untergeordnete Rolle im Bauwerk zukommt, sind davon ausgenommen. Sie sind in der Liste C zusammengefasst.[6]

Aus den vorstehenden Ausführungen wird deutlich, dass grundlegende Kenntnisse der Materialprüfung erforderlich sind, um die Zusammenhänge zwischen Struktur, Eigenschaften und Einsatzgebiet erkennen und nutzen zu können.

Als europäische Regelung überträgt die Bauprodukterichtlinie dem Hersteller eines Bauprodukts eine größere Eigenverantwortung. Auf einer ersten Stufe erfolgt der grundsätzliche Nachweis der Brauchbarkeit durch eine existierende technische Regel (z. B. harmonisierte Norm). In einem zweiten Schritt ist der Nachweis zu erbringen, dass das Produkt mit der technischen Regelung tatsächlich übereinstimmt (Konformitätsnachweis). Im Anschluss kann die Kennzeichnung mit dem CE-Kennzeichen erfolgen. Entsprechend der Relevanz des Bauprodukts für die Sicherheit des Bauwerks sind sechs Konformitätsnachweisverfahren vorgegeben, die verschiedene Kontrollmechanismen beinhalten (s. Tabelle 2-4). Das zu wählende Nachweisverfahren ist der in der Bauregelliste aufgeführten Norm zu entnehmen.

[6] Zur weiteren Beschäftigung mit dem Thema empfehlen sich folgende Internetseiten:/WEC 2012/; /WED 2012/.

Tabelle 2-4: Konformitätsnachweisverfahren für Bauprodukte

Konformitätsnachweisverfahren	**Aufgaben**			
	Hersteller	Prüfstelle	Überwachungsstelle	Zertifizierungsstelle
System 1^{+}	werkseigene Produktionskontrolle WEPK	Erstprüfung des Produkts	Erstinspektion des Werks und der WEPK	Erteilung eines Konformitätszertifikats
	Prüfung von Proben	Stichprobenprüfung von im Werk, im freien Verkehr oder auf der Baustelle entnommenen Proben	laufende Überwachung der WEPK	
System 1	WEPK	Erstprüfung des Produkts	Erstinspektion des Werks und der WEPK	Erteilung eines Konformitätszertifikats
	Prüfung von Proben		laufende Überwachung der WEPK	
System 2^{+}	Erstprüfung des Produkts		Erstinspektion des Werks und der WEPK	Zertifikat über die WEPK
	WEPK			
	Prüfung von Proben			
System 3	WEPK	Erstprüfung des Produkts		
System 4	Erstprüfung des Produkts			
	WEPK			

3 Begriffe und wichtige Prüfverfahren

Die Möglichkeiten der Prüfung von Holz und Holzwerkstoffen sind vielfältig und werden ständig erweitert, um das Materialverhalten zuverlässig beschreiben und vergleichbar machen zu können. Aus diesem Grund werden nachfolgend ausgewählte Eigenschaften, die in der Normung und Anwendung von besonderer Bedeutung sind, näher erläutert.

3.1 Dichte

Physikalisch drückt die Dichte aus, wie viel Masse in einer Volumeneinheit eines Stoffs enthalten ist. Da es sich bei Holz um einen porigen Festkörper handelt und diese Porigkeit auch bei allen seinen Derivaten sowohl innerhalb der Stoffelemente (Furnier, Späne usw.) als auch ggf. in Form von interelementaren Hohlräumen zwischen diesen auftritt, wird die Dichte von Holz weiterhin in eine Roh- und eine Reindichte unterschieden. Weitere Dichtedefinitionen ergeben sich aus den Erfordernissen der technisch-technologischen Anwendung.

DEFINITION:

Rohdichte *ist die Masse eines Holzes bei einer bestimmten Feuchte, bezogen auf das Volumen einschließlich vorhandener Poren.*

Reindichte *ist die Masse eines absolut trockenen (atro.) Holzes, bezogen auf das Volumen ohne Poren.*[7]

Flächendichte *ist die Masse eines Holzwerkstoffs oder Vlieses, bezogen auf eine Fläche, inkl. Poren und interpartikulärer Hohlräume.*

Streudichte *ist die Masse statistisch regelloser, einzeln sedimentierender Partikel, bezogen auf das Volumen.*

Schüttdichte *ist die Masse statistisch regelloser, kollektiv als Haufwerk sedimentierender Partikel, bezogen auf das Volumen.*

Rohdichteprofil *ist die lokale Rohdichteverteilung über den Querschnitt.*

Raumdichte *ist die Masse des absolut trockenen Holzes, bezogen auf das Volumen, einschließlich Poren im maximal gequollenen Zustand, d. h. die Holzfeuchte entspricht mindestens der Fasersättigung* *(s. S. 40)**.*

---

[7] Interfibrillare Zwischenräume sind hiervon ausgenommen. Die Reindichte beträgt in Abhängigkeit vom Gehalt an Lignin zw. Zellulose 1400 bis 1600 kg/m³. Als Rechenwert wird holzartenunabhängig zumeist ein Wert von 1500 kg/m³ genutzt.

Da Holz hygroskopische, d. h. wasseranziehende Eigenschaften aufweist, ist eine bestimmte Rohdichte von der jeweils herrschenden Holzfeuchte abhängig. Aus diesem Grund ist bei der Angabe der Rohdichte stets die gemessene Holzfeuchte mit anzugeben. Zur Sicherstellung der Vergleichbarkeit wird bei holztechnischen Untersuchungen der wasserfreie Zustand des Holzgefüges, die sogenannte Darrrohdichte ρ_0, bestimmt (die Begriffe „absolut trocken/atro." und „darrtrocken/dtr." werden synonym verwendet).

Zur Berechnung können folgende Beziehungen genutzt werden:

$$\rho_\omega = \frac{m_\omega}{V_\omega} \text{ bzw. } \rho_0 = \frac{m_0}{V_0}$$

Es bedeuten:
ρ: Rohdichte; m: Masse; V: Volumen; ω: Holzfeuchte in %; 0: Holzfeuchte 0 %

Oftmals bezieht sich die Dichteangabe auch auf die unter Normalklima angestrebte Holzfeuchte von 12 %.

Stereometrische Methode zur Bestimmung der Rohdichte

Die Bestimmung der Rohdichte nach stereometrischen Prinzipien für regelmäßig geformte Körper ist

- für Holz in der Norm DIN 52182 (1976) und
- für Holzwerkstoffe in der DIN EN 323 (1983)

beschrieben. Die Prüfkörper sind dazu in einem Normalklima (T: 20° C, relative Luftfeuchte: 65 %) so lange zu lagern, bis Massekonstanz eintritt.[8] Bei geometrisch unregelmäßig geformten Körpern ist das Volumen mit Hilfe der Verdrängungsmethode auf 1 % genau zu bestimmen.

Die verschiedenen Prüfbedingungen sind in Tabelle 3-1 zusammengestellt.

[8] Massekonstanz gilt als erreicht, wenn sich das Gewicht eines Prüfkörpers innerhalb eines Zeitintervalls von 24 Stunden um weniger als 0,1 % ändert.

Tabelle 3-1 Genormte Verfahren zur Bestimmung der Rohdichte

Prüfbedingungen	Bestimmung der Rohdichte	
	Holz	Holzwerkstoffe
Prüfkörpergeometrie	- abhängig vom Untersuchungszweck - mindestens 5 Jahrringe bzw. Zuwachszonen	Länge x Breite x Dicke: 50 mm x 50 mm x Werkstoffdicke
Prüfeinrichtungen	- Waage: Bestimmung der Probenmasse auf 0,1 % - Längenmessgerät: Bestimmung der Abmessungen auf 0,5 %	- Waage: Bestimmung der Probenmasse auf 0,01 g - Längenmessgerät: Bestimmung der Breite auf 0,1 mm und der Dicke auf 0,05 mm
Maßeinheit und Genauigkeit	Berechnung auf 0,01 g/cm³ je Prüfkörper	Berechnung auf 3 Ziffern in kg/m³ je Prüfkörper

a) Verdrängungsmethode

Als Verdrängungsmittel kommen bei der Ermittlung der Reindichte unterschiedliche Stoffe wie Wasser, Quecksilber oder Helium zur Anwendung. Nachfolgend soll exemplarisch die Bestimmung der Rohdichte unter Verwendung des Verdrängungsmittels Wasser (Pyknometer-Methode) beschrieben werden. Der Ablauf der Messung gliedert sich dabei in folgende Teilschritte:

- Bestimmung der Masse des Holzes und anschließende Versiegelung des Prüfkörpers (z. B. Verschluss der Oberfläche mit Paraffin)
- Bestimmung der Masse der Prüfeinrichtung inkl. Wasser m_1
- Einlegen des Prüfkörpers
- Bestimmung der Masse der Prüfeinrichtung inkl. Holz und Restwasser m_2

Das verdrängte Wasser entspricht dem Volumen des Prüfkörpers. Die Rohdichte lässt sich daraus mit nachstehender Beziehung berechnen:

$$\rho_{PK} = \frac{m_{PK} \cdot \rho_{Wasser}}{m_1 + m_{PK} - m_2}$$

Es bedeuten:

ρ: Rohdichte; m: Masse; Indices: PK: Prüfkörper; 1: Prüfeinrichtung mit Wasser; 2: Prüfeinrichtung inkl. Holz und Restwasser

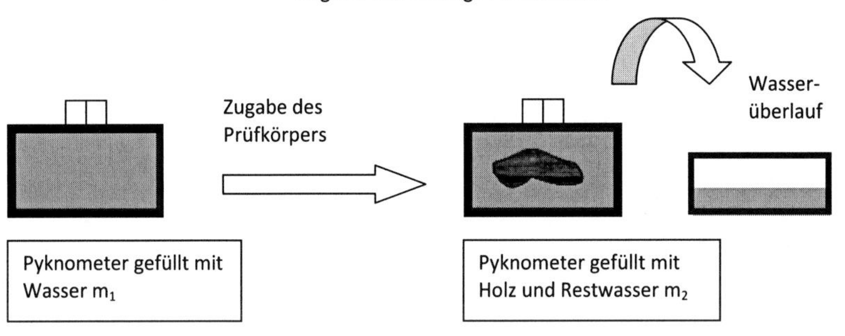

Bild 3-1: Prinzip der Rohdichtebestimmung mit dem Verdrängungsverfahren

b) Rohdichtebestimmung mit elektromagnetischen Wellen

Als elektromagnetische Wellen werden für die Bestimmung der Rohdichte bevorzugt Röntgenstrahlen genutzt. Zu deren Erzeugung emittiert eine Glühkathode Elektronen in einem Vakuum. Das zwischen der Kathode und einer Anode bestehende elektrische Feld beschleunigt die Elektronen, bis diese auf ein metallisches Objekt („target") treffen. Sofern die Elektronen über eine bestimmte kritische kinetische Energie verfügen, entsteht dabei die hochfrequente elektromagnetische Röntgenstrahlung, die ein charakteristisches Frequenzspektrum aufweist.

Die an die Röntgenröhre angelegte elektrische Spannung beeinflusst die Energie des Photonenstroms,[9] als der die Röntgenstrahlung aufgefasst werden kann, unmittelbar. Für verschiedene Materialien sind deshalb unterschiedliche Röntgenröhren einzusetzen.

Bild 3-2 zeigt den Aufbau einer in der Holzindustrie für die Bestimmung der Flächendichte genutzten Messeinrichtung. Während des Betriebs ist ggf. auf die gesundheitsschädigende Wirkung der Röntgenstrahlung zu achten. Vollschutz- bzw. Quasi-Vollschutzgeräte nach der Röntgenverordnung sind über Abschirmungen so ausgelegt, dass sich die Exposition des Anwenders im Bereich der natürlichen Strahlenbelastung auf der oder nahe der Meereshöhe bewegt.

Die Messeinrichtungen bedürfen einer regelmäßigen Kalibrierung, um konkrete Anlagenbedingungen sowie den immer existierenden Zeitein-

[9] Unter einem Photon wird die kleinste Menge einer elektromagnetischen Strahlung beliebiger Frequenz verstanden. Es besitzt keine Masse und bewegt sich damit zwangsläufig mit Lichtgeschwindigkeit fort. Physikalisch ist jede elektromagnetische Strahlung durch Photonen quantisiert.

fluss zu kompensieren. Dazu wird zu jedem Detektorpixel (s. Bild 3-3) die Absorptionskurve bestimmt und im Anschluss die Messspannung an die Flächendichte spezieller Kalibrierstücke angepasst.

Zur Bestimmung der Rohdichteverteilung senkrecht zur Plattenebene (Rohdichteprofil) haben Röntgenverfahren die klassischen Methoden (Fräsmethode, Hobelmethode) verdrängt. Dem Prinzip der Rohdichtebestimmung liegt das Gesetz von Lambert-Beer zugrunde, das die Schwächung der Strahlungsintensität beim Passieren einer absorbierenden Substanz in Abhängigkeit von der Materialdicke und der Dichte beschreibt. Das Messprinzip ist in Bild 3-3 dargestellt. Die Reststrahlung wird von einem Detektor (Ionisations-Messkammer) aufgenommen und in elektrische Energie umgewandelt.

$$I = I_0 \cdot e^{-\mu \cdot d}$$

Es bedeuten:
I: Strahlungsintensität /Nm/s/; µ: Schwächungskoeffizient /m^{-1}/; d: Materialstärke /m/

Die industrielle Computertomografie zur Aufklärung des inneren Aufbaus von Werkstoffen bedient sich grundsätzlich des gleichen Verfahrens (s. a. /CHR 2011/). Untersuchungen zu verschiedenen Anwendungsmöglichkeiten im Bereich von Holz und Holzwerkstoffen wurden von Pabel et al. durchgeführt /PAB 2007/. Zur Charakterisierung von Holzwerkstoffen eignet sich auch das Verfahren der Computertomografie im Sub-Mikrometerbereich /STA 2010/.

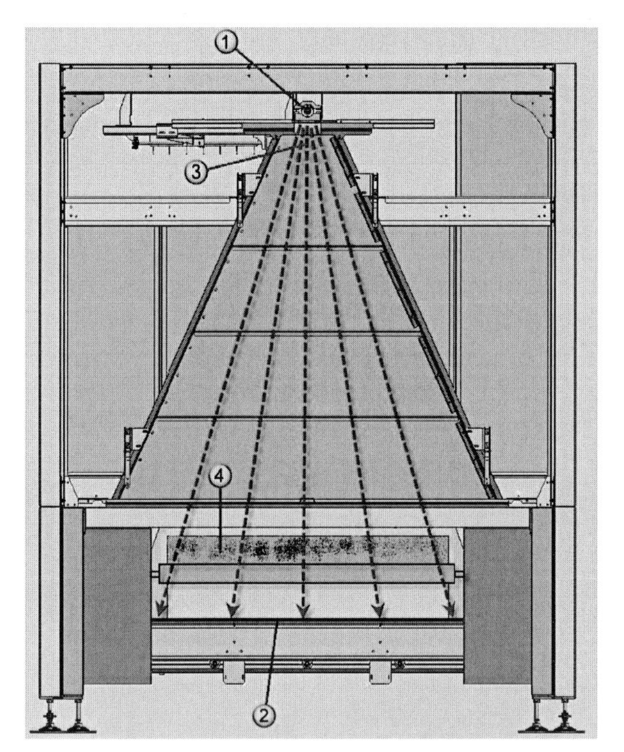

1:
Strahlungsquelle(n)
2:
Detektoren (zeilenförmig)
3:
Röntgenstrahlung
4:
Messgut

Bild 3-2 Aufbau eines Geräts zur industriellen Bestimmung der Flächendichte, nach GRECON

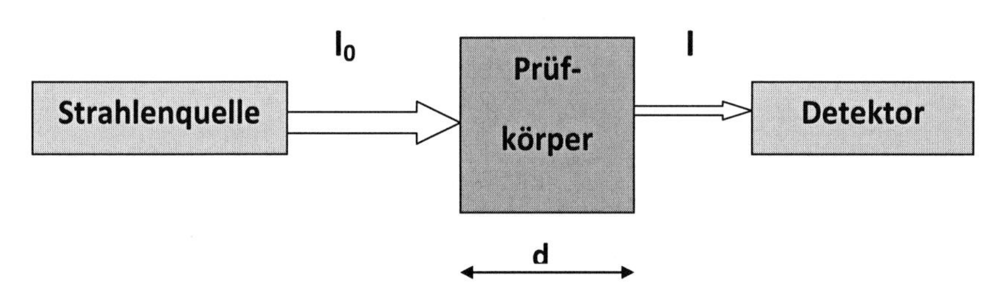

Wellenlängen: Röntgenstrahlung (10^{-11} bis 10^{-8}) m
Gammastrahlung 10^{-12} m

Bild 3-3 Prinzip der Rohdichtebestimmung mit elektromagnetischen Wellen

c) Bohrwiderstandsmessung (Resistografie)

Die Methode der Bohrwiderstandmessung eignet sich insbesondere für die Untersuchung von Bäumen und verbautem Holz.[10] Das Messprinzip geht von proportionalen Zusammenhängen zwischen der lokalen Rohdichte, dem daraus resultierenden Bohrwiderstand und der momentanen Stromaufnahme des Geräts aus (s. Bild 3-4 und Tabelle 3-2).

Dazu wird eine Bohrnadel mit einem Durchmesser von ca. 3 mm an der Bohrerspitze mit einer Vorschubgeschwindigkeit von bis zu 0,6 m/min in das zu untersuchende Material eingefahren. Der Bohrerschaft weist einen Durchmesser von ca. 1,5 mm auf, um Reibungseffekte weitgehend auszuschließen. Die mögliche Auflösung bewegt sich in einem Bereich von 0,1 bis 0,04 mm.

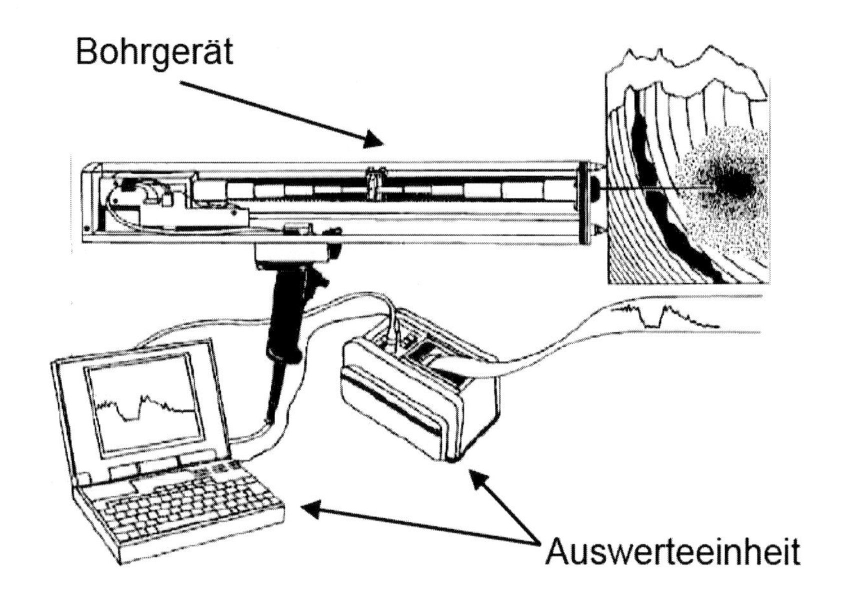

Bild 3-4 Prinzip der Bestimmung des Rohdichteprofils mittels Resistografie Quelle: MPA

[10] Tendenziell wird die Methode durch die Schallimpuls-Tomografie ersetzt werden, die komplexere Informationen zum Zustand der zu untersuchenden Querschnitte liefert.

Die Ergebnisse der Messung werden durch die Reibung am Schaft der Bohrnadel systematisch beeinflusst sowie von der Messwertauflösung[11] des Geräts, vom Zustand der Bohrerspitze (Form und Abnutzungsgrad), der Vorschubgeschwindigkeit, aber auch von der Holzart, der Holzfeuchte und der Breite der Jahrringe. Die Schaftreibung kann einen tatsächlichen Abfall des Dichteprofils überlagern und so die Identifikation von Schäden (z. B. Fäulnis) erschweren /RIN 2012/.

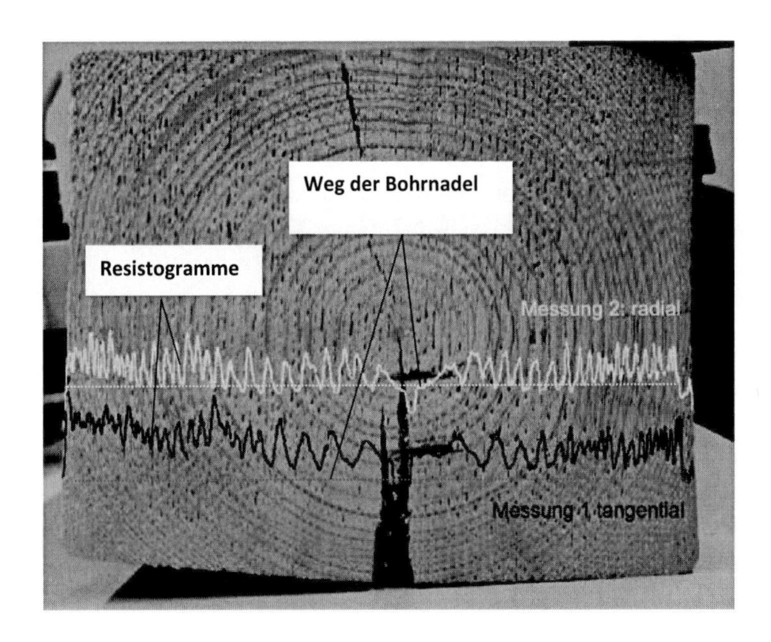

Bild 3-5: Bohrwiderstandskurve

Bei einem senkrecht zu den Jahrringen verlaufenden Bohrvorschub sind Dichteunterschiede zwischen Früh- und Spätholz gut erkennbar (s. a. Bild 3-5). Die für Nadel- und ringporige Laubhölzer typischen Dichteverteilungen über den Querschnitt (s. Abschn. 4.2) bewirken eine entsprechend korrigierbare Drift des aufgenommenen Bohrwiderstandsprofils. Bei ringporigen Laubhölzern kann der Dichteabfall schmaler Jahrringe

---

[11] Die Auflösung eines Messgeräts kann bei analoger Anzeige an der Skaleneinteilung und bei digitaler Anzeige am Ziffernschritt abgelesen werden. Sie muss kleiner sein als das zu unterscheidende Merkmal. Für Toleranzen gilt bspw. die Regel von < 0,05·Toleranz (s. a. /DIE 2005/).

jedoch nur bei hoher messtechnischer Auflösung von Fäulnisschäden unterschieden werden (ebd.).

Tabelle 3-2 Zusammenhang zwischen Strukturmerkmal und Bohrwiderstand/TOB 1998/

Strukturmerkmal	Effektiver Bohrwiderstand in %
ohne Schädigung	100
Äste 20 mm	100
Äste 30 mm	130
Fäulnis 10 %	50
Fäulnis 30 %	20

d) Schallmessung

Schallmessungen werden genutzt, um Unstetigkeiten im Dichteverlauf zu identifizieren. Sie eignen sich beispielsweise zur Diagnose von Baumschäden. Durch Messung mehrerer Schalllaufzeiten kann ein tomografisches Bild vom Inneren des stehenden Baums gewonnen werden.[12]

Die Messtechnik (z. B. ARBOTOM® der Fa. RINNTECH) nutzt dabei den Effekt, dass die Geschwindigkeit der ins Material eingebrachten mechanischen Impulse (z. B. Anschlagen mit einem Hammer) eine enge Korrelation mit der Dichte und dem Elastizitätsmodul ausweist (Näheres s. Kap. 4.2.5). Im physikalischen Sinne handelt es sich dabei um Deformationswellen und nicht um Schallwellen.

Für einen stabförmigen Körper, dessen Breite und Dicke gegenüber der Wellenlänge des Schalls klein sind, gilt die folgende Formel:

$$c = \sqrt{\frac{E}{\rho}}$$

Es bedeuten:
c: Schallgeschwindigkeit; E: Elastizitätsmodul; ρ: Rohdichte

In geschädigtem Holz ist die Schallgeschwindigkeit geringer als in gesundem, da der Elastizitätsmodul in durch Fäulnis abgebautem Holz

[12] Tomografie: bildgebendes Verfahren, das den inneren Aufbau eines Körpers als Schichtbilder darstellt.

schneller abnimmt als die Rohdichte. Hohlräume lenken den Schall um sich herum, wodurch eine Verlängerung des Laufwegs und damit der Schalllaufzeit eintritt. HAABEN et al. wiesen einen Einfluss der Temperatur nach, der messtechnisch eliminiert werden kann (vgl. /HAA 2006/; /NIE 2001/).

3.2 Feuchte und Sorption

Feuchte

Wie alle porigen Festkörper nimmt trockenes Holz kondensierbaren Dampf bis zum Erreichen eines Gleichgewichtszustands auf. Vom Anteil des kondensierten Dampfs (Feuchte) im Holz hängen die Ausprägungen fast aller stofflich und technologisch relevanten Eigenschaften des Materials ab. Die Zusammenhänge werden im Abschnitt 4 näher erläutert.

Allgemein kann der ***Feuchtegehalt*** nach folgender Beziehung berechnet werden:

$$\omega = \frac{m_1 - m_0}{m_0} \cdot 100$$

Es bedeuten:
m_1: Masse eines Prüfkörpers vor dem Trocknen /g/; m_0: Masse des Prüfkörpers im darrtrockenen Zustand /g/; ω: Feuchtegehalt /%/

Wird der Zähler der obigen Gleichung auf die feuchte Masse (m_1) bezogen, bezeichnet man die Messgröße als ***Feuchteanteil*** f. Beide Kenngrößen lassen sich durch folgende Beziehungen ineinander umrechnen:

$$\omega = \frac{100 \cdot f}{100 - f} \text{ bzw. } f = \frac{100 \cdot \omega}{100 + \omega}$$

Das Wasser kann im Holz frei (oberhalb des Fasersättigungsbereichs[13]) oder gebunden (unterhalb des Fasersättigungsbereichs) vorliegen.

Für die Feuchtemessung werden:

- direkte Methoden (Bestimmung der im Holz enthaltenen Wassermasse) und
- indirekte Methoden (Messung physikalischer Größen, die mit der Holzfeuchte korrelieren)

unterschieden. Nachfolgend werden die gebräuchlichsten und in der praktischen Anwendung üblichen Verfahren vorgestellt.

[13] Fasersättigung: Das Hohlraumsystem der Zellwände ist mit Wasser gefüllt. Wassersättigung: Auch die Zelllumina des Holzes sind mit Wasser gefüllt (s. Abschn. 4.2).

a) Trocknungsmethode zur Bestimmung der Holzfeuchte (Darrmethode)

Das Prinzip der Bestimmungsmethode beruht auf dem Verdampfen des im Material enthaltenen Wassers. Nach Erreichen einer Massekonstanz (vgl. Fußnote 8) wird davon ausgegangen, dass der Zustand absoluter Trockenheit (darrtrocken) erreicht ist.[14] Der Feuchtegehalt kann dann nach obiger Beziehung berechnet werden.

Die Durchführung der Untersuchung erfolgt an kleinen Prüfkörpern oder, bei größeren Hölzern, an speziell entnommenen Proben (s. Bild 3-6). Analog zur Rohdichtebestimmung unterscheiden sich die Prüfbedingungen für die Feuchtebestimmung bei Holz und Holzwerkstoffen (s. Tabelle 3-3).

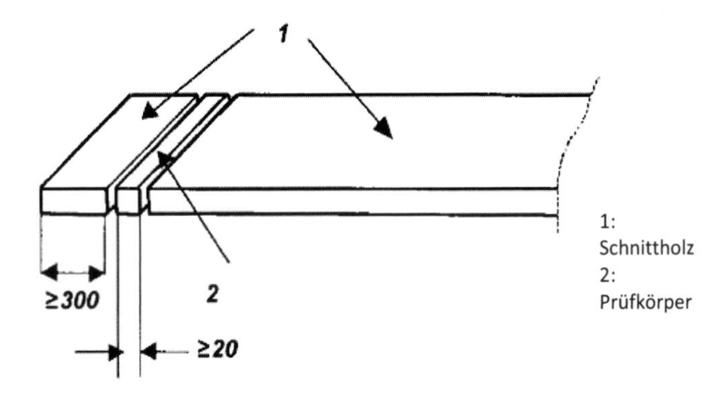

Bild 3-6: Normgerechte Entnahme eines Prüfkörpers nach DIN 13183-1[15]

Für Schüttgüter (z. B. Holzspäne) wird häufig ein modifiziertes Darrverfahren angewendet. Dabei wird in einem Trocknungsofen eine Probe (ca. 5 g) in einem offenen Prüfbehälter auf einer Waage gelagert. Durch Infrarotstrahler erfolgt die Trocknung des Messguts bis zur Massekonstanz. Die Berechnung erfolgt wie dargestellt bzw. automatisch durch das Messgerät.

[14] Ein bestimmter, sehr kleiner Anteil chemisch gebundenen Wassers kann auf diese Weise nicht entfernt werden. Er wird bei der Anwendung der Bestimmungsmethode deshalb generell nicht berücksichtigt.
[15] DIN EN 13183-1 (2002): Feuchtegehalt eines Stückes Schnittholz – Teil 1: Bestimmung durch Darrverfahren.

Tabelle 3-3: Genormte Verfahren zur Bestimmung der Holzfeuchte

Prüfbedingungen	Bestimmung der Feuchte	
	Holz A. DIN EN 13183-1 (2002) B. ISO 3130 (1975)	Holzwerkstoffe DIN EN 322 (1993)
Prüfkörpergeometrie bzw. -masse	- Länge in Faserrichtung: > 20 mm (A) - B/H/L: 20x20 mm sowie 25±5 mm in Faserrichtung (B)	- m > 20 g
Prüfeinrichtungen	- Trocknung: 103±2° C - Wiegen: Skaleneinteilung Probe < 100 g: 0,01 g > 100 g: 0,1 g	- Trocknung:103±2° C - Wiegen: Masse auf 0,01 g bestimmen
Endkriterium der Trocknung	Masseunterschied zwischen 2 Wägungen im Abstand von 2 h kleiner 0,1 % (A) bzw. von 6 h kleiner als 0,5 % (B)	Masseunterschied zwischen 2 Wägungen im Abstand von 6 h kleiner 0,1 %
Messgenauigkeit	±0,1 %	±2 %

b) Elektrische Bestimmungsmethoden

Die Möglichkeit, unter Nutzung elektrischer Methoden die Holzfeuchte zu bestimmen, lässt sich darauf zurückführen, dass sich der Ohmsche Widerstand (Widerstandsmessgerät) und die Permittivität (früher: Dielektrizitätskonstante) bzw. der Verlustwinkel (Kapazitätsmessgerät) von Wasser und trockenem Holz deutlich unterscheiden (s. Abschn. 4.2.6). Im hygroskopischen Bereich des Holzes[16] ist der Zusammenhang zwischen Feuchtegehalt und elektrischen Eigenschaften stark ausgeprägt, so dass er für Messzwecke genutzt werden kann.

Im Bereich oberhalb der Fasersättigung entspricht der elektrische Widerstand von Holz annähernd dem von Wasser (700...4000 Ω), bei Holzfeuchten zwischen 5 und 10 % liegt er zwischen 10 und 100 GΩ. Nach DIN EN 13183-2 (2002) ist das Widerstandsverfahren deshalb auch nur in einem Holzfeuchtebereich zwischen 7 und 30 % anwendbar.

Nach der genannten Norm sind für die Messung Einschlagelektroden zu verwenden. Innerhalb des Messbereichs kann damit der mittlere Feuchtegehalt des Holzes gut abgebildet werden. Dies lässt sich darauf zu-

[16] Holzfeuchtebereich unterhalb der Fasersättigung, in dem das Holz nur gebundenes Wasser enthält.

rückführen, dass in einer Ebene mit einem Abstand von ca. 20 % der Holzdicke von der äußeren Begrenzungsfläche der Wert messbar wird (vgl. /KOL 1951/).

Stempelelektroden erfassen nur einen sehr begrenzten Bereich des Holzes. Sie eignen sich für Messungen von Furnier bzw. des Holzfeuchtegehalts an der Oberfläche. Tendenziell zeigt das Widerstandsverfahren gegenüber der Darrmethode etwas niedrigere Werte an (s. Bild 3-7).

Modifikationen des Holzes auf Basis elektrolytischer, im Holz gelöster Stoffe (z. B. Holzschutzmittel) beeinflussen das Ergebnis über die Veränderung der Leitfähigkeit. Weiterhin wirken sich die Holzart, die Holztemperatur und die Einschlagrichtung der Elektroden auf den gemessenen Feuchtewert aus.

Die kapazitive Messung der Holzfeuchte nutzt den Unterschied der Permittivität von trockener Holzsubstanz und Wasser. Feuchteänderung zieht eine Änderung der elektrischen Kapazität des Holzes und damit des elektrischen Stroms nach sich. Für die Prüfung werden die Messgeräte zunächst durch eine Messung in der Luft geeicht. Im Anschluss kann die Feuchtebestimmung durch Auflegen des Kondensators auf das Holz erfolgen.

Da verfahrensbedingt eine Bestimmung der Masse an Feuchte erfolgt, ist zur Umrechnung in den Holzfeuchtegehalt die Darrrohdichte zu verwenden. Dazu liegen den Geräten entsprechende Tabellen bei. Weiterhin beeinflusst die Leitfähigkeit des Untergrunds das Ergebnis nachhaltig (z. B. Messergebnisse einer Holzprobe bei unterschiedlichen Untergründen: Holz: ω = 11 %, Blech: ω = 14 %, Styropor: ω = 9,5 %).

Aus den genannten Gründen sind die Ergebnisse mit größeren Fehlern behaftet (Messgenauigkeit ±3 %) als die der vorgenannten Verfahren.

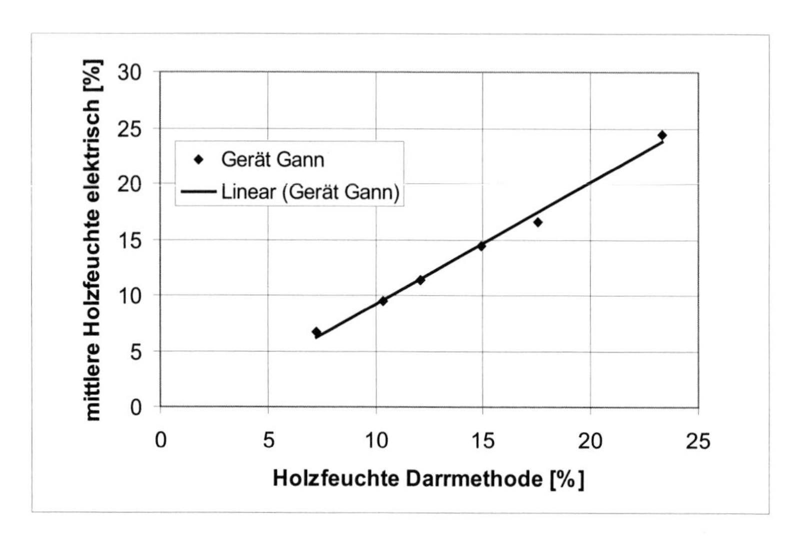

Bild 3-7: Vergleich von Messergebnissen nach dem Darr- und dem Widerstandsverfahren /WEB 2011/

c) Extraktionsmethode

Untersuchungen von Suenson (zitiert in /KOL 1951/) zeigen, dass für harzreiche oder getränkte Hölzer eine exakte Bestimmung der Holzfeuchte nur mit Hilfe des Extraktionsverfahrens möglich ist. Beim Darrverfahren entweichen flüchtige Bestandteile (ätherische Öle, Fette usw.) gemeinsam mit dem Wasser und führen so zu einer irrtümlichen hohen Feuchteannahme.

Beim Extraktionsverfahren wird das Holz zunächst mechanisch zerspant[17] und im Anschluss in einem nicht mit Wasser mischbaren Lösungsmittel erhitzt. Das Dampfgemisch wird in einem Kühler niedergeschlagen, die Separierung des Wassers vom Lösungsmittel erfolgt in einem Steigrohr, wobei sich je nach dem Dichteverhältnis von Wasser zu Lösungsmittel das Wasser ober- oder unterhalb des Lösungsmittels sammelt. Der Extraktionsprozess endet mit dem Erreichen der Darrtrockenheit der Probe.

[17] Es sind keine wärmeerzeugenden Verfahren anzuwenden, da diese zu einer Vortrocknung führen und den Messfehler vergrößern würden.

Die Darrmasse wird durch Subtraktion des abgeschiedenen Wassers von der Ausgangsmasse des Holzes bestimmt. Das Verfahren ist zeitaufwendig (ca. 5 Stunden) und wird deshalb in der holzverarbeitenden Industrie kaum angewendet.

d) Mikrowellen-Resonanz-Methode (MRM)

Die Feuchtebestimmung bei der MRM nutzt den polaren Charakter der Wassermoleküle. Ein Sensor erzeugt dazu ein spezielles Mikrowellenfeld, das eine Resonanzwelle erzeugt, die eine hohe Intensität aufweist. In einem elektromagnetischen Wechselfeld versuchen Wassermoleküle, der Polaritätsänderung zu folgen. Dabei erfolgt eine Rückkopplung auf die Eigenschaften des Felds, die als Änderung der Lage und der Intensität gegenüber dem Leer-Peak (Sensor ohne Messgut) gemessen werden kann (s. Bild 3-8). Der Effekt wird durch dielektrische Verluste hervorgerufen.

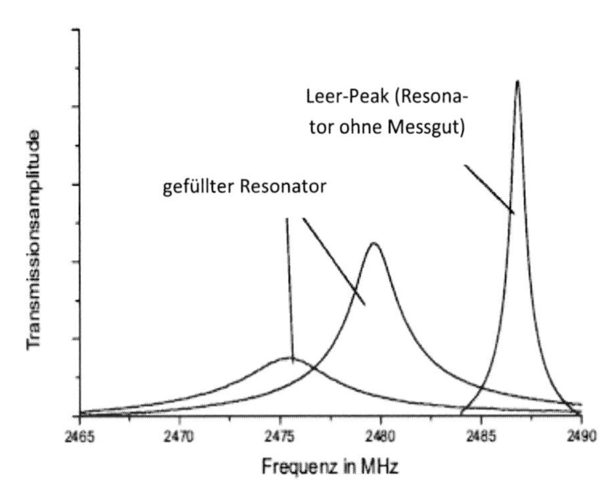

Bild 3-8: Resonanzkurven eines leeren und eines gefüllten Mikrowellenresonators /SCH 2008/

Die Messung zweier unabhängiger Parameter erlaubt die Bestimmung von zwei Materialeigenschaften: der Feuchte und der Dichte. Eine spezielle mathematische Bearbeitung des so gewonnenen Datenmaterials führt zu einem dichteunabhängigen Feuchtewert. Praktische Anwendung findet das Verfahren für Schüttgüter und plattenförmige Produkte (z. B. MWF 5000 der Fa. GRECON; vgl. /KUP 1997/, /PIL 2004/).

e) Sonstige Verfahren

- Hygrometer

Hygrometer gehören zu den klassischen Instrumenten für die Bestimmung der Holzfeuchte. In einem von der Außenluft abgeschlossenen Bohrloch kommt es zu einem durch das hygroskopische Gleichgewicht definierten Ausgleich der Holzfeuchte mit der Luftfeuchtigkeit. Unter Nutzung der bekannten Sorptionsisothermen (s. Abschn. 4.2.2) ist es möglich, aus der Luftfeuchtigkeit auf die Holzfeuchte zu schließen.

- NIR-Spektroskopie

Die NIR (**N**ahes **I**nfra**r**ot)-Spektroskopie ist ein sehr gut geeignetes Verfahren zur Bestimmung des Wassergehalts, das im elektromagnetischen Wellenlängenbereich von 760 bis 2500 nm arbeitet.

IR-Strahlung wird in Abhängigkeit von der Wellenlänge von dem damit beaufschlagten Stoff absorbiert, reflektiert oder transmittiert. Die Energiebilanz lässt sich wie folgt darstellen:

$$E(\lambda) = \left(A(\lambda) + R(\lambda) + T(\lambda)\right) \cdot E(\lambda)$$

Es bedeuten:
E; A; R; T(λ): Energie der IR-Strahlung; Absorptions-, Reflexions-, Transmissionsanteil in Abhängigkeit von der Wellenlänge

Wasser absorbiert bei der Wellenlänge von 1930 nm IR-Strahlung. Da der Transmissionsanteil praktisch mit Null angenommen werden kann, ist der reduzierte Reflexionsanteil als Maß der Holzfeuchte nutzbar. Externe Störgrößen werden durch eine Vergleichsmessung bei der Wellenlänge 1700 nm eliminiert. Das Verfahren liefert nur Ergebnisse im oberflächennahen Bereich bis etwa 0,1 mm.

Sorption

Holz stellt in seinem Inneren einen komplexen dreidimensionalen Raum dar, der sich in Makrokapillaren, Zellhohlräume und intermizellare Zwischenräume gliedert.[18] Die Hohlräume im Holz nehmen 10 bis 90 % des Volumens ein. In einem feuchten Klima oder in Wasser wird durch tro-

[18] S. Abschnitt 4.1; zur Vertiefung wird empfohlen: Wagenführ, R., Anatomie des Holzes, Fachbuchverlag.

ckenes Holz Feuchte bis zu einem Grenzwert, der sogenannten Gleichgewichtsfeuchte, aufgenommen.

Physikalisch findet zunächst eine Adsorption der Wasserdampfmoleküle statt, die darauf folgend an der inneren Oberfläche des Hohlraumsystems absorbiert werden.[19] In Folge der Parallelität dieser Prozesse werden die Vorgänge bei Holz unter dem Begriff der ***Sorption*** zusammengefasst. Dabei läuft bis zum Erreichen des Gleichgewichts ein Diffusionsprozess ins Materialinnere und die Anlagerung im Porensystem ab.

Die Prozesse werden in verschiedenen Theorien beschrieben (vgl. /SKA 1980/). Als gesichert kann angenommen werden, dass es zunächst zur Anlagerung einer monomolekularen Schicht primärer Wassermoleküle an der Holzoberfläche kommt, die durch Wasserstoffbrückenbindungen fixiert sind. Diese entstehen durch die Elektronegativitätsdifferenz zwischen Sauerstoff und Wasserstoff sowohl an den funktionellen Gruppen des Holzes als auch des Wassers. An diese Moleküle lagern sich in der Folge weitere Wassermoleküle in einer polymolekularen Schicht an. Der Vorgang führt zu einer Aufweitung der Mikrofibrillen und damit zum Quellen des Holzes.

Grundsätzlich werden drei Stufen der Feuchteaufnahme unterschieden (s. Bild 3-9), die zur sogenannten gebundenen Feuchte führen:

- chemisch gebundene Feuchte (relative Luftfeuchte: < 20 %, Holzfeuchte: 0 bis 6 %)
- sorptionsgebundene Feuchte (relative Luftfeuchte: < 60 %, Holzfeuchte: 6 bis 15 %)
- kapillar gebundene Feuchte (relative Luftfeuchte: > 60 %, Holzfeuchte: > 15 %)

[19] Absorption: Aufnahme eines Stoffs in das freie Volumen eines anderen Stoffs, Adsorption: Anlagerung von Stoffen auf der Oberfläche eines Festkörpers.

Die Feuchteaufnahme bis ca. 15 % Holzfeuchte kann – wie bereits ausgeführt – durch zwischenmolekulare Kräfte erklärt werden. Die weitere Aufnahme von Feuchte erfolgt durch Kapillarkondensation. Dabei setzen starke Oberflächenkräfte den Dampfdruck so weit herab, dass es zur Verflüssigung des Wasserdampfs kommt.

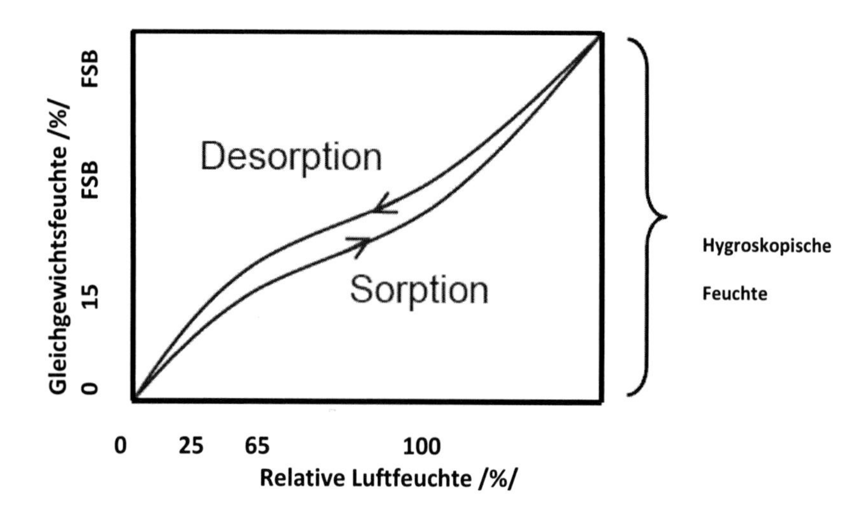

Bild 3-9: Sorptionsisotherme von Holz

So sinkt z. B. der Dampfdruck von Wasser in Kapillaren von $30 \cdot 10^{-8}$ cm Durchmesser auf 50 % des normalen Drucks. Dieser Durchmesser entspricht dem der Mikrokapillaren der Zellwände.

Der mathematische Zusammenhang zwischen relativer Luftfeuchte und Holzfeuchte lässt sich allgemein in folgender Form darstellen:

$$\omega(\varphi) = \frac{\varphi}{A + B \cdot \varphi - C \cdot \varphi^2}$$

Es bedeuten:

ω: Holzfeuchte in %; φ: relative Luftfeuchtigkeit in %

Nach dem Erreichen der Sättigung der Hohlräume der Zellwand ist die Sorption beendet. Dieser Zustand wird als Fasersättigungsbereich bezeichnet (s. /TRE 1955/).

DEFINITION:
Der Fasersättigungsbereich ist dadurch charakterisiert, dass die Zellwand noch nicht restlos mit Wasser gesättigt ist, das Holzgefüge aber bereits einen kleinen Anteil an freiem Wasser aufweist, das die Makrokapillaren und Zellhohlräume füllt.

Messverfahren

Zur Bestimmung der Sorptionskurven können das:

- Exsikkatorverfahren (Referenzverfahren) und das
- Klimakammerverfahren

nach DIN EN ISO 12571 (2000) genutzt werden.

Tabelle 3-4: Spezifikation der Prüfeinrichtung (DIN EN ISO 12571 (2000))

	Exsikkatorverfahren	Klimakammerverfahren
Wiegegefäß	kein Wasser absorbierend luftdicht schließender Deckel	kein Wasser absorbierend
Analysenwaage	Genauigkeit: ±0,01 % der Prüfkörpermasse	
Wärmeschrank	nach EN ISO 12570	
Exsikkator	rel. Luftfeuchte auf ±2 % haltbar	----
Klimaschrank	Temperaturabweichung: ±5 K	Temperaturabweichung: ±2 K rel. Luftfeuchte: ±5 %
Prüfkörper	m > 10 g für ρ < 300 kg/m³: (100 x 100) mm	
Versuchsanzahl	mindestens 3 Prüfkörper	
Messbereich und Versuchspunkte	Ausgangsfeuchte: absolut trocken Messbereich: mindestens 4 Punkte zwischen 30 und 95 % relativer Luftfeuchte	

Im Klimakammerverfahren wird der Prüfkörper zunächst bis zur Massekonstanz getrocknet. Danach erfolgt die Lagerung in einem bestimmten Klima, wobei der Prüfkörper ebenfalls bis zur Massekonstanz klimatisiert wird. Im Messbereich (s. Tabelle 3-4) sind mindestens vier Messungen bei ansteigender Luftfeuchte vorzunehmen (Sorptionskurve).

Zur Bestimmung der Desorptionskurve erfolgt die Lagerung analog, jedoch bei absteigenden relativen Luftfeuchten. Beim Exsikkatorverfahren erfolgt die Einstellung der relativen Luftfeuchte durch gesättigte wässrige Lösungen (z. B. Kobaltchlorid: bei 25° C rel. Luftfeuchte (64,92 ± 3,5) %).

Wasseraufnahmekoeffizient

Die Wasseraufnahme wird durch partielles Eintauchen eines Prüfkörpers in Wasser über einen bestimmten Zeitraum[20] bestimmt. Der Wasseraufnahmekoeffizient berechnet sich dabei nach folgender Formel:

$$A_W = \frac{\Delta m}{\sqrt{t}}$$

Es bedeuten:
A_W: Wasseraufnahmekoeffizient; Δm: Masseänderung des Prüfkörpers; t: Prüfdauer

Messverfahren

Den prinzipiellen Messaufbau zeigt Bild 3-10. Die wasseraufnehmende Fläche des Prüfkörpers soll mindestens 50 cm² betragen. Insgesamt muss eine Fläche von 600 cm² geprüft werden, woraus sich die Anzahl notwendiger Prüfkörper berechnen lässt. Vor Beginn der Prüfung ist der Prüfkörper zu konditionieren und seine Masse auf 0,1 % genau zu bestimmen. Für eine Darstellung des Wasseraufnahmeverhaltens ist die Masseänderung zu verschiedenen Zeitpunkten über die Prüfdauer festzustellen.

Änderung der Geometrie durch Feuchteaufnahme/-abgabe

Durch die Aufnahme von Feuchte im hygroskopischen Bereich (s. Bild 3-9) ändert Holz seine Abmessungen in den drei anatomischen Hauptrichtungen (s. Abschn. 4.1 und 4.2) in unterschiedlichem Umfang. Es kann sich ausdehnen (quellen) oder seine Maße verringern (schwinden). Dieser Vorgang wird als „Arbeiten des Holzes“ bezeichnet. In guter Nähe-

---

[20] Nach DIN EN ISO 15148 (2003) Bestimmung des Wasseraufnahmekoeffizienten bei teilweisem Eintauchen i. d. R. 24 Stunden.

rung kann bis zu einer Holzfeuchte von 25 bis 30 % von einem linearen Zusammenhang zwischen Feuchtezunahme und Dimensionsänderung ausgegangen werden (Bild 3-11).

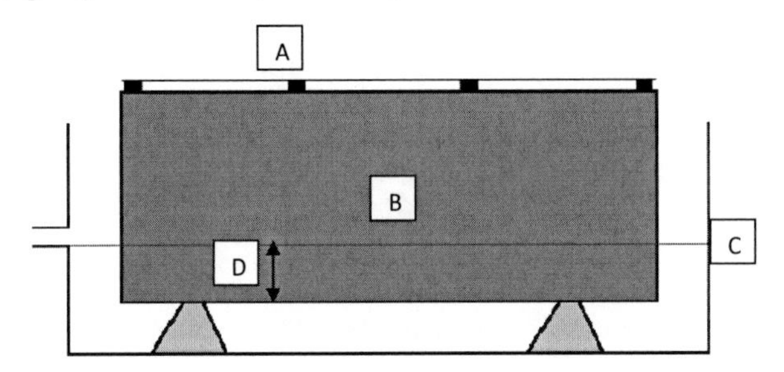

Bild 3-10: Messprinzip zur Bestimmung der Wasseraufnahme nach DIN EN ISO 15148 (A: Auflage zum Verhindern des Auftriebs; B: Prüfkörper; C: Wasserspiegel; D: (5 ± 2) mm über der höchsten Stelle der Unterkante des Prüfkörpers)

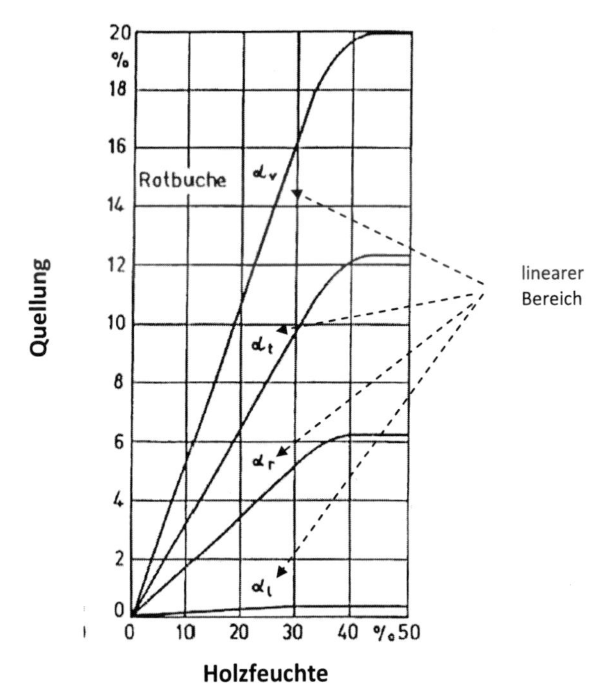

Bild 3-11: Quellung in Abhängigkeit von der Holzfeuchte nach MÖRATH/KOL 1951/

Der Vorgang des Quellens bzw. Schwindens ist aus diesem Grund durch lineare Quell- bzw. Schwindmaße beschreibbar. Für die Quellung erfolgt dabei ein Bezug auf ein Ausgangsmaß im absolut trockenen (darrtrockenen) Zustand l_0, bei der Schwindung wird Bezug auf ein maximales Maß bei einer Holzfeuchte über dem Fasersättigungsbereich l_W genommen.

$$\alpha = \frac{l_2 - l_1}{l_0} \cdot 100\% \quad \beta = \frac{l_2 - l_1}{l_W} \cdot 100\%$$

Es bedeuten:
α: lineares Quellmaß; β: lineares Schwindmaß; l: Prüfkörperabmessung in einer der anatomischen Hauptrichtungen (radial, tangential, longitudinal); Indices: (2)- bei einer höheren, (1)- niedrigeren Holzfeuchte, (0)- im darrtrockenen Zustand, (W)- im maximal gequollenen Zustand

Das ***maximale Quellmaß*** berechnet sich als Sonderfall aus:

$$l_2 = l_W,$$

das ***maximale Schwindmaß*** (auch als Trocknungs-Schwindmaß bezeichnet) aus:

$l_2=l_W$ und $l_1=l_N$ [21]

Die Zu- bzw. Abnahme des Volumens des Holzes kann aus den Maßänderungen in den anatomischen Richtungen berechnet werden. Für das ***Volumenquellmaß*** α_V erfolgt dies mit nachstehender Beziehung, wobei unter Vernachlässigung der minimalen Maßänderung in Faserrichtung die vereinfachte Näherungsformel gilt:

$$\alpha_V = \frac{(100+\alpha_t)\cdot(100+\alpha_r)\cdot(100+\alpha_l)}{10.000} - 100\% \text{ bzw. } \alpha_V \approx \alpha_t + \alpha_r$$

Das ***Volumenschwindmaß*** β_V erhält man analog aus:

$$\beta_V = 100 - \frac{(100-\beta_t)\cdot(100-\beta_r)\cdot(100-\beta_l)}{10.000} \text{ bzw. } \beta_V \approx \beta_r + \beta_t$$

Es bedeuten:
α, β: lineares Quell- bzw. Schwindmaß; Indices t, r, l: tangentiale, radiale, longitudinale (in Faserrichtung) holzanatomische Richtung

[21] l_N ist das Maß des Holzes bei Lagerung im Normalklima (Temperatur: 20° C, rel. Luftfeuchte: 65 %).

Von praktischer Bedeutung ist die Möglichkeit, eine rasche Berechnung der Änderung der Abmessungen bei Änderung der relativen Luftfeuchte bzw. der Holzfeuchte vornehmen zu können. Dazu dienen die folgenden Kennziffern:

Quellungskoeffizient h

Die Kennzahl erlaubt es im Bereich von 35 bis 85 % relativer Luftfeuchte, die prozentuale Quellung je 1 % Änderung der relativen Luftfeuchte vorherzuberechnen.

$$h = \frac{l_F - l_T}{l_0 \cdot (\varphi_F - \varphi_T)} \cdot 100 \, / \frac{\%}{\%} /$$

Es bedeuten:
l: Abmessung des Holzes bei: Indices: F: Feuchtklima nach Erreichen des Gleichgewichtszustands, T: Trockenklima nach Erreichen des Gleichgewichtszustands, 0: im darrtrockenen Zustand

Differentielle Quellung q

Die Kennzahl erlaubt es, die prozentuale Quellung in Abhängigkeit von der Holzfeuchte zu berechnen:

$$q = \frac{l_F - l_T}{l_0 \cdot (\omega_F - \omega_T)} \cdot 100 \, / \frac{\%}{\%} /$$

Es bedeuten:
l: Abmessung des Holzes bei: Indices: F: Holzfeuchte im Feuchtklima nach Erreichen des Gleichgewichtszustands, T: Holzfeuchte im Trockenklima nach Erreichen des Gleichgewichtszustands, 0: im darrtrockenen Zustand

Die Bestimmung erfolgt separat für die einzelnen holzanatomischen Richtungen.

Quellungsanisotropie A_q

Dies ist eine Kennziffer, um die Neigung zur Verformung des Querschnitts von Hölzern – die sogenannte Formstabilität (auch als Stehvermögen bezeichnet) – zu beurteilen. Die Berechnung erfolgt durch Vergleich der differentiellen Quellung in tangentialer und radialer Richtung:

$$A_q = \frac{q_t}{q_r}$$

Hölzer mit gutem Stehvermögen weisen einen Wert von $A_q < 2$ auf.

Zur Abschätzung der bei Trocknungsprozessen zu erwartenden Verformungen wird die Kennziffer ***Anisotropie der Trocknungsschwindmaße*** $\boldsymbol{A_\beta}$ herangezogen:

$$A_\beta = \frac{\beta_{N,t}}{\beta_{N,r}}$$

Für Holzwerkstoffe werden die Kennziffern durch Messung der Maße (Dicke bzw. Länge/Breite) von Prüfkörpern nach Lagerung in definierten Klimaten bis zur Massekonstanz als relative Längenänderung bestimmt:

$$\delta_{l,65,85} = \frac{l_{85} - l_{65}}{l_{65}} \cdot 1000 \text{ bzw. } \delta_{l,65,30} = \frac{l_{65} - l_{30}}{l_{65}} \cdot 1000$$

sowie für die Dickenänderung:

$$\delta_{t,65,85} = \frac{t_{85} - t_{65}}{t_{65}} \cdot 100 \text{ bzw. } \delta_{t,65,30} = \frac{t_{65} - t_{30}}{t_{65}} \cdot 100$$

Es bedeuten:

$\delta_{l\ bzw\ t}$: relative Änderung der Länge in mm/m bzw. der Dicke in %;
Indices l bzw. t; 85, 65, 30: Länge bzw. Dicke bei einer relativen Luftfeuchte von 85 %, 65 %, 30 % in mm

Weiterhin ist bei Holzwerkstoffen (Spanplatten, Faserplatten, zementgebundenen Spanplatten) die Ermittlung der ***Dickenquellung*** nach einer zeitlich definierten Wasserlagerung üblich. Die notwendige Lagerdauer wird in den einzelnen Normen spezifiziert. Die Berechnung erfolgt mit nachstehender Formel:

$$G_t = \frac{t_2 - t_1}{t_1} \cdot 100$$

Es bedeuten:

G_t: Dickenquellung des Prüfkörpers in % der Anfangsdicke; t: Dicke des Prüfkörpers 1: vor und 2: nach der Wasserlagerung

Messverfahren[22]

Zur experimentellen Bestimmung der vorstehend aufgeführten Kennziffern für Hölzer sind die in Bild 3-12 dargestellten Prüfkörper herzustellen. Zum Erreichen der Ausgleichsfeuchte erfolgt die Lagerung der Prüfkörper in einem Klimaschrank im entsprechenden Klima bzw. für die Trocknung in einem Wärmeschrank (bei einer jeweils 24-stündigen Lagerung bei 50,80 und/oder 103° C) bis zur Massekonstanz, wobei die Maße auf 0,01 mm und das Probengewicht auf 0,1 % genau zu bestimmen sind.

Für die Ermittlung des maximalen Quellmaßes ist zunächst eine Durchfeuchtung des Prüfkörpers erforderlich. Dabei dringt Wasser ((20±5)° C) durch die untere Hirnfläche ein und kann die Luft über die obere, nicht vom Wasser bedeckte Hirnfläche verdrängen. Erst nach Abschluss der Durchfeuchtung erfolgt die Tauchlagerung der Probe im Wasserbad.

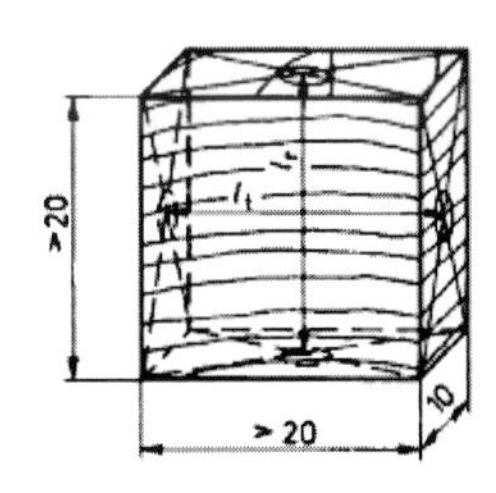

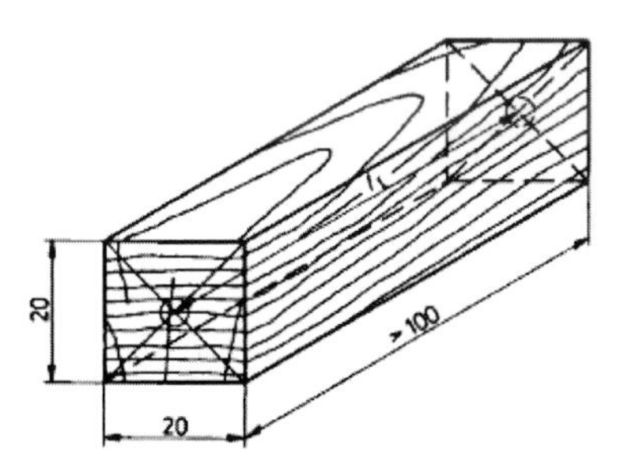

Bild 3-12 Prüfkörperabmessungen zur Bestimmung der Maßänderungen nach DIN 52184

Zur Messung der Dickenquellung von Holzwerkstoffen sind quadratische Prüfkörper der Abmessung (50±1) mm herzustellen und nach Klimatisierung im Normalklima stehend in ruhendem Wasser zu lagern, wobei die-

[22] S. dazu DIN 52184 (1979) Bestimmung der Quellung und Schwindung , DIN EN 318 (2002) Bestimmung der Maßänderung in Verbindung mit Änderungen der relativen Luftfeuchte, DIN EN 317 (1993) Bestimmung der Dickenquellung nach Wasserlagerung.

ses weitgehend ungehindert von allen Seiten Zutritt zum Prüfkörper haben soll. Die Dicke des Prüfkörpers ist am Schnittpunkt der Diagonalen der Breitfläche mit einer Genauigkeit von 0,01 mm vor und nach der Wasserlagerung zu messen.

3.3 Elastizität und Festigkeit

Aufgrund seines anisotropen Aufbaus (s. z. B. /WAG 1980/) zeigt Holz unterhalb der Bruchgrenze ein von den meisten anderen Werkstoffen abweichendes Verhalten. Prinzipiell können äußere Kräfte elastische und plastische Formänderungen bewirken und schließlich das Holz durch einen makroskopischen Bruch zerstören. Wird nach der Entlastung die ursprüngliche Form wieder erreicht, handelt es sich um eine elastische Verformung, bleibt ohne einen makroskopischen Bruch eine Verformung zurück, handelt es sich um eine plastische Verformung.

Unter normalen klimatischen Bedingungen besitzt Holz eine hohe Elastizität und nur geringe Plastizität.[23] Wie alle Festkörper, setzen Holz und Holzwerkstoffe der durch eine äußere Kraft bewirkten Formänderung einen Widerstand entgegen. Bezieht man die äußere Kraft auf die beanspruchte Fläche, erhält man die im Material wirkende Spannung.

$$\sigma = \frac{F}{A_0}$$

Es bedeuten:
σ: Spannung in N/mm²; F: Kraft in N; A_0: Ausgangsfläche in mm

Die Elastizitätsgrenze ist erreicht, wenn nach der Entlastung von einer definierten Kraft eine messbare Formänderung zurückbleibt, die aber noch vernachlässigt werden kann. Man unterscheidet deshalb folgende Bereiche in einem Spannungs-Dehnungs-Diagramm (Bild 3-13 links):

- linear-elastischer Bereich: Spannung und Dehnung sind proportional (begrenzt durch die Proportionalitätsgrenze).

[23] Durch hydrothermische Behandlung ist es möglich, die Plastizität zu Ungunsten von Elastizität und Festigkeit zu erhöhen. Dadurch können z. B. deutlich größere Biegespannungen ohne Materialzerstörung ertragen werden. Ein Beispiel ist die Furnierproduktion, wo am Trennmesser bei sehr kleinem Radius die Furnierblätter in einem Winkel bis 90° abgebogen werden.

- nichtlinear-elastischer Bereich: Spannung und Dehnung sind nicht mehr proportional, die Verformung ist jedoch noch reversibel (begrenzt durch die Elastizitätsgrenze).
- plastischer Bereich: Die Verformungen sind teilweise irreversibel.

Bei Holz entspricht die Proportionalitätsgrenze in etwa der Elastizitätsgrenze. Die Verhältnisse im elastischen Bereich können durch das HOOKEsche Gesetz beschrieben werden. Die wirkende äußere Kraft ist im einfachsten Fall eine Zugkraft (Verlängerung) oder eine Druckkraft (Verkürzung).

Unter Dehnung (bei Zugbelastung) wird physikalisch die Längenzunahme, bezogen auf die Ausgangslänge eines beanspruchten Stabs, verstanden:[24]

$$\varepsilon = \frac{l - l_0}{l_0} = \frac{\Delta l}{l_0}$$

Für einen einachsigen Spannungszustand gilt:[25]

$$\alpha = \frac{\varepsilon}{\sigma} \text{ mit } E = \frac{1}{\alpha} \text{ folgt daraus: } \varepsilon = \frac{\sigma}{E}$$

Es bedeuten:

α: Dehnungszahl; ε: Dehnung; σ: Spannung; E: Elastizitätsmodul

Da die Dehnungszahlen sehr klein sind, wird i. d. R. mit deren Kehrwert gerechnet. Dies ist der ***Elastizitätsmodul E***. Bei Zug- und Druckbeanspruchungen ergibt sich dessen Berechnung aus nachfolgender Gleichung:

$$E = \frac{\sigma}{\epsilon} = \frac{F \cdot l_0}{A_0 \cdot \Delta l}$$

Es bedeuten:

l_0: Ausgangslänge; A_0: Anfangsquerschnitt; Δl: Längenänderung unter Einwirkung der Kraft F

---

[24] Die Längenzunahme geht mit einer Verkleinerung der Abmessungen senkrecht zur Belastungsrichtung einher, was an einem Gummiband gut ersichtlich ist. Das Verhältnis von Kontraktion quer zur Dehnung in Belastungsrichtung wird als Querkontraktionszahl oder Poissonsche Konstante bezeichnet. Auxetische Stoffe, die in der Natur nicht vorkommen, verjüngen sich aufgrund ihrer Struktur nicht, sondern können sich verbreitern.

[25] Zur Vertiefung der Kenntnisse der Mechanik des Holzes und der Holzwerkstoffe wird /BOD 1982/ empfohlen.

Da sich – wie bereits ausgeführt – bei fortschreitender Belastung eine bleibende Verformung ausbildet, muss diese bei der Bestimmung des Elastizitätsmoduls eliminiert werden. Dies wird dadurch erreicht, dass die Messung nur im proportionalen (linearen) Abschnitt des Spannungs-Dehnungs-Diagramms durchgeführt wird. (s. Bild 3-13 rechts).

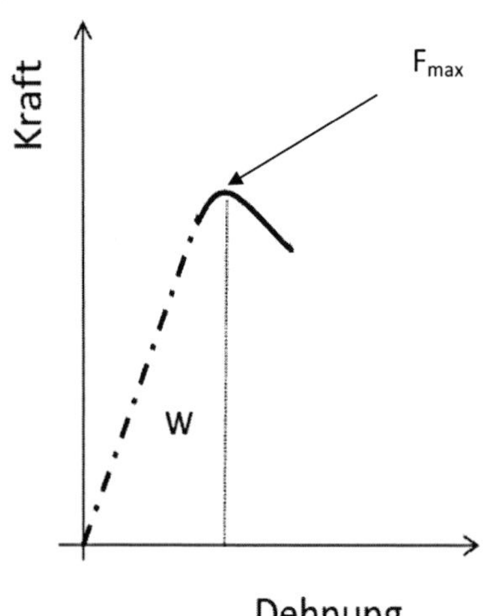

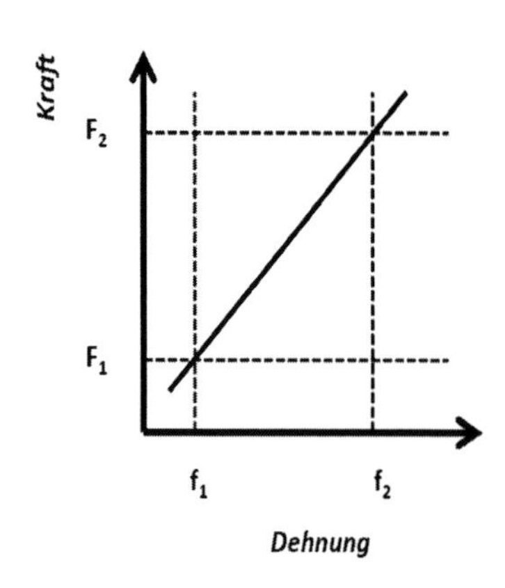

Bild 3-13: Spannungs-Dehnungs-Diagramm

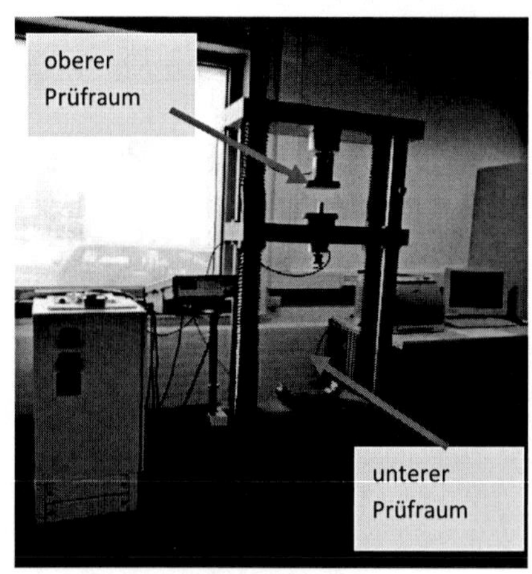

Bild 3-14 Zug- Druck-Prüfmaschine (Bauart: TIRATEST)

Der bereits beschriebene Widerstand gegen die Verformung endet beim Erreichen der Bruchkraft durch Zerstörung des Holzgefüges meist schlagartig. Die Bruchkraft, bezogen auf den ursprünglich belasteten Querschnitt, stellt definitions-gemäß die Bruchfestigkeit dar. Für die Ermittlung der Festigkeitswerte können neben Prüfungen an fehlerfreien kleinen Proben auch Untersuchungen in Gebrauchsabmessungen durchgeführt werden. Zur Prüfung werden spezielle Werkstoffprüfmaschinen genutzt, die verschiedene Prüfeinrichtungen aufnehmen und Proben auf Zug und Druck bzw. Biegung beanspruchen (s. Bild 3-14). Die Kraftbereiche sind entsprechend der Prüfaufgabe zu wählen (i. d. R. zwischen 5 und 250 kN). Erfassungsraten der Messelektronik liegen in Bereichen bis zu 500 Hz.

Die ermittelten Werte sind neben der Prüfkörpergeometrie u. a. auch von der Lasteinbringung, den Umgebungsbedingungen, stofflichen Eigenschaften des Prüfkörpers (z. B. Anzahl der Jahrringe) sowie der Belastungsgeschwindigkeit abhängig. Bei allen Untersuchungen sind deshalb die genauen Prüfbedingungen (z. B. die angewendete Prüfnorm) anzugeben. Abhängig von der Art des Lasteintrags werden statische (gleichmäßige, langsam ansteigende Belastung), schlagartige, ruhende und dynamische (schwellende oder wechselnde Belastungsrichtung) Belastungen unterschieden.

Für die Prüfung wird davon ausgegangen, dass die Probe an den Krafteinleitungspunkten als starrer Körper betrachtet werden kann. Tatsächlich treten jedoch Verformungen auf. Zusätzlich kommt es an den Kraftübertragungsstellen zur Ausbildung von Spannungsspitzen (s. a. Abschn. 3.3.1, Kapitel Zugprüfung). Es ist deshalb anzustreben, dass die Kräfte gleichmäßig auf die gesamte Fläche wirken.

Von besonderer Bedeutung für die Reproduzierbarkeit der Messergebnisse bei der Ermittlung der statischen Festigkeit ist die Belastungsgeschwindigkeit, da die Verformung von der Zeit abhängig ist. Bei den meisten statischen Versuchen wird eine Zeit vom Beginn der Belastung bis zum Bruch zwischen 0,5 und 2 Minuten als zweckmäßig angesehen.

Die Gleichmäßigkeit der Beanspruchung kann auf unterschiedlichen Wegen erreicht werden. Die unterschiedlichen Abhängigkeiten der Verformung bzw. der Festigkeit von der Zeit sind in Tabelle 3-5 zusammengefasst. Der Vorteil des Konzepts der konstanten Prüfdauer wird daraus gut ersichtlich. Die zur Ermittlung des Elastizitätsmoduls und der Festigkeit verwendeten Prüfmaschinen sind identisch.

Tabelle 3-5 Zusammenhang zwischen Festigkeit, Verformung und Zeit, nach WALTER

Gleichmäßigkeit der Belastung erreicht durch:	**Belastungszeit**		
	von der Festigkeit σB	von der Verformung ε	Prüfzeit
$\frac{\Delta\sigma}{\Delta t} = konstant$	abhängig	unabhängig	variabel
$\frac{\Delta\varepsilon}{\Delta t} = konstant$	abhängig	abhängig	variabel
$t = konstant$	unabhängig	unabhängig	konstant

3.3.1 Statische Kurzzeitbeanspruchungen

Bild 3-15 verdeutlicht die Wirkungsweise äußerer Beanspruchungen, denen ein Werkstoff ausgesetzt sein kann. Entsprechend dem holzanatomischen Aufbau bzw. der Werkstoffstruktur ergibt sich daraus eine Reihe notwendiger Prüfungen (Tabelle 3-6).

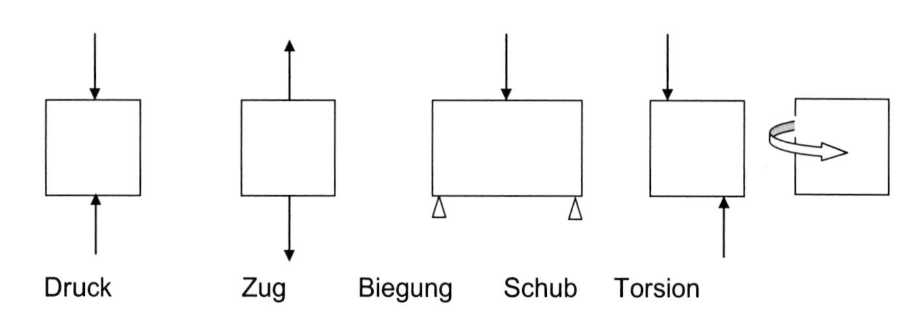

Druck Zug Biegung Schub Torsion

Bild 3-15: Typische Werkstoffbeanspruchungen

Tabelle 3-6 Übersicht ausgewählter mechanischer Werkstoffprüfungen

	Bauholz Brettschichtholz	Spanplatten (Möbelbau)	Holzwerkstoffe (Bauwesen)
Druckfestigkeit/Druck-E-Modul	in Faserrichtung	-	in Plattenebene
	senkrecht zur Faserrichtung	-	senkrecht zur Plattenebene
Zugfestigkeit/Zug-E-Modul	in Faserrichtung	-	in Plattenebene
	senkrecht zur Faserrichtung	senkrecht zur Plattenebene Abhebefestigkeit	senkrecht zur Plattenebene
Biegefestigkeit/ Biege-E-Modul	x	x	x
Schubmodul/ Scherfestigkeit	x	-	senkrecht zur und in Plattenebene

a) *Zug- und Druckversuche*

Die Prüfung der Zugfestigkeit von Holz und Holzwerkstoffen in den in Tabelle 3-6 genannten Beanspruchungsrichtungen erfolgt nach genormten Verfahren. Dabei sind Untersuchungen an kleinen, fehlerfreien Proben von Untersuchungen an Bauholz für tragende Zwecke bzw. an Holzwerkstoffen zum Einsatz in Holzbauwerken zu unterscheiden.[26]

Bild 3-16 zeigt die Abmessungen des Prüfkörpers für fehlerfreie Proben bei Prüfung in Faserrichtung. Bei Gestaltung der geometrischen Form des Prüfkörpers ist berücksichtigt, dass die Querdruckfestigkeit des Holzes erheblich geringer ist als die Zugfestigkeit in Faserrichtung. Der Einspannquerschnitt ist so groß dimensioniert, dass gegenüber dem Querschnitt im Sollbruchbereich keine Überbeanspruchung und damit kein Bruch eintritt. Die Kerbwirkung des Übergangs zwischen Zugstab und Anleimer (im Bild 3-16 mit „KS" gekennzeichnet) wurde u. a. von RASCHE untersucht.

[26] Vgl. DIN EN 789 (2005): Holzbauwerke – Bestimmung der mechanischen Eigenschaften von Holzwerkstoffen, DIN EN 384(2010): Bauholz für tragende Zwecke – Bestimmung charakteristischer Werte für mechanische Eigenschaften und Rohdichte sowie DIN EN 408 (2010): Holzbauwerke – Bauholz für tragende Zwecke und Brettschichtholz – Bestimmung einiger physikalischer und mechanischer Eigenschaften.

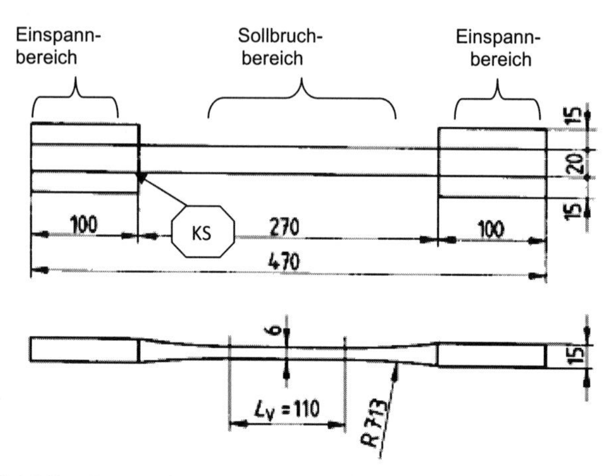

Bild 3-16 Prüfkörperform und -maße nach DIN 52188 für Zugprüfstäbe

Dieser konnte anhand von Isochromatenbildern[27] bei homogenen spannungsoptischen Modellen zeigen, dass die Kerbspannungen vom Rand des Prüfkörpers zur Mitte rasch abnehmen und selten Brüche auslösen /RAS 1973/.

Während der Prüfung ist der Prüfkörper gleichmäßig zu belasten, so dass der Bruch innerhalb von (1,5 ± 0,5) Minuten eintritt. Die Berechnung des Zugfestigkeitswerts erfolgt durch Division der bei der Prüfung maximal auftretenden Kraft (s. Bild 3-13) durch die Querschnittfläche des Prüfkörpers vor Beginn des Zugversuchs. Zug-Prüfkörper für Holzwerkstoffe sind im Einspannbereich (250 ± 5) mm und im Sollbruchbereich (150 ± 5) mm breit auszubilden (vgl. DIN EN 789 (2004)). Die Prüfung der Zugfestigkeit senkrecht zur Faserrichtung ist in Deutschland nur für Bauholz genormt (DIN EN 408 (2010)).

Radiale Schwindrisse sorgen bei nicht völlig fehlerfreien Proben für eine dramatische Reduzierung der übertragbaren Last. Die Abmessungen der kubischen Prüfkörper betragen b x h x l = (45 x 180 x 70) mm^{28}, der

[27] Unter Isochromaten werden Linien gleicher Hauptspannungsdifferenz verstanden, die sich in der Spannungsoptik durch gleiche Farben manifestieren. Spannungsoptische Untersuchungen fanden in der Vergangenheit Anwendung bei der Untersuchung komplizierter Geometrien, die keiner geschlossenen algebraischen Lösung zugänglich sind. In den modernen Ingenieurwissenschaften kann dies durch mathematische Methoden, insbesondere die Methoden der Finiten Elemente (FEM), gelöst werden.
[28] h: Prüfkörpermaß in Faserrichtung.

Bruch soll bei konstanter Geschwindigkeit des Prüfjochs innerhalb von (5 ± 3) Minuten eintreten.

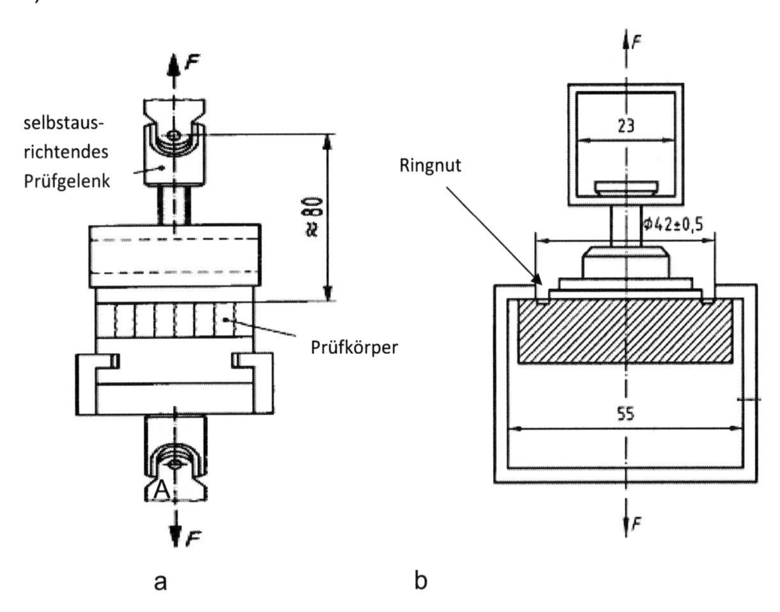

Bild 3-17 a) Prüfung der Querzugfestigkeit nach DIN EN 319 (1983) b) Prüfung der Abhebefestigkeit nach DIN EN 311 (2002)

Die ***Querzugfestigkeit*** stellt bei Werkstoffen aus Holzpartikeln (z. B. Spanplatten) eine wichtige Kenngröße dar, um Aussagen zur Verleimungsqualität sowie zur Haltbarkeit von Verbindungselementen zu treffen. Klimatisierte Prüfkörper mit den Abmessungen (50 ± 1) mm x (50 ± 1) mm x Werkstoffdicke werden dazu mit Prüfjochen verklebt (s. Bild 3-17 links) und bis zum Bruch auf Zug beansprucht. Dieser soll innerhalb von (1 ± 0,5) Minuten eintreten.

Eine verwandte Prüfung testet die ***Abhebefestigkeit***, die insbesondere für die Breitflächenbeschichtung von technologischer Bedeutung ist. Dabei werden

- die Festigkeit der Verklebung zwischen den Partikeln der äußeren (Deckschicht) und den weiter zur Mitte befindlichen Schichten oder
- die Festigkeit der Verklebung zwischen einer festen Beschichtung und der Trägerplatte

bestimmt. Ein Stahlpilz definierten Durchmessers wird dazu mit der zu prüfenden und zuvor klimatisierten Oberfläche verklebt, wobei mit Hilfe einer Ringnut das Beanspruchungsgebiet begrenzt wird (s. Bild 3-17 b). Der Bruch soll bei kontinuierlich zunehmender Belastung ebenfalls innerhalb von (1 ± 0,5) Minuten eintreten. Es ist zu beachten, dass durch den Klebstoffauftrag eine Beeinflussung des Prüfergebnisses nicht auszuschließen ist.

Die Berechnung erfolgt analog der zu Beginn des Kapitels dargestellten Formel:

$$SS = \frac{F}{A}$$

Es bedeuten:
SS: Abhebefestigkeit in N/mm²; F: maximale Kraft in N; A: Bezugsfläche (normgemäß 1.000 mm²)

Unter ***Druckfestigkeit*** wird die Spannung verstanden, bei der ein komprimierter Körper seinen stofflichen Zusammenhalt verliert und zerstört wird. Holz zeigt bei Beanspruchung in Faserrichtung ein völlig anderes Verhalten, als wenn es senkrecht dazu beansprucht wird.

Die Prüfung erfolgt in einer Zug-Druckprüfmaschine, wobei eine der beiden Druckplatten gelenkig gelagert sein muss. Die Druckflächen sind exakt parallel zueinander sowie senkrecht zu den anderen Flächen auszuführen, um Nebenspannungen und damit eine Verfälschung des Versuchsergebnisses zu vermeiden.

Bei einer ***Prüfung längs zur Faserrichtung*** sind quadratische Prüfkörper (Kantenlänge a: 20 mm) mit einer Länge h von h = 1,5·a bis 3·a zu verwenden.[29] Diese Geometrie minimiert den Einfluss einer behinderten Querdehnung beim Druckversuch, ohne in den Bereich des Knickens[30] der Probe zu gelangen (s. /KOL 1951/). Die Belastungsgeschwindigkeit soll so groß sein, dass der Bruch bei

[29] S. DIN 52185 (1976) Prüfung von Holz: Bestimmung der Druckfestigkeit parallel zur Faser.

[30] Knicken ist das seitliche Ausbiegen eines Prüfkörpers oder Bauteils bei Längsdruckbelastung. Mit dem Knicken geht die sogenannte Warnfähigkeit des Holzes einher. Es kennzeichnet die Eigenschaft verschiedener Holzarten, einen bevorstehenden Druckbruch durch Geräusche (Knistern oder Knacken) anzukündigen. Hölzer mit langfaserigen Bruchbildern (z. B. Fichte, Kiefer) besitzen diese Eigenschaft, Hölzer mit kurzfaserigen Bruchbild (sprödes Bruchverhalten) nicht.

kontinuierlicher Steigerung der Belastung nach (1,5 ± 0,5) Minuten eintritt.

Der Wert ist auf 0,5 N/mm² mit folgender Formel zu berechnen:

$$\sigma_{dB,\parallel} = \frac{F_{max}}{A}$$

Es bedeuten:
$\sigma_{dB,\parallel}$: Druckfestigkeit des Prüfkörpers, F_{max}:Höchstkraft; A: Querschnittfläche

Die Druckbeanspruchung längs zur Faserrichtung führt meist zur Ausbildung von Gleitebenen. Deren Entstehung lässt sich mit dem von MATTHECK /MAT 2010/ entwickelten Konzept der Schubvierecke anschaulich erläutern. Demnach handelt es sich beim Druckbruch kurzer Proben in Wirklichkeit um ein Schubversagen unter einem Winkel von 40° bis 60°. Dabei verläuft die Gleitschicht (Schubebene) bis auf wenige Ausnahmen quer zu den Holzstrahlen, da diese analog einer Armierung wirken.[31]

TIEMANN weist unterschiedliche Mechanismen an den anatomischen Besonderheiten von Nadel- und Laubholz nach. Er zeigt, dass bei Nadelholz der Druckbruch von einem Hoftüpfel ausgeht. Nach dessen Kollabieren werden die Wände der Tracheiden ähnlich einer Ziehharmonika zusammengeschoben. Bei Laubholz beulen die Fasern direkt aus, wobei sie sich in Richtung der höchsten Schubspannungen biegen. Die Wirkungsweise der Schubspannungen beim Entstehen eines typischen Bruchbilds zeigt Bild 3-18. Bilden sich zwei einander kreuzende Schubebenen, kommt es zur Ausbildung eines Schubkeils, der die Probe in der Folge längs aufspaltet.

Bei ***Druckprüfungen senkrecht zur Faserrichtung***[32] wird nach den Beanspruchungsrichtungen (radial oder tangential) unterschieden. Die Prüfkörper weisen einen quadratischen Querschnitt mit a = 20 mm Kantenlänge auf, es müssen mindestens fünf Jahrringe im

[31] Schubspannungen stellen einen Widerstand gegen das Abgleiten benachbarter Schichten eines Stoffs dar. Um den Grundsatz des mechanischen Gleichgewichts zu erfüllen, stehen gleich große Schubspannungen (Quer- und Längsschub) deshalb senkrecht aufeinander.
[32] S. DIN 52192 (1979) Prüfung von Holz: Druckversuch quer zur Faserrichtung.

Probenquerschnitt enthalten sein. Wenn sich diese Anforderung anders nicht einhalten lässt, können größere quadratische Querschnitte notwendig sein. Die Abmessung der in Beanspruchungsrichtung zeigenden Längsache berechnet sich als $l = 3 \cdot a$; die Versuchsdauer soll fünf Minuten nicht überschreiten.

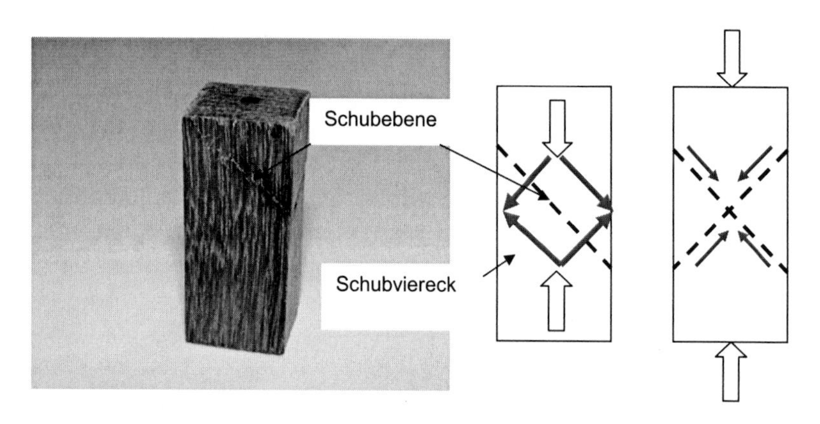

Bild 3-18 Druckversagen (links: Ausbildung der Schubebene; Mitte: Kraftwirkung als Schubviereck; rechts: kreuzende Schubebenen)

Da nicht immer ein eindeutiger Bruch eintritt, werden als Kennwerte bei der Querdruckbeanspruchung nicht die Festigkeit, sondern die erweiterte Proportionalitätsgrenze σ_P bzw. die Stauchgrenze σ_S bestimmt. Als erweiterte Proportionalitätsgrenze ist die Spannung definiert, bei der der Anstieg der Kraft-Weg-Kurve 2/3 der Steigung des linear-elastischen Teils der Kurve entspricht (s. Bild 3-19).

Unter Stauchgrenze wird die Spannung bei einer zugehörigen Stauchung des Prüfkörpers ε_S (z. B. 2 %) verstanden. Bei einer zu hoch gewählten Stauchgrenze kann es zu einem starken Spannungsanstieg mit zunehmender Verformung kommen, wenn die makroskopischen Hohlräume des Holzes bereits zusammengedrückt sind und die Zellwände quasi aufeinander liegen.

Die Ermittlung erfolgt analog zu Bild 3-19 durch Parallelverschiebung der Tangente um den absoluten Wert der Stauchung Δl. Dieser wird wie folgt berechnet:

$$\Delta l = \frac{\varepsilon_S \cdot l}{100}$$

Es bedeuten:
Δl: absolute Stauchung; l: Länge der Probe; ε_S: Stauchgrenze

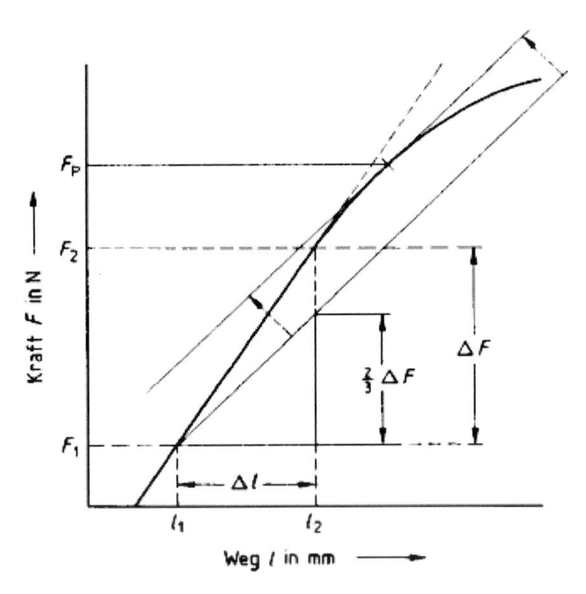

Bild 3-19 Bestimmung der erweiterten Proportionalitätsgrenze nach DIN 52192

Neben der beschriebenen Belastung der gesamten Probenfläche kann auf zwei gegenüberliegenden Seiten des Prüfstempels Vorholz vorhanden sein (sog. Schwellenversuch) oder es kann an alle vier Seiten des Stempels Vorholz angrenzen (Stempelversuch). Im Bereich üblicher Beanspruchungen unterscheiden sich diese Werte nach *GRAF* und *SUENSON* (zitiert in /KOL 1953/) nur unwesentlich.

Die Druckfestigkeitsprüfung erfolgt auch für Holzwerkstoffe und Brettschichtholz.[33] Für Span- und Faserplatten ist sie allerdings von untergeordneter Bedeutung.

[33] S. DIN EN 789 (2005) Holzbauwerke: Prüfverfahren: Bestimmung der mechanischen Eigenschaften von Holzwerkstoffen, DIN CEN/TS 14966 (2005) Holzwerkstoffe: Orientierende Prüfverfahren an kleinen Prüfkörpern für

b) Biegeversuche

Beim Biegeversuch werden analog zum Zug- bzw. Druckversuch sowohl der Biegeelastizitätsmodul als auch die Biegefestigkeit bestimmt. Die Größe der Durchbiegung eines Prüfstabs im elastischen Bereich (s. Bild 3-14) des Spannungs-Dehnungs-Diagramms unter Belastung ist die Grundlage für die Berechnung des Elastizitätsmoduls E_b.

Die Biegefestigkeit σ_{bB} kennzeichnet den maximalen Widerstand eines stabförmigen Körpers bei Belastung durch senkrecht zu seiner Längsachse wirkende Kräfte. Bei Biegung handelt es sich um eine zusammengesetzte Beanspruchung, indem auf der belasteten Seite Druckspannungen und auf der gegenüberliegenden Seite Zugspannungen auftreten. Zwischen den beiden Bereichen befindet sich eine spannungsfreie Zone (die sogenannte neutrale Faser). Bei Holz verschiebt sich diese mit wachsender Beanspruchung in Richtung der Zugseite.

Die Dehnung bzw. Stauchung nimmt mit dem Abstand von der neutralen Faser proportional zu. Sofern zwischen Spannung und Dehnung ebenfalls ein linearer Zusammenhang besteht, ist auch die Spannungsverteilung im auf Biegung beanspruchten Prüfkörper über die Dicke linear. Dies ist bei Holz und Holzwerkstoffen mehr oder weniger nicht der Fall.

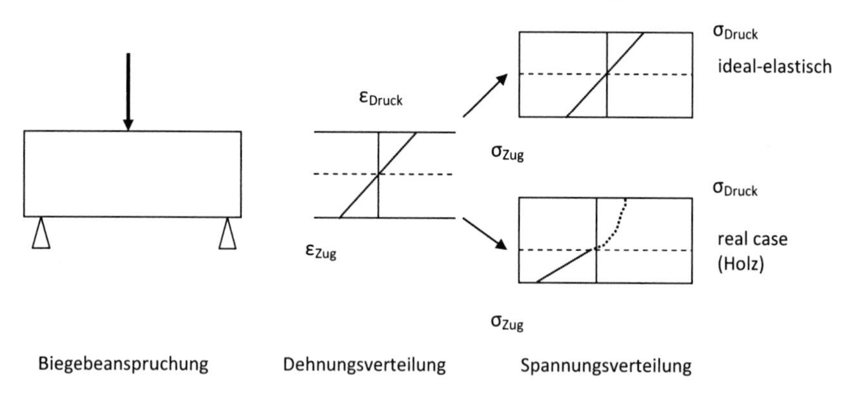

Bild 3-20 Dehnungs- und Spannungsverteilung bei Biegung

einige mechanische Eigenschaften sowie DIN EN 384 (2010) Bauholz für tragende Zwecke: Bestimmung charakteristischer Werte für mechanische Eigenschaften und Rohdichte.

Damit verliert die zur Berechnung der Biegespannung herangezogene Gleichung für die elastische Linie ihre Gültigkeit. Die gemessene Spannung weicht von den tatsächlichen Verhältnissen ab und stellt quasi lediglich eine Vergleichsspannung unter der Annahme linearer Verhältnisse dar (s. Bild 3-20).

Nach YLINEN kann Holz dennoch mit ausreichender Genauigkeit als homogener Körper betrachtet werden, wenn die Bedingung

$$(3 \cdot n + 1) > 15$$

eingehalten wird, wobei n der Anzahl der Jahrringe entspricht. Bei ungünstiger Dimensionierung des Prüfkörpers kommt es zu einer weiteren Abweichung der gemessenen Biegefestigkeit in Folge auftretender Schubspannungen. Bei mit einer mittigen Last beanspruchten Biegeprüfkörpern, im sogenannten Dreischneiden-Versuch (s. Bild 3-20), treten zwangsläufig Querkräfte auf, die eine Schrägstellung des Querschnitts gegenüber der Stabachse bewirken (s. /GÖL 1976/).

Damit setzt sich die Gesamtverformung des Prüfkörpers additiv aus einem Biege- und einem Schubanteil zusammen:

$$v'' = +\frac{M}{E_b \cdot I} - \left(\frac{F_Q}{G \cdot A_S}\right)'$$

Es bedeuten:
v: Durchbiegung; M: Biegemoment; E_b: Elastizitätsmodul; F_Q: Querkraft; G: Schubmodul; A_S: Querschnittfläche des Prüfkörpers

Nach zweifacher Integration der vorstehenden Differentialgleichung lässt sich durch eine Sensitivitätsanalyse die Geometrie des Prüfkörpers so weit optimieren, dass die Schubanteile für den praktischen Gebrauch vernachlässigt werden können. Dazu liegen verschiedene Untersuchungen vor (z. B. / KOL 1968/, /GEI 1980/ u.a.). KOLLMANN und COTE korrigieren die nach der Biegelehre berechnete Verformung um den Faktor:

$$\eta_Q = \frac{1{,}2 \cdot h^2}{l^2} \cdot \frac{E}{G}$$

Es bedeuten:
h: Dicke des Prüfkörpers; l: Stützweite des Prüfkörpers

Tabelle 3-7 verdeutlicht die Auswirkung der Prüfkörpergeometrie bzw. der mechanischen Eigenschaften auf die Schubverformung. Es ist erkennbar, dass der Schubanteil an der Gesamtverformung abnimmt und oberhalb eines Verhältnisses von l/h > 15 im Bereich der Größenordnung üblicher Materialstreuungen liegt. Mit wachsendem Wert des Verhältnisses E/G nimmt η_Q an Bedeutung zu.

Tabelle 3-7 Einfluss geometrischer Abmessungen und mechanischer Eigenschaften auf den Elastizitätsmodul nach GEIER/GEI 1980/

Werkstoff	E in N/mm²	G in N/mm²	E/G
Stahl	210.000	81.000	2,6
Eiche	12.500	1.000	12,5
Fichte	10.000	500	20,0
Brettschichtholz	11.000	500	22,0
Anteil der Schubverformung an der Gesamtverformung			
l/h	10	15	25
Anteil der Schubverformung in %	17	8,4	3,2

Diese Erkenntnisse fanden Eingang in die Normung der Biegeprüfung. Für den Fall einer Prüfung im Vierschneiden-Versuch (Beanspruchung durch zwei gleich große, von der Prüfkörpermitte in gleicher Entfernung wirkende Kräfte) treten keine Querkräfte im Bereich zwischen den Prüflasten auf.

Kleine, fehlerfreie Holzproben werden mit Hilfe des Dreischneiden-Versuchs, Gebrauchshölzer in Bauholzabmessungen mit dem Vierschneiden-Versuch geprüft.[34] Für die Prüfung von Holzwerkstoffen gelten spezielle Normen. Einen Überblick gibt Tabelle 3-9. Kernverbünde[35] sollten in einem modifizierten Vierschneiden-Versuch geprüft werden, da ansonsten die Prüfwerte durch Schubverformungen erheblich beeinflusst werden /HÄN 1990/.

Zur Bestimmung der Biegefestigkeit an sehr kleinen Proben eignet sich das Dynstat-Verfahren,[36] das allerdings für Holz nicht genormt ist. Bei diesem Verfahren handelt es sich ebenfalls um einen Vierschneiden-

[34] Bei dieser Versuchsanordnung wirkt über eine größere Strecke ein gleich großes maximales Biegemoment. Dadurch tritt der Bruch an der schwächsten Stelle in diesem weiträumigeren Bereich auf.
[35] Kernverbünde sind Werkstoffe mit einer Mittelschicht niedriger Rohdichte, die mit hochfesten Deckschichten schubfest verbunden ist (vgl. Abschn. 5.2.1 bzw. s. DIN 53290 (1982) Prüfung von Kernverbünden – Begriffe).
[36] S. DIN 53435 (1983) Prüfung von Kunststoffen – Biegeversuch und Schlagbiegeversuch an Dynstat-Prüfkörpern.

Versuch. Das Biegemoment für die Belastung wird durch Rotation der notwendigen Trägerplatte sowie das Eigengewicht eines Pendels erzeugt. Aus dem vom Messgerät (Bild 3-21) angezeigten maximalen Biegemoment $M_{b,max}$ kann unter Nutzung der aus der Mechanik bekannten Beziehung die Biegefestigkeit berechnet werden:

$$\sigma_{bB} = \frac{M_{b,max}}{W_b}$$

Es bedeutet:
W_b: Biegewiderstandsmoment

Verschiedene Untersuchungen zeigen, dass die gewonnenen Werte nicht statistisch gesichert mit den durch das genormte Verfahren ermittelten Ergebnissen vergleichbar sind /SCH 1988; RUG 2011/. Eine Umrechnung ist unter bestimmten Bedingungen durch experimentell gewonnene Korrekturfaktoren (s. Tabelle 3-8) möglich, für die jedoch bisher keine Allgemeingültigkeit nachgewiesen werden konnte. Arbeiten verschiedener Autoren führten hier zu entgegengesetzten Tendenzen. Das Verfahren eignet sich besonders dann, wenn – aus bestimmten Gründen – nur sehr kleine Prüfkörper für die Untersuchung zur Verfügung stehen.

Bild 3-21 Dynstat-Prüfgerät
Quelle: www. fstroj.uniz.sk (17.6.2012)

Tabelle 3-8 Korrekturfaktoren zur Umrechnung der Biegefestigkeit nach dem Dynstat-Verfahren in genormte Werte nach DIN 52 186 /RUG 2011/

Biegefestigkeit Umrechnung von → in	Korrekturfaktoren		
	Fichte	Kiefer	Eiche
DIN → Dynstat	0,54	0,80	0,78
Dynstat → DIN	1,85	1,25	1,28

Tabelle 3-9 Genormte Verfahren zur Bestimmung des Biegeelastizitätsmoduls und der Biegefestigkeit (rechteckiger Prüfkörperquerschnitt)

Prüfbedingungen	Dreischneiden-Versuch		Vierschneiden-Versuch
Norm	DIN 52 186	DIN EN 310	DIN 52 186
Anwendungsbereich	Holz (kleine, fehlerfreie Proben)	Holzwerkstoffe	Holz (Gebrauchsabmessungen)
Prinzipskizze	F l_S		l_1 l_S
Bezeichnungen	h: Prüfkörperdicke b: Prüfkörperbreite IS: Stützweite I1: Abstand der Kraftangriffspunkte I : Länge des Prüfkörpers F : Kraft Fmax: Bruchkraft ΔF: beliebige Kraftdifferenz im elastischen Verformungsbereich des Prüfkörpers Δf: der Kraftdifferenz ΔF entsprechende Durchbiegung in der Mitte des Prüfkörpers		
Abmessungen	l=ls+3·h ls ≥ 15·h b=h=(20±1)mm	l=ls+50 mm ls = 20·h b=(50±1)mm h = original	l=ls+3·h ls ≥ 15·h 3·h ≤ l1 ≤ lS/3 b, h = original
Biegefestigkeit σbB	$\frac{3 \cdot F_{max} \cdot l_S}{2 \cdot b \cdot h^2}$		$\frac{3 \cdot F_{max} \cdot (l_S - l_1)}{2 \cdot b \cdot h^2}$
Biegeelastizitäts-Modul EB	$\frac{l_S^3}{4 \cdot b \cdot h^3} \cdot \frac{\Delta F}{\Delta f}$		$\frac{(2 \cdot l_S^3 - 3 \cdot l_S \cdot l_1^2 + l_1^3)}{8 \cdot b \cdot h^3} \cdot \frac{\Delta F}{\Delta f}$

c) Scherversuche

Holz

Mit dem Scherversuch wird der Widerstand bestimmt, den ein Prüfkörper der Verschiebung zweier aneinander liegender Flächen entgegensetzt. Seine Bedeutung besteht darin, dass Konstruktionen häufig tragende Scherflächen aufweisen (s. Bild 2-4). Die Berechnung der Scherfestigkeit erfolgt nach der Formel:

$$\tau_{Bt\ bzw.r} = \frac{F_{max}}{A_0} = \frac{F_{max}}{a \cdot b}$$

Es bedeuten:
$\tau_{Bt\ bzw.r}$: Scherfestigkeit in tangentialer bzw. radialer Ebene; F_{max}: Höchstkraft; A_0: Querschnitt vor Beginn der Prüfung; a bzw. b: Querschnittmaße der Probe vor Beginn der Prüfung

In der Vergangenheit wurden unterschiedliche Prüfkörperformen untersucht. Es treten jedoch in jedem Fall Nebenbeanspruchungen auf, die die Schubbeanspruchung im Querschnitt der Probe überlagern. Nach der aktuellen deutschen Prüfnorm[37] erfolgt die Beanspruchung in Faserrichtung, die Scherebene liegt in der Mitte des Prüfkörpers und verläuft in radialer bzw. tangentialer Richtung (s. Bild 3-22). Wird davon abgewichen, ist auch die Richtung des Kraftangriffs anzugeben, da die Festigkeit sowohl von der Scherebene als auch von der Wirkungsrichtung der Kraft abhängt.

Die Belastung wird so aufgebracht, dass der Bruch innerhalb von (1,5 ± 0,5) Minuten eintritt. In Folge des anisotropen Aufbaus von Holz ist die Ermittlung des Schubmoduls schwierig. Für Bau- und Brettschichtholz erfolgt die Bestimmung durch Umrechnung aus einem Torsionsversuch.[38]

Holzwerkstoffe

Die Bestimmung von Scherfestigkeit und Schubmodul ist für eine Beanspruchung in der Plattenebene und senkrecht dazu im deutschen und

[37] DIN 52187 (1979) Prüfung von Holz – Bestimmung der Scherfestigkeit in Faserrichtung.
[38] S. DIN EN 408 (2010) Holzbauwerke – Bestimmung einiger physikalischer und mechanischer Eigenschaften.

europäischen Normenwerk verankert.[39] Der Aufbau der Prüfeinrichtungen ist – bei einigen Modifikationen – ähnlich dem in Bild 3-22 dargestellten Prinzip. Um ein definiertes Abscheren zu erreichen, werden die Prüfkörper bei Belastung senkrecht zur Plattenebene eingeschnitten. Die Zeit bis zum Erreichen der maximalen Kraft variiert je nach Norm zwischen (1,5 ± 0,5) Minuten und (5 ± 2) Minuten für die Berechnung charakteristischer stoffbezogener Bemessungswerte.

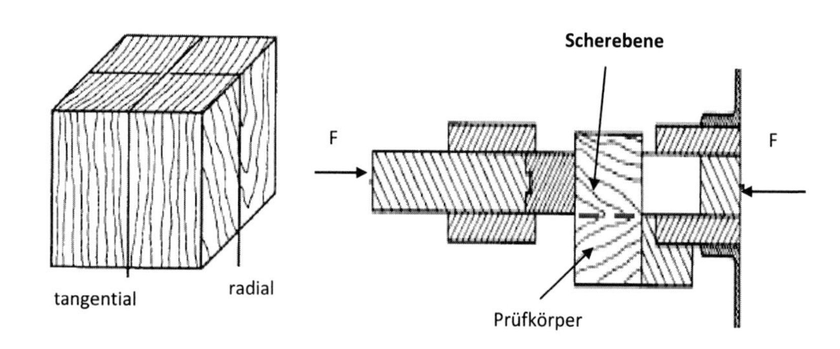

Bild 3-22 links: Scherprüfkörper, rechts: Scherprüfvorrichtung, nach DIN 52187

Bild 3-23 verdeutlicht die Methode der Bestimmung des Schubmoduls, der sich mit nachstehender Gleichung berechnen lässt:

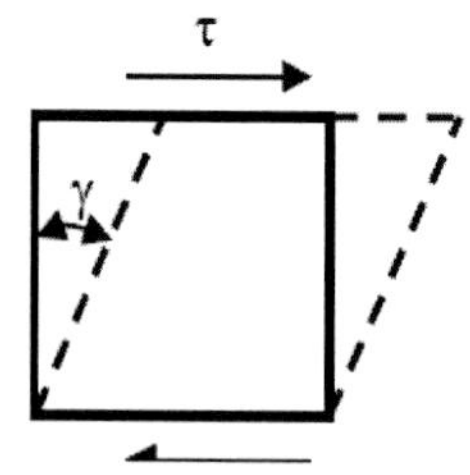

Bild 3-23 Bestimmung des Schubmoduls

$$\tau = G \cdot \gamma$$

Es bedeuten:
τ: Schubspannung; G: Schubmodul;
γ: Schubwinkel

Zur experimentellen Bestimmung des Schubmoduls wird eine Last-Verformungskurve aufgenommen und aus dem linearen Bereich der Kurve der

[39] Vgl. DIN EN 789 (2005) Holzbauwerke – Prüfverfahren – Bestimmung der mechanischen Eigenschaften von Holzwerkstoffen; DIN CEN/TS 14966 (2005) Holzwerkstoffe – Orientierende Prüfverfahren an kleinen Prüfkörpern für einige mechanische Eigenschaften; DIN 52367 (2002) Spanplatten – Bestimmung der Scherfestigkeit parallel zur Plattenebene.

Schubmodul bestimmt (analog Bild 3-13 rechts). Der Schubmodul in Plattenebene G_r berechnet sich dann aus:

$$G_r = \frac{(F_2 - F_1) \cdot d}{(f_2 - f_1) \cdot l \cdot b}$$

Es bedeuten:
d, b,l: Dicke, Breite, Länge des Prüfkörpers

Bei ***Kernverbundplatten*** wird die Schubfestigkeit bzw. der Schubmodul der Mittel- (Kern-) Schicht nach dem gleichen Prinzip geprüft.[40] Dazu werden die Deckschichten des Prüfkörpers mit jeweils einer biegesteifen Krafteinleitungsplatte verklebt. Probenlänge und -breite nehmen mit der Dicke des Materials zu. Für die Berechnung der Kennzahlen können die beschriebenen Formeln sinngemäß angewendet werden.

Abgeleitet aus den Scherversuchen findet eine Prüfung der Qualität der ***Verklebung bei Sperrholz*** statt.[41] Dem Material werden dazu streifenförmige Proben mit (25±0,5) mm Breite entnommen, die man durch Sägeschnitte so einkerbt, dass diese in der Lage enden, die sich zwischen den beiden zu prüfenden Klebfugen befindet. Stab- und Stäbchensperrholz werden nach dem gleichen Prinzip geprüft.

Vor der Prüfung wird das Material einer Vorbehandlung unterzogen:

a) 24 Stunden Wasserlagerung bei (20±3)° C
b) 6 Stunden Lagerung in kochendem Wasser, anschließend 1 Stunde Abkühlung in einem Wasserbad von (20±3)° C
c) 4 Stunden Lagerung in kochendem Wasser – 16 bis 20 Stunden Trocknung bei guter Belüftung und einer Temperatur von (60±3)° C – 4 Stunden Lagerung in kochendem Wasser – anschließend eine Stunde Abkühlung in einem Wasserbad bei (20±3)° C
d) (72±1) Stunden Lagerung in kochendem Wasser – anschließend 1 Stunde Abkühlung in einem Wasserbad bei (20±3)° C

Die Vorbehandlung der Prüfkörper ist vom Einsatzgebiet des Werkstoffs abhängig. Für eine Nutzung im Trockenbereich genügt eine Lagerung

[40] Vgl. DIN 53294 (1982) Prüfung von Kernverbunden – Schubversuch.
[41] Vgl. DIN EN 314-1 (2005) Sperrholz – Qualität der Verklebung – Teil 1: Prüfverfahren.

nach a), für den Feuchtbereich sind Lagerungen nach a) und b) sowie für den Außenbereich nach a), c) und d) durchzuführen.

Die Berechnung der Scherkraft erfolgt mit der o. g. Formel auf eine Genauigkeit von 0,01 N/mm;² weiterhin ist aus einer optischen Bewertung der Holzbruchanteil anzugeben. Zur Verbesserung der visuellen Erkennbarkeit des Holzbruchs kann die Fläche nach Beendigung des Scherversuchs eingefärbt werden, um den Leim eindeutig zu identifizieren.[42]

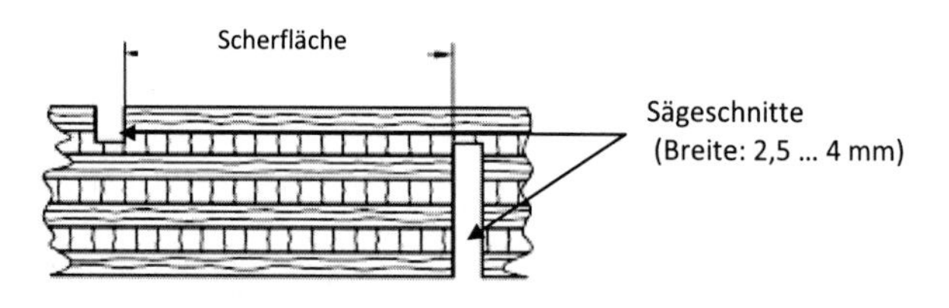

Bild 3-24 Vorbereitung des Prüfkörpers zur Bestimmung der Qualität der Verklebung von Sperrholz, nach DIN EN 314-1

3.3.2 Statische Langzeitbeanspruchung

Ergänzend zu den bisher betrachteten kurzzeitigen Beanspruchungen soll nachfolgend das Festigkeits- und Verformungsverhalten von Werkstoffen bei langandauernder, ruhender Belastung betrachtet werden. Eine solche Prüfung beschreibt die gewöhnlichen Nutzungsbedingungen durchaus näher als die vorstehend beschriebenen Verfahren.

Charakteristisch für Holz und Holzwerkstoffe ist, dass eine über einen bestimmten Zeitraum wirkende unveränderliche äußere Belastung eine Verformung hervorruft, die mit wachsender Beanspruchungszeit zunimmt. Diese Deformation setzt sich aus drei Teilbereichen zusammen:

a) die elastische Verformung (HOOKEscher Bereich), die völlig reversibel und zeitunabhängig ist,
b) die visko-elastische Verformung, die reversibel ist, jedoch mit der Zeit zunimmt und

[42] Für Aminoplastharze und PMDI-Klebstoffe eignet sich dazu p. Dimethylaminozimtaldehyd (s. /ROF 2013/).

c) die plastische Verformung, die irreversibel ist und mit der Zeit zunimmt.

Dieses Verhalten wird als Kriechen, der zugehörige Versuch als Dauerstandversuch bezeichnet.

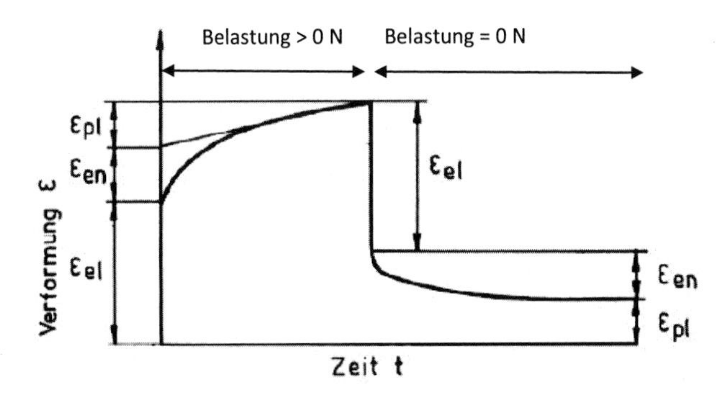

Bild 3-25 Kriechverhalten und Rückfederung bei Werkstoffen/NIE 1993/

Für die Untersuchungen werden zwei Versuchskonzepte eingesetzt: Beim Dauerstandversuch wird an einem mit konstanter Last beanspruchten Prüfkörper die Verformung in Abhängigkeit von der Zeit ermittelt. Im Relaxationsversuch wird in Abhängigkeit von der Zeit die Kraft ermittelt, die notwendig ist, um eine definierte Verformung aufrechtzuerhalten.

DEFINITION:

Dauerstandfestigkeit *ist der Grenzwert der mechanischen Spannung, bei dem auch für unbegrenzte Zeit eine konstante Belastung nicht zum Bruch führt.*

Kriechzahl *ist das Verhältnis der zeitabhängigen Durchbiegungszunahme im Verhältnis zur elastischen Anfangsverformung.*

Messverfahren[43]

Die Kriechverformung kann bei allen Beanspruchungsarten bestimmt werden. Die häufigste angewendete Prüfung bezieht sich jedoch auf eine

[43] Vgl. DIN EN 1156 (2013) Holzwerkstoffe – Bestimmung von Zeitstandfestigkeit und Kriechzahl.

Biegebelastung. Der Versuchsaufwand ist erheblich, da das Verhalten auf verschiedenen Belastungsstufen gemessen wird, wozu gleichwertige Prüfkörper erforderlich sind. Sowohl der zeitabhängige Festigkeitsverlust unter Belastung (Zeitstandfestigkeit) als auch die Kriechzahl werden durch Aufbringen einer konstanten Last im mittleren Bereich des Prüfkörpers unter gleichbleibenden klimatischen Verhältnissen gemessen. Für Holzwerkstoffe sollte die Dauer der Kriechprüfung 52 Wochen (mindestens 26 Wochen), die Belastung zwischen 10 und 40 % der gemessenen statischen Kurzzeit-Bruchfestigkeit betragen. Je nachdem, ob Schubanteile beim Kriechen auftreten oder nicht, ist die Prüfeinrichtung auszuwählen (s. Bild 3-26).

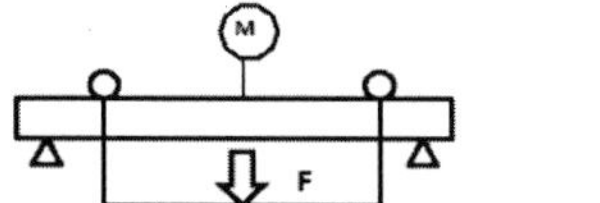

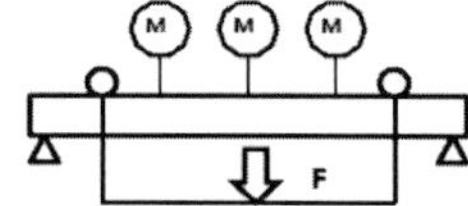

Bild 3-26 Versuchsanordnung zur Bestimmung der Durchbiegung; links ohne, rechts mit Schubverformung

Für die Bestimmung der Zeitstandfestigkeit werden unter Normalklima von 20° C und 65 % relativer Luftfeuchte Spannungsniveaus von 55 bis 80 % verwendet, bezogen auf die statische Kurzzeitfestigkeit. Bei höheren Luftfeuchten sind niedrigere Spannungsniveaus zu wählen. Zur Bestimmung der Zeitstandfestigkeit wird der Mittelwert der Bruchzeiten bei einem bestimmten Spannungsniveau ermittelt. Die Ergebnisse ergeben eine Gerade, sofern die Bruchzeit logarithmisch dargestellt wird (s. Bild 3-27):

$$\mathrm{SL} = \mathrm{k}_1 - \mathrm{k}_2 \cdot \log_{10}\mathrm{t}$$

Es bedeuten:

SL: Spannungsniveau /%/; t: Bruchzeit /min/; k1 bzw. k2: Konstanten der Geradengleichung

Für die Bestimmung der Kriechzahl ist zu berücksichtigen, dass deren Wert von der Zeitdauer der Verformung unter Last (s. Bild 3-28), der Größe der aufgebrachten Last sowie den bei der Prüfung herrschenden klimatischen Verhältnissen abhängig ist (s. Abschn. 4.2.3).

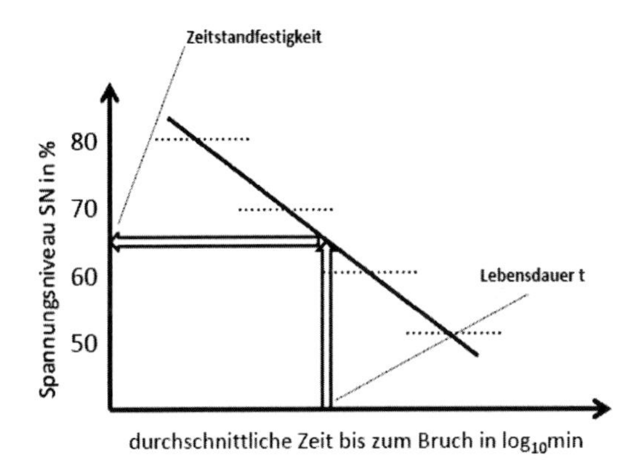

Bild 3-27 Bestimmung der Zeitstandfestigkeit nach DIN EN 1156

Unter Annahme eines linearen visko-elastischen Materialverhaltens bis zu einer Spannung, die mindestens 40 % der Bruchkraft im statischen Kurzzeitversuch entspricht, erfolgt die Kriechzahlbestimmung in einem Bereich von 10 bis 40 % der Bruchkraft.

Die Berechnung der Kriechzahl erfolgt in folgender Weise:

$$k_c = \frac{a_T - a_1}{a_1 - a_0}$$

Es bedeuten:
k_C: Kriechzahl /-/; $a_{T\ \mathrm{oder}\ 1}$: Gesamtdurchbiegung zum Zeitpunkt T bzw. nach 1 Minute /mm/; a_0: Durchbiegung der unbelasteten, in die Prüfvorrichtung eingelegten Probe

Für eine genauere Berechnung der Kriechzahl über längere Zeiträume ist es auch möglich, die gemessenen Daten über geeignete mathematische Funktionen zu approximieren:

$$k_C = \beta_1 + \beta_2\,(1 - e^{-\beta_3 \cdot T}) + \beta_4 \cdot T^{\beta_5} \quad \text{oder} \quad k_C = \alpha_1 \cdot T^{\alpha_2}$$

Es bedeuten:
k_C: Kriechzahl /-/; α_i bzw. β_i: Koeffizienten der Näherung

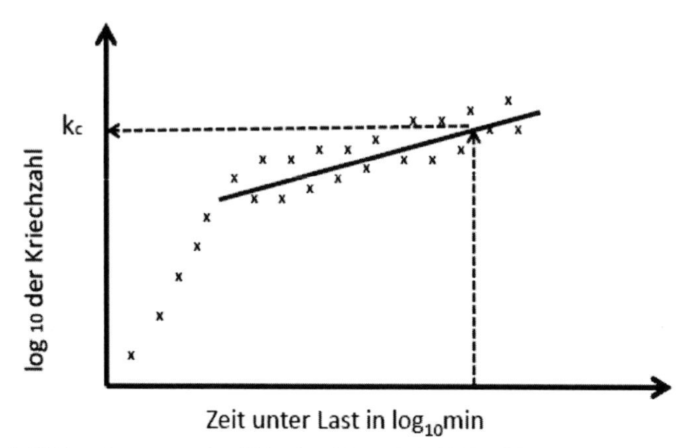

Bild 3-28 Bestimmung der Kriechzahl nach DIN EN 1156

3.3.3 Dynamische Beanspruchungen

Zu den typischen Beanspruchungen des Werkstoffs Holz gehören neben den bereits beschriebenen auch stoß- bzw. schlagartige sowie wechselnd oder schwellend angreifende Kräfte. Diese Belastungsformen führen regelmäßig vor dem Erreichen der statischen Festigkeit zum Bruch. Kennziffern für diese Beanspruchungsarten sind die Schlagzähigkeit sowie die Dauerschwingfestigkeit.

Zusätzlich wird zur Beurteilung des Versagens oftmals eine Beurteilung des Bruchbilds herangezogen. Ein stumpfes Bruchbild weist auf ein sprödes Verhalten (geringe Schlagfestigkeit) hin. Es ist auch typisch für die durch Ermüdungserscheinungen hervorgerufene Dauerschwingfestigkeit. Langfaserige bzw. splitterige Bruchbilder sind für zähe Hölzer mit einer hohen Schlagzähigkeit charakteristisch.

a) Schlagversuch

Prinzipiell kann zu jeder statischen Belastung ein entsprechender Schlagversuch entwickelt werden.[44] Für Holz und Holzwerkstoffe werden jedoch i. d. R. nur schlagartig auftretende Biegebeanspruchungen getestet. Dabei wird der Prüfkörper entweder mit Hilfe eines Pendelschlagwerks durch einen Schlag zerstört oder bei Prüfung durch einen Fall-

[44] Vgl. z. B. EN ISO 9653 (2000): Prüfverfahren für die Scherschlagfestigkeit von Klebungen.

hammer wird dessen Fallhöhe bis zum Eintritt des Bruchs schrittweise vergrößert.

Nachfolgend wird die Prüfung mit Hilfe eines Pendelschlagwerks näher beschrieben. Dabei treten kurzzeitig Spannungsspitzen auf, die um ein Vielfaches größer sind als unter einer gleich großen statischen Last. Den Aufbau eines solchen Versuchs zeigt Bild 3-29. Für die Energieumsetzung beim Stoß gilt:

$$W = \frac{m \cdot v^2}{2} = \int_0^{Fmax} F\,df \approx \frac{F_{max} \cdot f}{2}$$

Es bedeuten:
W: kinetische Energie; m: Masse des Pendels; v: Geschwindigkeit beim Eingriff; f: Durchbiegung des Prüfkörpers bei einer Kraft F

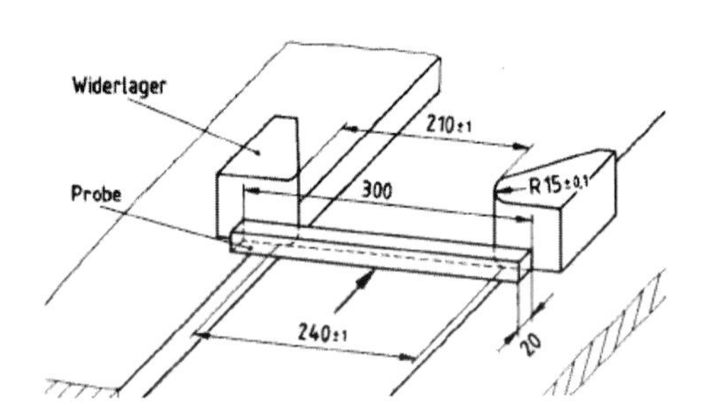

Bild 3-29 Schlagversuch; links: Anordnung des Prüfkörpers nach DIN 52189 (1981), rechts: Pendelschlagwerk; Quelle: www.tu-dresden.de (3.7.2012)

Die Prüfkörper weisen einen quadratischen Querschnitt von 20 mm Kantenlänge auf, die Länge beträgt 300 mm. Nach einer Lagerung im Normalklima erfolgt die Beanspruchung mittig so, dass die Probe in tangentialer Richtung durchtrennt wird. Die Bruchschlagarbeit berechnet sich, indem die Arbeit, die der Prüfkörper bei der Zerstörung aufnimmt, auf dessen Querschnitt bezogen wird, nach folgender Gleichung:

$$w = \frac{1000 \cdot W}{b \cdot a} = \frac{1000 \cdot m \cdot g \cdot (H - h)}{b \cdot a}$$

Es bedeuten:
w: Bruchschlagarbeit in kJ/m²; W: Arbeit zum Durchschlagen des Prüfkörpers in J; b, a: Querschnittmaße in tangentialer und radialer Richtung; m: Masse des Pendelhammers; g: Erdbeschleunigung; H, h: Höhe des Pendelhammers vor bzw. nach dem Bruch

Glatte Bruchbilder zeigen einen spröden Bruch mit i. d. R. niedriger Bruchschlagarbeit, splittrige bzw. langfaserige Brüche zeigen einen zähen Bruch mit im Allgemeinen höherer Bruchschlagarbeit an. In der Vergangenheit wurde davon ausgegangen, dass der Schlagversuch aufgrund der komplexen Beanspruchung Aussagen über weitere mechanische Eigenschaften erlaubt. Mögliche Korrelationen sind jedoch durch erhebliche Streuungen gekennzeichnet, so dass diese Annahme nicht bestätigt werden konnte.

Zur Bestimmung an kleinen Prüfkörpern ist auch hier das Dynstat-Verfahren, mit den vorstehend beschriebenen Einschränkungen, anwendbar. Nach Untersuchungen von *SCHÖNFELDER* liegen die Werte dabei unter denen des Normprüfverfahrens /SCH 1988/.

b) Prüfung der Dauerschwingfestigkeit

Unter Dauerschwingfestigkeit wird die Spannung verstanden, die ein Werkstoff unter Einwirkung schwingender Belastungen über Monate und Jahre gerade noch ertragen kann, ohne zu zerbrechen. Die Bruchfläche ist dabei – auch bei Holzarten, die im Kurzzeitversuch langfaserig brechen – meist glatt.

Bei der Prüfung werden die Proben einer sinusförmig schwingenden Spannung mit konstanter Amplitude ausgesetzt (s. Bild 3-30 a)). Die schwingende Spannung wird so lange aufrechterhalten, bis der Bruch der Probe eintritt. Man unterscheidet wechselnde Spannungszustände um einen Nullpunkt (z. B. Wechsel von Druck- und Zugspannungen) und schwellende Spannungszustände, z. B. zwischen Null und einer Maximalspannung.

DEFINITIONEN:[45]

***Dauerschwingfestigkeit** ist der um eine mittlere Spannung schwingende maximale Spannungsausschlag, den ein Prüfkörper unendlich oft ohne Bruch oder unzulässige Verformung ertragen kann.*

***Wechselfestigkeit** ist ein Sonderfall der Dauerschwingfestigkeit, bei dem die mittlere Spannung den Wert Null annimmt.*

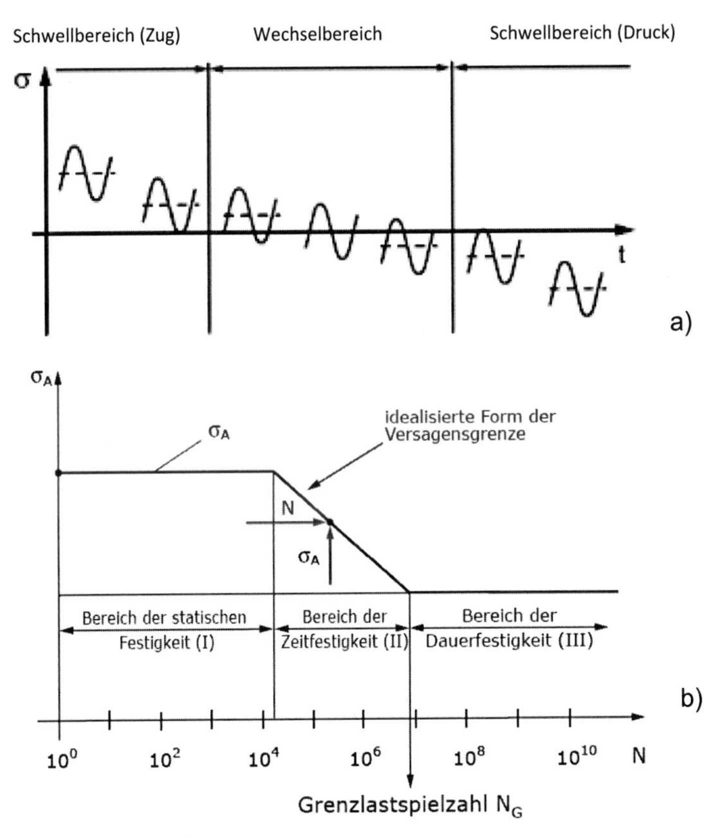

Bild 3-30 a) Belastungsfälle b) Wöhlerkurve[/MAU 2008/]

[45] Vgl. DIN 50100 (1978) Werkstoffprüfung – Dauerschwingfestigkeit.

Je kleiner die Amplitude gewählt wird, umso mehr Schwingungsperioden (Lastspiele) kann der Prüfkörper ertragen. Die Ergebnisse der Untersuchungen werden in der sogenannten WÖHLER-Kurve auf doppeltlogarithmischem Papier dargestellt (s. Bild 3-30 b)). Der Bereich oberhalb einer Grenzlastspielzahl wird dabei als Dauer (-schwing) -festigkeit bezeichnet.

Bei der Interpretation der Kurven ist zu beachten, dass sie nur statistische Aussagekraft besitzen. Sie geben also die Wahrscheinlichkeit (s. a. /HÄN 2012/) an, mit der ein Prüfkörper die Belastung schadfrei erträgt. Gegenüber der statischen Festigkeit liegen die Werte der Dauerschwingfestigkeit immer niedriger. So beträgt die Wechselfestigkeit europäischer Hölzer nur etwa 25 bis 40 % der statischen Biegefestigkeit.

3.3.4 Bruchzähigkeit

Die Struktur fester Werkstoffe weist immer Fehlstellen unterschiedlicher Art (Mikrorisse, Poren usw.) auf, von denen ein Bruch ausgehen kann. Die linear-elastische Bruchmechanik setzt voraus, dass sich der Defekt spröde (ohne Verformungen) ausbreitet. Die Berechnung der Spannungsverteilung an der Spitze des Risses erfolgt mit den Methoden der Elastizitätstheorie.[46] Dies ermöglicht es, das Materialverhalten mit einer Konstanten zu charakterisieren und damit verschiedene Werkstoffe vergleichbar zu machen.

Das Gedankenmodell dazu geht von einer unendlich großen Platte aus, die in der Mitte einen definierten Riss aufweist und rechtwinklig zur Rissfläche durch eine Normalspannung beansprucht wird. Die verschiedenen Belastungsarten zeigt Bild 3-31, wobei die Rissöffnungsart I am häufigsten unter realen Bedingungen zu erwarten ist /BOR 2002/.

[46] Die Methoden der Bruchmechanik des Holzes wurden in den 1960er-Jahren in Nordamerika und Australien entwickelt. In Europa fanden sie erstmalig in der Holzbaunorm (EC 5) Anwendung. Sie führten in der Konsequenz gegenüber dem „klassischen" Festigkeitskriterium der damaligen DIN 1052 zu Traglasten, die von der Bauteilgröße abhängig sind (s. a. /AIC 1993/).

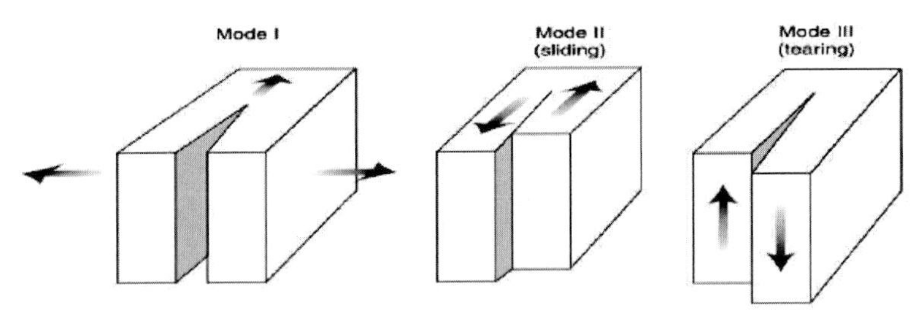

Bild 3-31: Rissöffnungsarten (I: Normalspannung, II: Schubspannung rechtwinklig zur Rissspitze, III: Schubspannung parallel zur Rissspitze) /WEG 2012/

Nach *IRWIN* besteht die Gefahr des Eintretens eines Sprödbruchs, wenn ein bestimmter Spannungsintensitätsfaktor einen kritischen Wert, die ***Bruchzähigkeit***, erreicht:

$$K_I \geq K_{I,c}$$

Es bedeuten:
K_I: Spannungsintensitätsfaktor für Rissöffnungsart I bzw. K_{Ic}: Bruchzähigkeit $/MPa\sqrt{m}/$

Weiterhin werden die ***stabile Rissausdehnung*** unter Einwirkung einer äußeren Kraft sowie eine ***instabile Rissausbreitung***, die spontan ohne Lastvergrößerung erfolgt, wenn die kritische Risslänge überschritten ist, unterschieden. Nur für den Idealfall einer unendlich ausgedehnten Platte ist die Bruchzähigkeit $K_{I,c}$ unabhängig von den Abmessungen. Bei endlich großen Prüfkörpern ist $K_{I,c}$ deshalb um die Probengeometrie zu korrigieren.

Um die Gesetze der linearen Bruchmechanik anwenden zu können, muss der räumliche Bereich, in dem der Bruch stattfindet (sog. Bruchprozesszone), vernachlässigbar klein sein. Der gesamte Prüfkörper weist unter diesen Umständen bis zum Versagen elastisches Verhalten auf. Dies trifft in der Realität nicht zu. Vielmehr kommt es zu plastischen Verformungen oder Dehnungsentfestigungen an der Rissspitze. Falls die Bruchprozesszone den Prüfkörper nicht verlässt, kann jedoch die linear-elastische Bruchmechanik angewendet werden. Bild 3-32 zeigt, dass dieses Verhalten für verschiedene Holzarten als zutreffend angenommen werden kann.

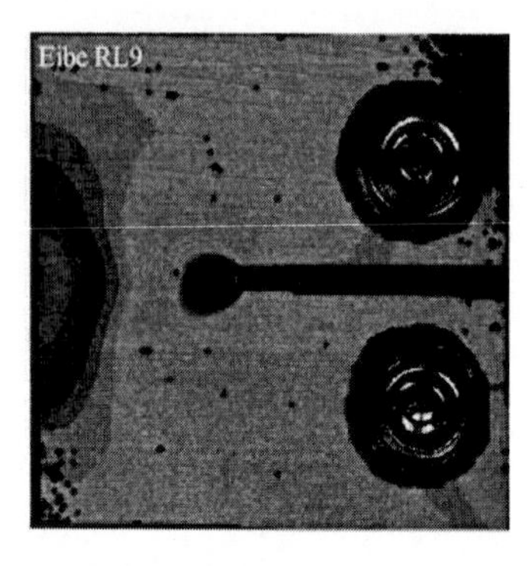

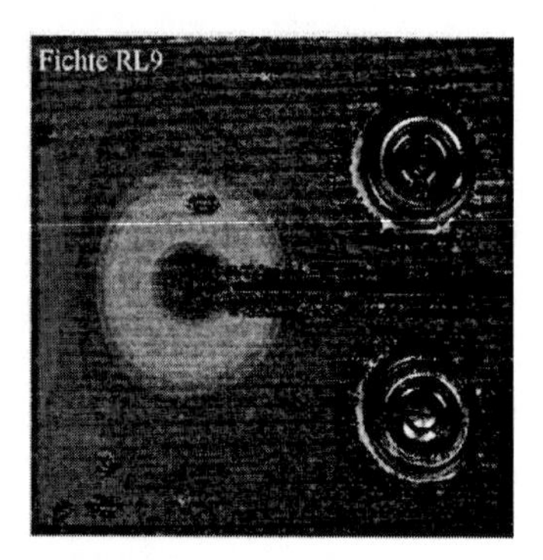

Bild 3-32: Ausdehnung der Bruchprozesszone für Eibe (links) und Fichte (rechts) zum Zeitpunkt der maximalen Ausbreitung /TOL 2010/

Zur Berechnung des Spannungsintensitätsfaktors kann die Risslänge um einen Betrag korrigiert werden, der die plastisch verformte Zone berücksichtigt.[47]

Messverfahren

Für Holz und Holzwerkstoffe ist die Ermittlung der Bruchzähigkeit gegenwärtig nicht genormt. Die Untersuchungen orientieren sich aus diesem Grund an den für metallische Werkstoffe gültigen Normen.[48] Bevorzugt wird der Kompaktzugversuch genutzt (s. Bild 3-33). Die Bruchzähigkeit berechnet sich nach folgender Beziehung:

$$K_{I,c} = \frac{F_Q}{B \cdot \sqrt{W}} \cdot f$$

$$f = \left(\frac{2 + a}{W}\right) \cdot \frac{0{,}886 + 4{,}64 \cdot A - 13{,}32 \cdot A^2 + 14{,}72 \cdot A^3 + 5{,}6 \cdot A^4}{(1 - A)^{3/2}}$$

und $A = \frac{a}{W}$

Es bedeuten:

$K_{I,c}$: Bruchzähigkeit; F_Q: kritische Kraft /kN/; B: Prüfkörperdicke /cm/; W: Breite des Prüfkörpers /cm/; a: Risslänge /mm/

---

[47] S. z. B. /AIC 1993/.

[48] Vgl. DIN EN ISO 12737 (2011) : Metallische Werkstoffe – Bestimmung der Bruchzähigkeit (ebener Dehnungszustand).

Auch das Verhalten bei schwingenden Beanspruchungen, deren Bruch ein Risswachstum vorausgeht, kann mit Spannungs-Intensitätsfaktoren beschrieben werden.

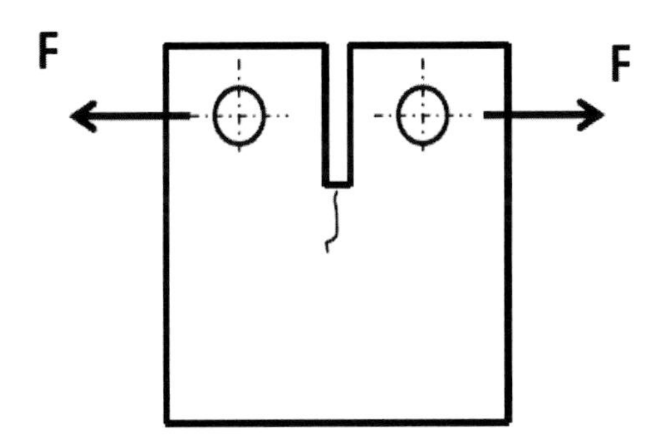

Bild 3-33 Kompakt-Zugprobe

3.4 Schall und Akustik

Zur Charakterisierung des Holzes bei Schalleinwirkung dienen die Ausbreitungsgeschwindigkeit der Schallwellen im Inneren, der Widerstand gegen deren Ausbreitung sowie die schalldämmende, -schluckende und -dämpfende Wirkung. Im Gegensatz zu homogenen Materialien ist im Holz die Ausbreitungsgeschwindigkeit des Schalls vom Verhältnis der Schall- zur Faserrichtung abhängig.

Messverfahren und Begriffe

Für die Messung der ***Schallgeschwindigkeit*** werden mittels piezoelektrischer Prüfköpfe Impulse in das Material eingebracht, die mechanische Wellen hervorrufen. Man unterscheidet dabei:

- Longitudinalwellen, deren Schwingungsrichtung parallel zur Ausbreitungsrichtung verläuft
- Transversalwellen, deren Schwingungsrichtung senkrecht zur Ausbreitungsrichtung verläuft (s. Bild 3-34)[49]

[49] Longitudinalwellen werden auch als Dichte-, Längs- oder Druckwellen, Transversalwellen als Quer-, Schub- oder Scherwellen bezeichnet.

- Dehn- oder Biege- und Oberflächenwellen, die in begrenzten Medien entstehen, wenn die Wellen auf stoffliche Inhomogenitäten treffen

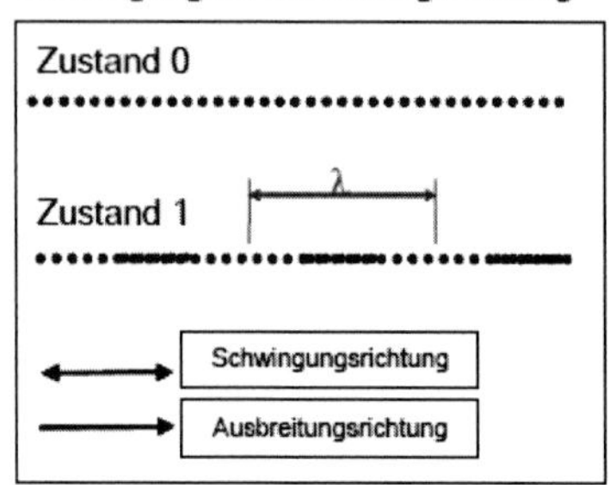

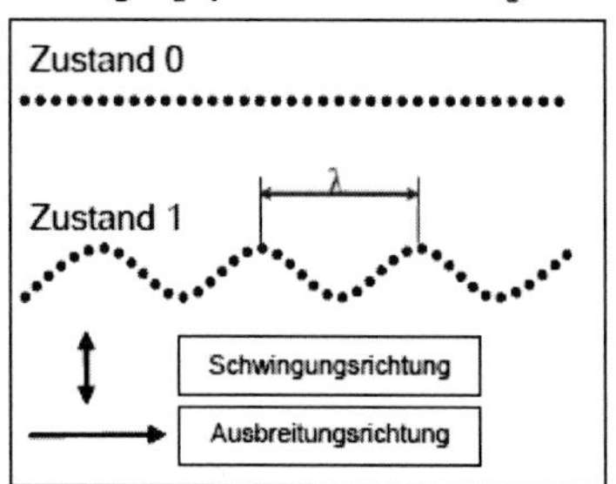

Bild 3-34 Prinzip der Wirkung von Longitudinal- und Transversalwellen /BAR 2009/

Bei einer Prüfkörpergeometrie, deren Abmessung deutlich größer als die Wellenlänge ist, treten vorwiegend Oberflächenwellen auf. Dehnwellen sind zur Untersuchung kleiner Querschnitte von Holz und Holzwerkstoffen bedeutsam.

Für die verschiedenen Wellenarten gelten zur Berechnung der **Schallgeschwindigkeit** nachstehende Beziehungen (s.a. /STE 2011/).

Longitudinalwellen:

$$c_L = \sqrt{\frac{1-\mu}{(1+\mu)\cdot(1-2\mu)}} \cdot \sqrt{\frac{E_{dyn.}}{\rho}}$$

Transversalwellen:

$$c_T = \sqrt{\frac{1}{2\cdot(1+\mu)}} \cdot \sqrt{\frac{E_{dyn.}}{\rho}}$$

Dehnwellen:

$$c_D = \sqrt{\frac{E_{dyn.}}{\rho}}$$

Oberflächenwellen:

$$c_O \approx 0{,}9 \cdot c_T$$

Es bedeuten:
c: Schallgeschwindigkeit; $E_{dyn.}$: dynamischer Elastizitätsmodul; ρ: Rohdichte; μ: Querkontraktionszahl

Neben dem Zusammenhang zwischen stofflichen Eigenschaften und der Schallgeschwindigkeit können mittels Messung der Schalllaufzeit auch strukturelle Inhomogenitäten wie Äste, Risse oder Fäulnis in Lage und Ausdehnung identifiziert werden. Dazu eignen sich Messungen nach dem Durchschallungs- und dem Echoverfahren (s. Bild 3-35). Möglich wird dies, weil beim Auftreffen der Schallwellen auf die Grenzfläche einer solchen Inhomogenität die Schallenergie teilweise reflektiert wird und teilweise transmittiert. Das Verhältnis hängt vom Schallwiderstand ab, der nach folgender Gleichung berechnet wird:

$$W = \rho \cdot c$$

Der Reflexionsfaktor R und der Durchlässigkeitsfaktor D berechnen sich dann, sofern sich die Grenzflächen senkrecht zur Schallrichtung befinden, aus:

$$R = \frac{W_2 - W_1}{W_1 + W_2} \quad \text{und} \quad D = \frac{2 \cdot W_2}{W_1 + W_2}$$

Es bedeuten:
W: Schallwellenwiderstand; ρ: Rohdichte; c: Fortpflanzungsgeschwindigkeit des jeweiligen Wellentyps je Materialstruktur

Die Größenangabe von R bzw. D erfolgt i. d. R. in Dezibel (dB). Zur Umrechnung dient folgende Formel:

$$a = 20 \cdot \log_{10} R \text{ bzw.} \, a = 20 \cdot \log_{10} D$$

Die Messung der Schalllaufzeit wird bei der Sortierung von Schnittholz eingesetzt. Neben der Abhängigkeit von der Holzart sind dabei die Einflüsse des Querschnitts, der Holzfeuchte und der Temperatur zu berücksichtigen.

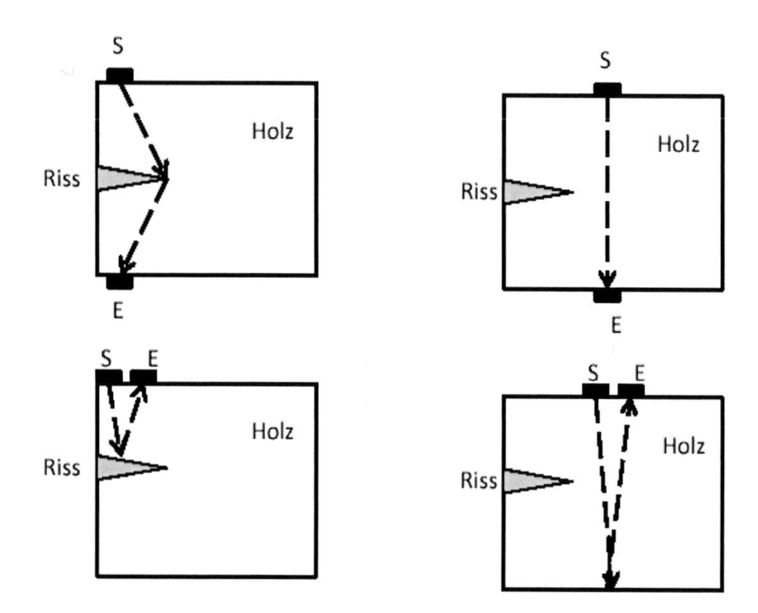

Bild 3-35 Prinzip der Reflexion an Grenzflächen bei der Durchschallung bzw. der Echotechnik zur Identifikation von Holzfehlern (S: Sender; E: Empfänger)

Zur Beschreibung der akustischen Eigenschaften von Holz und Holzwerkstoffen dienen weiterhin folgende Begriffe:

Unter ***Schalldämpfung*** wird die Abnahme der Schwingungsamplitude durch Umwandlung der Schwingungsenergie in eine andere Energieform verstanden.

Zur Charakterisierung der akustischen Eigenschaften von Holz ist eine Erweiterung dieser Definition üblich, die den inneren Schallenergieverlust durch Energieumwandlung (Verlustdämpfung) und den Verlust durch Abstrahlung von Schallenergie (Strahlungsdämpfung) zusammenfasst. Holz verfügt bei geringer Rohdichte über eine hohe Schallgeschwindigkeit und weist bei geringer Verlustdämpfung eine hohe Strahlungsdämpfung auf, was seine bevorzugte Verwendung als Resonanzboden von Musikinstrumenten erklärt.

Die ***Schallschwächung*** kann nach folgender Beziehung berechnet werden:

$$a = 2 \cdot \alpha \cdot s = 20 \cdot \log_{10} \frac{H_1}{H_2}$$

Es bedeuten:
a: Schallschwächung; α: Schallschwächungskoeffizient; s: Schallweg; $H_{1,2}$ Schallintensität vor bzw. nach dem Absorber

Der Schallschwächungskoeffizient ist vom untersuchten Material, der Frequenz und der Wellenart abhängig. Da die innere Reibung mit der Frequenz zunimmt, steigt mit der Frequenz auch die Schalldämmung an[50] (s. z. B. /KOL 1968/).

Ein weiteres akustisches Verfahren basiert auf der Messung von ***Schallemissionen.***[51] Diese sind auf Brüche, Reibung an Grenzflächen und Versetzungen während der Verformung im Inneren eines Bauteils oder Prüfkörpers zurückzuführen.[52] Die bei diesen Phänomenen frei werdende Energie ist mit der Amplitude und der Energie verbunden, die Zeit der Energiefreisetzung mit dem Frequenzinhalt des Schallereignisses.

Am häufigsten werden Messaufnehmer eingesetzt, die nach dem piezoelektrischen Prinzip arbeiten. Die gemessenen Signale treten bei diskreten Einzelereignissen als sogenannte transiente Signale (auch als „burst“[53] bezeichnet) auf, deren Anfang und Ende sich von einem Grundrauschen deutlich abgrenzen lassen, oder als kontinuierliche Schallemissionen. Letztere sind durch eine rasche Aufeinanderfolge von Schallimpulsen kleiner Amplitude gekennzeichnet.

Bild 3-36 zeigt beide Signalformen sowie einen schematischen Geräteaufbau. Ein Diskriminator erzeugt im Messgerät einen Normrechteckimpuls, wenn das Messsignal einen definierten Schwellenwert übersteigt. Diese Impulse werden als Impulssumme aufaddiert oder als Impulsrate über eine bestimmte Zeit aufgezeichnet. Da in Holz und Holzwerkstoffen

---

[50] Der Bereich von Schallabsorption und Schalldämpfung betrifft v. a. deren Anwendung in der Bauphysik. Es wird auf die entsprechende Literatur, z. B. /LOH 2010 /, verwiesen.
[51] Deutsch: Schallemission, SE, oder Englisch: Acoustic Emission, AE.
[52] Die ersten Untersuchungen zur AE wurden von KAISER /KAI 1950/ durchgeführt. Die von DUNEGAN 1964 entwickelten Empfangssysteme erlauben die Untersuchung verschiedener praktischer Aufgabenstellungen (s. /STE 2011/).
[53] Englisch: Ausbruch, Bruch oder Explosion.

zahlreiche Einzelereignisse (Mikrobrüche) als Burst-Signale auftreten, sind diese Kennziffern zur Auswertung gut geeignet (vgl. /HÄN 1989/, /NIE 1987/).

Neben einkanalig arbeitenden Anlagen können auch mehrkanalig arbeitende Geräte eingesetzt werden, die eine Lokalisierung der Emissionsquellen gestatten.

Spannungswellen und Biegeschwingungen

Diese dienen ebenfalls zur Bestimmung des dynamischen Elastizitätsmoduls. Spannungswellen werden durch mechanische Stöße erzeugt und breiten sich in der Folge im Prüfkörper bzw. Werkstück aus. Schwingt das Werkstück frei, stellt sich nach wenigen Sekunden die sogenannte Eigenschwingung ein, die durch die Eigenfrequenz und geometrische Parameter charakterisiert ist.[54] Die Eigenschwingung kann messtechnisch erfasst werden (z. B. mit Mikrofonen oder Laser). Mittels einer Fourier-Analyse kann daraus die Eigenfrequenz berechnet werden.

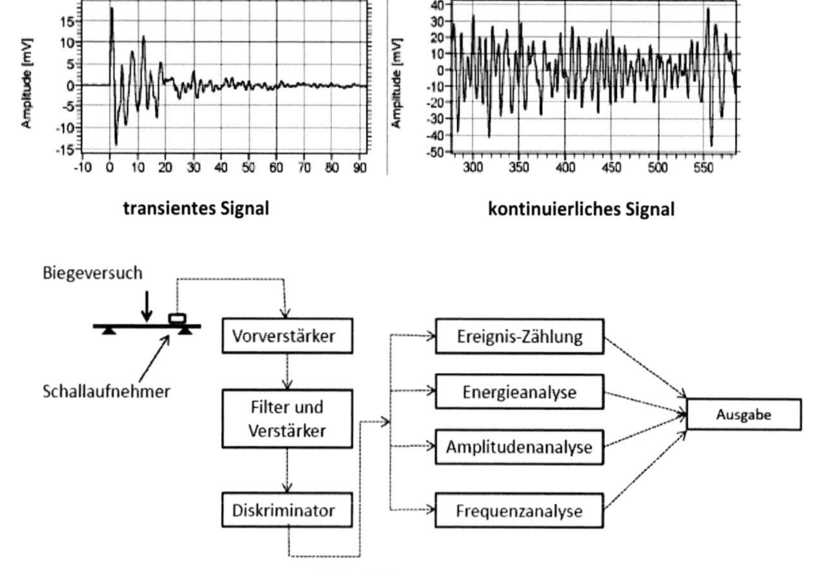

Bild 3-36 oben: Signalformen,/ANO 2010/ unten: Schaltbild des Aufbaus einer Schallemissions-Messeinrichtung

[54] Vgl. /BOD 1982/, /GÖR 1984/, /KUC 1998/, /NIE 1998/ u. a.

Die Längsschwingungen in einem differentiellen Element stellt Bild 3-37 dar. Unter Annahme des Ebenbleibens der Querschnitte kann daraus die Wellengleichung abgeleitet werden, die für kleine Querschnittabmessungen, bezogen auf die Werkstücklänge, relevant ist:

$$\frac{\partial^2 u}{\partial t^2} = c^2 \cdot \frac{\partial^2 u}{\partial x^2}$$

Daraus ergibt sich letztendlich folgender Zusammenhang:

$$E_{dyn.} = \frac{4 \cdot l^2 \cdot f_n^2 \cdot \rho}{n^2}$$

Es bedeuten:
$E_{dyn.}$: dynamischer E-Modul in Längsrichtung; l: Länge des Werkstücks; f_n: n-te Eigenfrequenz; ρ: Rohdichte; n: Ordnung der Eigenfrequenz[55]

Bei Krafteinwirkung senkrecht zur Längsachse entstehen Biegeschwingungen. Bei diesen berechnet sich der dynamische Elastizitätsmodul unter Vernachlässigung des Schubkrafteinflusses aus /GÖR 1984/:

$$\mathrm{E_{dyn.}} = \frac{4 \cdot \pi^2 \cdot l^4 \cdot f_0^2 \cdot \rho}{0{,}5006 \cdot 10^3 \cdot i^2} \cdot \left(1 + 49{,}48 \cdot \frac{i^2}{l^2}\right)$$

Es bedeuten:
f_0: Eigenfrequenz; i: Trägheitsradius in Richtung der Biegeschwingung

Alle beschriebenen Verfahren zur Bestimmung des dynamischen E-Moduls liefern ausschließlich einen über die Länge des Werkstücks bzw. Prüfkörpers gemittelten Wert. Da dies für praktische Zwecke im Holzbau nicht ausreichend ist, sind entsprechende Sortieranlagen durch weitere (i. d. R. optische) Messgeräte zu ergänzen.

Aufgrund der kurzen, stoßartigen Belastungen ist der Wert des dynamischen Elastizitätsmoduls stets ca. 5 bis 30 % größer als der des statisch ermittelten Vergleichswerts. Dies geht auch aus folgendem physikalischen Zusammenhang hervor, wobei die Schallgeschwindigkeit vor allem durch die Zonen höherer Rohdichte bestimmt wird. Hinzu kommt ein physikalischer Effekt, der von einer adiabatischen Zustandsänderung ausgeht. Er berücksichtigt in der nachstehenden Formel, dass es infolge

[55] Praktisch wird i. d. R. die 1. Eigenfrequenz genutzt.

der kurzzeitigen Belastung zu keinem Wärmeaustausch mit der Umgebung kommt.

$$E_{dyn.} = \frac{E_{stat}}{1 - \alpha \cdot T}$$

Es bedeuten:
T: absolute Temperatur; α: Wärmeausdehnungskoeffizient

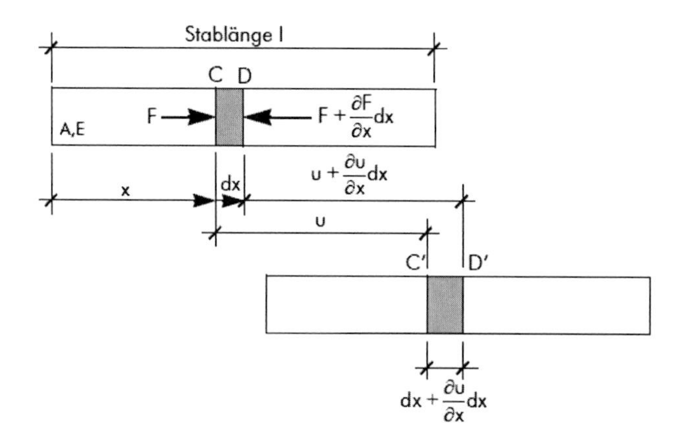

Bild 3-37 Beanspruchung eines Stabs durch Längsschwingungen /AUG 2004/

3.5 Wärme

Bei der Verarbeitung von Holz und Holzwerkstoffen sowie ihrer Verwendung als Baustoff verdient das Verhalten unter dem Einfluss von Wärme besondere Beachtung. Grundsätzlich gilt: Holz ist brennbar und verfügt über einen relativ hohen Heizwert. Es besitzt eine hohe spezifische Wärme sowie eine geringe Wärmeausdehnung und Temperaturleitfähigkeit.

Begriffe

Wärmeausdehnung

Wie die meisten Körper, dehnen sich Holz und Holzwerkstoffe bei Erwärmung aus und ziehen sich bei Abkühlung zusammen. Die Wärmeausdehnung, die durch die Wärmeausdehnungszahl α_W bezeichnet wird, ist in Abhängigkeit vom anatomischen Aufbau in jeder Richtung der Holzfaser verschieden. Dieser Effekt überträgt sich, wenn auch stark gemindert, auf die unterschiedlichen Holzwerkstoffe.

Der formelmäßige Zusammenhang zur Berechnung der Länge eines Stabs bei bekannter Wärmeausdehnungszahl und einer bestimmten Temperaturänderung ΔT lautet:

$$l_2 = l_1 \cdot \left(1 + \alpha_W \cdot (T_2 - T_1)\right)$$

Analog kann die Volumenänderung berechnet werden, wenn für den Wärmeausdehnungskoeffizienten gilt:

$$\alpha_V = \alpha_l + \alpha_r + \alpha_t$$

Es bedeuten:

$\alpha_{V,l,r,t}$: linearer Wärmeausdehnungskoeffizient des Gesamtvolumens bzw. in den anatomischen Richtungen längs, radial, tangential

Wärmeleitzahl

Holz ist ein schlechter Wärmeleiter. Es wird deshalb häufig dort eingesetzt, wo eine schnelle Wärmeabgabe vermieden werden soll. Charakterisiert wird dieses Verhalten durch die Wärmeleitzahl λ. Sie gibt an, welche Wärmemenge durch eine Fläche von 1 m² eines Würfel mit einem

Meter Kantenlänge hindurchfließt, wenn zwischen den gegenüberliegenden Seiten eine Temperaturdifferenz von 1 Kelvin herrscht /REC 1958/. Je kleiner die Wärmeleitzahl, desto besser die Wärmedämmung.

Bis zu einer Rohdichte von 80 kg/m³ nimmt die Wärmeleitzahl ab. In diesem Bereich findet die Wärmeübertragung primär durch Konvektion und Wärmestrahlung in den Hohlräumen statt. Oberhalb steigt die Wärmeleitzahl an. Die Wärmeleitung erfolgt dann v. a. über den Anteil fester Stoffe.

Spezifische Wärmekapazität

Die spezifische Wärmekapazität c von Holz ist die Wärmemenge, die benötigt wird, um ein Kilogramm eines Stoffs um 1 Kelvin zu erwärmen:

$$c = \frac{Q}{m \cdot \Delta T}$$

Es bedeuten:
Q: Wärmemenge; m: Masse des Körpers; ΔT: Temperaturdifferenz

Temperaturleitfähigkeit

Die Temperaturleitfähigkeit a ist für viele technische Prozesse der Holzverarbeitung eine wichtige Kenngröße. Sie berechnet sich nach folgender Formel:

$$a = \frac{\lambda}{c_{fH\omega} \cdot \rho_\omega}$$

Es bedeuten:
$c_{H\omega}$: spezifische Wärmekapazität des Holzes bei Feuchte ω; ρ_ω: Rohdichte bei Feuchte ω

Es ist erkennbar, dass sich die Temperaturleitfähigkeit mit steigender Wärmeleitzahl und sinkendem Produkt aus spezifischer Wärmekapazität und Rohdichte vergrößert.

Wärmeeindringfähigkeit

Die Wärmeeindringfähigkeit drückt aus, wie schnell ein Material Wärme in sein Inneres ableitet. Je höher der Wert, umso berührungskälter erscheint der Werkstoff.

$$b = \sqrt{\lambda \cdot c \cdot \rho}$$

Es bedeuten:
ρ: Rohdichte; λ: Wärmeleitzahl; c: spezifische Wärmekapazität

Wärmespeicherfähigkeit

Die Wärmespeicherfähigkeit kennzeichnet die Eigenschaft eines Stoffs, Wärme aufzunehmen und bei kühlerer Umgebung wieder abzugeben. Sie berechnet sich als Produkt aus spezifischer Wärmekapazität, Rohdichte und Dicke des Werkstoffs /PAU 1986/. Stoffliche Zusammenhänge werden im Abschnitt 4.2.4 dargestellt.

Messverfahren

Wärmeleitzahl Für die Bestimmung der Wärmeleitzahl können Plattengeräte (als Ein- oder Zweiplattenmessgeräte ausgeführt) oder Wärmestrommessplatten-Geräte eingesetzt werden.[56]

Bei Einplattenmessgeräten wird ein konstanter Wärmestrom zwischen einer Heiz- und einer Kühlplatte erzeugt. Zur Berechnung der Wärmeleitfähigkeit wird die Temperaturdifferenz auf den an den Platten anliegenden Seiten des Prüfkörpers verwendet.

Bezüglich der stofflichen und gerätetechnischen Voraussetzungen sind verschiedene Anforderungen zu erfüllen. So sind Mindestwerte der Prüfkörperdicken einzuhalten und es ist auf die Ebenheit der Oberfläche zu achten, um Messfehler auszuschließen. Das Höchstmaß an Inhomogenitäten sollte 10 %, bezogen auf die Prüfkörperdicke, nicht überschreiten.

Die Wärmeleitfähigkeit wird unter Nutzung der elektrischen Leistung der Messheizung ermittelt, die äquivalent zum Wärmestrom ist. Der stationä-

[56] Vgl. DIN EN 12664 (2001): Bestimmung des Wärmedurchlasswiderstandes nach dem Verfahren mit einem Plattengerät und dem Wärmestrommessplatten-Gerät; DIN EN 12667 (2001): Wärmetechnisches Verhalten von Baustoffen und Bauprodukten – Bestimmung des Wärmedurchlasswiderstandes nach dem Verfahren mit dem Plattengerät und dem Wärmestrommessplatten-Gerät.

re Zustand des Wärmestroms im Prüfkörper ist erreicht, sobald sich die Leistung der Messheizung nicht mehr ändert.

$$\lambda = \frac{P \cdot d}{A \cdot (T_1 - T_2)}$$

Es bedeuten:
λ: Wärmeleitfähigkeit; P: mittlere Leistungszufuhr der Heizplatte; d: Dicke des Prüfkörpers; A: Messfläche; T_1: Temperatur der heißen Seite des Prüfkörpers; T_2: Temperatur der kalten Seite des Prüfkörpers

Spezifische Wärmekapazität

Die spezifische Wärmekapazität eines Festkörpers wird experimentell mit Hilfe eines Kalorimeters durch die Messung der Temperatur am Ende eines Wärmeaustauschs mit einer Flüssigkeit bestimmt, deren Ausgangstemperatur bekannt ist:

$$c_2 = \frac{(c_1 \cdot m_1 + C_K) \cdot (T_{misch} - T_1)}{m_2 \cdot (T_2 - T_{misch})}$$

Es bedeuten:
2;1: unbekannter Stoff bzw. bekannte Flüssigkeit; c: spezifische Wärmekapazität; m: Masse; T: Temperatur; T_{misch}: Mischtemperatur; C_K: spezifische Wärmekapazität der Messeinrichtung

Nach BARTNIG (zitiert in /PAU 1986/) kann die spezifische Wärmekapazität auch mit ausreichender Genauigkeit durch eine Differential-Thermoanalyse (DTA)[57] ermittelt werden.

[57] Die DTA beruht auf den Messungen der Temperaturen an einer Probe und einer Referenzsubstanz, denen die gleiche Wärmemenge zugeführt wird. Als moderneres Verfahren wird die dynamische Differenzkalorimetrie (DDK) verwendet, die nicht die Temperaturdifferenz zwischen Referenz und Probe als Messgröße verwendet, sondern daraus auf den Wärmestrom schließt. Vgl. ISO 11357-4 (2005) Kunststoffe – Dynamische Differenz, Thermoanalyse (DSC): Bestimmung der spezifischen Wärmekapazität.

3.6 Elektrische Eigenschaften

Für das Verhalten von Holz beim Anlegen einer elektrischen Spannung sind seine Isolierfähigkeit und seine dielektrischen Eigenschaften von besonderer Bedeutung. Diese wirken sich z. B. auf die Beschichtung mit Pulverlacken oder die Erwärmung in hochfrequenten Wechselfeldern aus.

Begriffe

Die aus der Elektrotechnik bekannten Begriffe bilden die Basis des Verständnisses zum Verhalten von Holz und Holzwerkstoffen im Kontakt mit elektrischem Strom. Dabei ist die Leitfähigkeit eng mit dem Feuchtegehalt verbunden. Im darrtrockenen Zustand ist Holz ein sehr guter Isolator, während es oberhalb der Fasersättigung annähernd einen elektrischen Widerstand wie Leitungswasser aufweist.

Von besonderer Bedeutung zur Charakterisierung sind der spezifische Widerstand und sein Kehrwert, die sogenannte elektrische Leitfähigkeit:

$$\rho = R \cdot \frac{A}{l} \text{ in } \Omega \cdot \text{m bzw. } \kappa = \frac{1}{\rho} \text{ in S/m}$$

Es bedeuten:
ρ: spezifischer elektrischer Widerstand; R: elektrischer (Ohmscher) Widerstand; A: Querschnittfläche des Leiters; l: Länge des Leiters; κ: elektrische Leitfähigkeit

Der Maßstab zur Unterteilung nach der Leitfähigkeit wird in der Literatur verschieden angegeben. Als Richtwerte können:

- Leiter: $\rho < 10^6$ Ωm,
- Halbleiter: $\rho = 10^6$ bis 10^{12} Ωm oder
- Isolatoren: $\rho > 10^{12}$ Ωm

herangezogen werden. Neben diesen Kennwerten sind der Durchgangswiderstand als Maß der elektrostatischen Aufladbarkeit fester Stoffe sowie der Oberflächenwiderstand[58] von Interesse.

[58] DIN EN 61340-2-3(2000): Elektrostatik Teil 2-3. Prüfverfahren zur Bestimmung des Widerstandes und des spezifischen Widerstandes von festen planen Werkstoffen, die zur Vermeidung elektrostatischer Aufladung verwendet werden

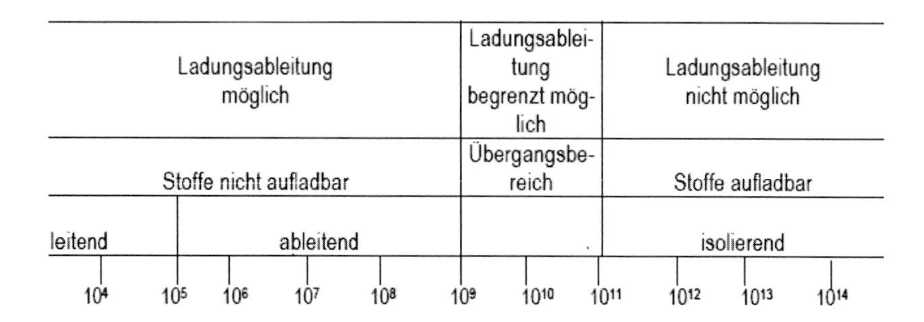

Bild 3-38 Ableitung elektrostatischer Aufladungen nach Oberflächenwiderstand in Ω /ANO 2008/

Wird ein Dielektrikum in das elektrische Feld eines Plattenkondensators eingebracht, wächst dessen Kapazität um einen Faktor, der als relative Permittivität ε bezeichnet wird. Deren Wirkung kann wie folgt veranschaulicht werden:[59]

Die Platten in einem mit Luft gefüllten Plattenkondensator an einem Wechselstromkreis müssen einen gewissen Abstand aufweisen, um einen elektrischen Über- bzw. Durchschlag zu vermeiden. Ersetzt man die Luft durch einen anderen Stoff, z. B. Holz, ist bei ansonsten gleichbleibenden Bedingungen der Abstand der Kondensatorplatten zu verändern. Das Verhältnis der Abstände entspricht in etwa der relativen Permittivität.

In einem idealen Kondensator ist die zuströmende Elektrizitätsmenge dann Null, wenn die Spannung zwischen den Kondensatorplatten ihr Maximum erreicht hat; ist die Spannung hingegen Null, wird der Ladestrom im luftleeren Kondensator seinen größten Wert annehmen. Damit liegt zwischen Spannung und Ladestrom eine Phasenverschiebung von 90° vor.

In Holz und Holzwerkstoffen als Dielektrikum werden die Dipole, Ionen und Elektronen ihrer Substanz durch das elektrische Wechselfeld zu mechanischen Schwingungen angeregt. Dabei entstehen durch Reibung eine Verlustwärme sowie eine Phasendifferenz. Die Phasenverschiebung wird demnach geringer als 90° sein.

[59] Nachfolgend wird unterstellt, dass die relative Permittivität von Luft mit 1,000592 annähernd der des Vakuums mit 1,0 entspricht.

Der phasenverschobene Strom kann in einen Blind- und einen Wirkstrom zerlegt werden. In einem Ersatzschaltbild geschieht dies durch die Parallelschaltung eines Ohmschen Widerstands (Wirkstrom) und eines Kondensators (Blindstrom). Blind- und Wirkstrom setzen sich vektoriell zum Gesamtstrom I zusammen (Bild 3-39 a). Der Verlustfaktor δ berechnet sich dann aus:

$$\tan\delta = \frac{I_W}{I_B} = \frac{1}{\omega \cdot C \cdot R}$$

Es bedeuten:
$\tan_\delta$: dielektrischer Verlustfaktor; I_B: Blindstrom; I_W: Wirkstrom; ω: Kreisfrequenz; R: Widerstand; C: Kapazität

Daraus leitet sich nach *KOLLMANN* die Verlustleistung bzw. Wärmeentwicklung eines Kondensators ab, der Holz als Dielektrikum enthält:

$$P_V = 0{,}556 \cdot \varepsilon_r \cdot E^2 \cdot \omega \cdot \tan\delta \cdot 10^{-12} \text{ in W/cm}^3$$

Es bedeuten: P_V: Verlustleistung; ε_r: relative Permittivität; ω: Kreisfrequenz /Hz/; E: Effektivwert der Feldstärke /V/cm/

Der Effektivwert der Feldstärke kann nicht beliebig gesteigert werden, wenn elektrische Durchschläge vermieden werden sollen.[60]

Messverfahren

Die Messeinrichtungen zur Bestimmung des Oberflächen- bzw. Durchgangswiderstands unterscheiden sich hinsichtlich ihrer Elektrodenanordnungen (s. Bild 3-39 b und c). Für den Oberflächenwiderstand wird dazu eine leitfähige, kreisförmige Fläche als Zentralelektrode verwendet, die von einer konzentrischen, ringförmigen Elektrode in einem bestimmten Abstand umschlossen wird. Zur Bestimmung des Durchgangswiderstands ist die Messanordnung um eine Gegenelektrode zu erweitern. Der Prüfkörper befindet sich dann zwischen den Elektroden, wie in Bild 3.38 b) dargestellt. Der spezifische Oberflächenwiderstand und spezifische Durchgangswiderstand berechnen sich mit Hilfe der folgenden Gleichungen.

---

[60] Als Richtwert gelten für weiche Holzarten (z. B. Kiefer, Fichte, Weide, Pappel, Linde) < 750 V/cm und für harte Holzarten < 1000 V/cm.

$$\rho_S = R_x \cdot (d_1 + g) \cdot \frac{\pi}{g}$$

Es bedeuten:
ρ_S: spezifischer Oberflächenwiderstand /Ω/; R_x: gemessener Oberflächenwiderstand /Ω/; d_1: Durchmesser der inneren Elektrode; g: Abstand zwischen innerer und äußerer Elektrode

$$\rho_V = R_x \cdot (d_1 + g)^2 \cdot \frac{\pi}{4 \cdot h}$$

Es bedeuten:
ρ_V: spezifischer Durchgangswiderstand /Ωm/; R_x: gemessener Durchgangswiderstand /Ω/; d_1: Durchmesser der inneren Elektrode; g: Abstand zwischen innerer und äußerer Elektrode; h: Dicke des Prüfkörpers

Aufgrund der stofflichen und der Umgebungseinflüsse ist mit einem Variationskoeffizienten von 20 % zu rechnen.

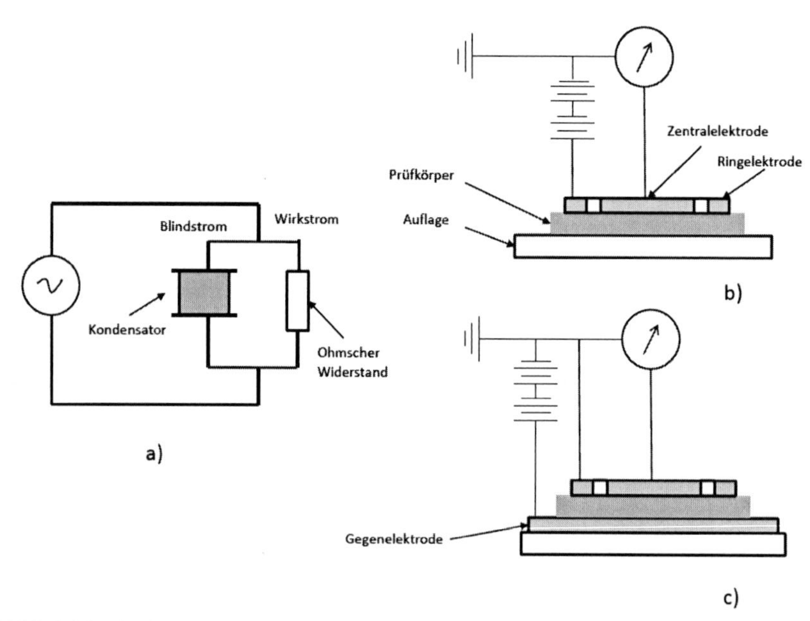

Bild 3-39 a) Ersatzschaltbild Phasenzerlegung, b) Prinzip der Messung des Oberflächenwiderstands, c) Prinzip der Messung des Durchgangswiderstands

3.7 Härte und Abnutzung

Die Charakterisierung der Werkstoffeigenschaft Härte ist sehr komplex. Sie wird einmal als Widerstand eines Körpers gegen eine lokale Verformung beim Einwirken punkt- oder linienförmiger Kräfte aufgefasst. Andere Überlegungen setzen eine gegenseitige Beanspruchung in Relation und bezeichnen dasjenige Material als härter, das eine Kollision zweier Stoffe ohne Beschädigung übersteht.

Für Holz und Holzwerkstoffe sind Interpretation und Reproduzierbarkeit der Ergebnisse nur unter bestimmten Voraussetzungen gegeben. In der Vergangenheit wurden dazu bereits zahlreiche Untersuchungen von *MÖRATH, KOLLMANN* u. a. durchgeführt. Bei Vollholz werden je nach Beanspruchungsrichtung verschiedene Härten unterschieden, die in Bild 3-40 dargestellt sind. Sinngemäß können diese Beanspruchungen auf Holzwerkstoffe übertragen werden.

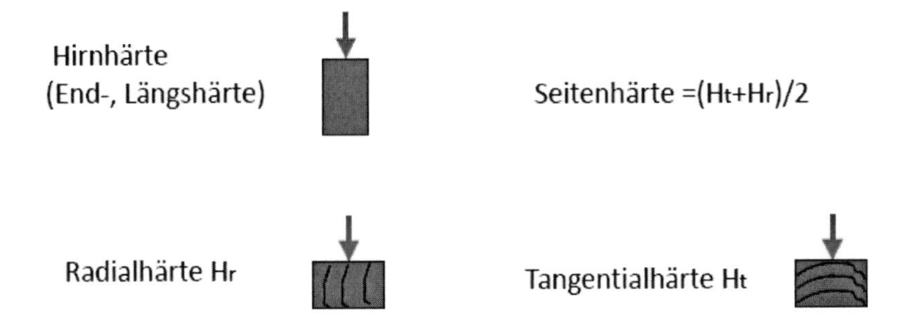

Bild 3-40 Härtearten bei Vollholz, abhängig von der Holzstruktur

Nachfolgend sollen die wichtigsten Prüfverfahren kurz dargestellt werden. Für Holz ist die ***Härteprüfung nach BRINELL***[61] ein genormtes Verfahren, das beispielsweise bei der Prüfung von Parkett Anwendung findet.[62] Bei diesem Prüfverfahren wird eine Stahlkugel mit einem Durchmesser von 10 mm mit einer definierten Kraft, die abhängig von der Rohdichte des Holzes ist, in die Holzoberfläche eingedrückt. Im Rohdich-

[61] Im Bereich der Holztechnik wurde das Verfahren erstmals von MÖRATH angewandt und findet sich unter dieser Bezeichnung in der Literatur.

[62] DIN EN 1534 (2010) Holzfußböden – Bestimmung des Eindruckwiderstandes.

tebereich von 410 bis 1000 kg/m³ beträgt die Last 500 N, darunter 100 N und darüber 1000 N.

Diese Prüflast wird innerhalb von 15 Sekunden allmählich gesteigert, im Anschluss 30 Sekunden gehalten und danach wiederum innerhalb von 15 Sekunden gleichmäßig zurückgenommen. Der mittlere Durchmesser des von der Kugel hinterlassenen Abdrucks wird mit einer speziellen Lupe bestimmt. Die BRINELL-Härte stellt das Verhältnis der Prüfkraft zur Oberfläche des Kugelabdrucks dar und berechnet sich nach folgender Formel:

$$H_B = \frac{2 \cdot F}{\pi \cdot D \cdot (D - \sqrt{D^2 - d^2}}$$

Es bedeuten:
F: Prüfkraft; D: Kugeldurchmesser; d: mittlerer Durchmesser des Kugelabdrucks

Neben diesem Verfahren existiert eine Reihe weiterer Untersuchungsmethoden.

Härte nach JANKA: Eindrücken einer Kugel mit dem Durchmesser 11,284 mm bis zum Größtkreis und Messen der dazu erforderlichen Kraft. Da der projizierte Querschnitt 100 mm² beträgt, kann der gemessene Wert durch die Fläche dividiert als JANKA-Härte in N/mm² angegeben werden.

Alternativ erfolgt der Eindruck bis zu einer Tiefe des Radius bzw. bei splitterndem Material bis zu dessen Hälfte.[63] Der so gemessene Wert wird als ***statische Härte H_{Wc}*** bezeichnet und nur in N angegeben. Wird als Eindringtiefe der halbe Radius gewählt, so ist die zugehörige Last zur Berechnung von H_{wc} mit 4/3 zu multiplizieren.[64]

Härte nach KRIPPEL: Eindrücken einer Kugel von 31,8 mm Durchmesser bis zu einer Tiefe von 2 mm und Messen der dazu erforderlichen Kraft. Die Fläche der Kugelkalotte beträgt 200 mm². Die Berechnung der KRIPPEL-Härte erfolgt wie vorstehend beschrieben.

[63] Vgl. ISO 3350 (1975) Wood – Determination of static hardness.

[64] Eiche hat eine Janka-Härte von ca. 1500, Pockholz hingegen von 4500. Neben dieser Härte (z. B. Verwendung für die Unterseite von Hobeln) besitzt Pockholz selbst schmierende Eigenschaften und kann gegen das Eindringen von Wasser abdichten (z. B. Stopfbuchsen bei Motorschiffen).

Härte nach Meyer-Wegelin: Eindrücken einer Stahlnadel mit 0,3 N und Messen der Eindrucktiefe.[65] Diese dient hier direkt als Härtezahl.

Alle Eindruckversuche sind mit mehr oder minder großen Nebeneffekten wie Spalt- und Scherwirkungen überlagert, die den Vergleich zwischen verschiedenen Prüfungen erschweren oder unmöglich machen.

Stoßartige Belastung

Zur Prüfung stoßartiger Belastungen sind unterschiedliche Methoden bekannt (s. z. B. Abschn. 3.3.3 Dynamische Beanspruchungen). Neben der Sandsackmethode, die für die Prüfung größerer Plattenabschnitte angewendet wird, werden auch Untersuchungen mit Hilfe des Kugelfallversuchs durchgeführt. Dieser ist für dekorative Hochdruck-Schichtpressstoffplatten genormt.[66]

- ***Kleine Kugel***
  Bei diesem Versuch wird eine Stahlkugel von 5 mm Durchmesser mit Hilfe einer schlagartig entlasteten Druckfeder gegen die zu untersuchende Oberfläche gestoßen. In einem ersten Schritt wird die Federkraft bestimmt, die zu einer Beschädigung der Oberfläche führt. Dazu wird bis zum Schadensfall die Federkraft in Schritten von 5 N erhöht. In den anschließenden Hauptversuchen wird durch Reduktion dieser gefundenen Kraft in Schritten von 1 N bestimmt, bei welcher Kraft gerade noch keine Beschädigung (Riss o. ä.) eintritt. Dies ist die Stoßfestigkeit.
- ***Große Kugel***
  Der Durchmesser der Kugel ist gegenüber dem vorstehenden Versuch größer (42,8 mm). Aus verschiedenen Höhen fällt die Kugel unter Einwirkung der Schwerkraft auf die zu prüfende Oberfläche. Die Schlagfestigkeit ist die maximale Fallhöhe, bei der keine Beschädigung der Oberfläche eintritt.

---

[65] Nach dem Pilodyn-Verfahren wird die Eindringtiefe eines mit einer bestimmten Federkraft (6 Joule) in das Holz geschossenen Stahlstifts von 2,5 mm Durchmesser bestimmt. Das Ziel besteht in der Ermittlung von Rohdichte und E-Modul und hat damit eine andere Richtung. Die damit erreichten Werte werden in der Literatur unterschiedlich bewertet. Für die Festigkeitssortierung von Schnittholz ist das Verfahren z. B. nicht geeignet.

[66] Näheres s. DIN EN 438-2 (2005): Dekorative Hochdruck-Schichtpressstoffplatten (HPL) – Platten auf Basis härtbarer Harze (Schichtpressstoffe) – Teil 2: Bestimmung der Eigenschaften.

Bei Schichtpressstoffplatten prüft diese Methode streng genommen den Verbund von Trägerwerkstoff, Klebfuge und Beschichtungsmaterial, die in Kombination das Ergebnis beeinflussen.

Abnutzungswiderstand

Der Widerstand gegen die Abnutzung ist durch die Veränderung der oberflächennahen Schichten eines Werkstoffs durch Reibung oder andere mechanische Beanspruchungen charakterisiert und kann durch den damit verbundenen Volumen- oder Masseverlust quantifiziert werden.

Ein häufig angewendetes Prüfverfahren ist der Taber-Abraser-Versuch, dessen Prinzip Bild 3-41 darstellt. Dabei rotiert ein Prüfkörper unter zwei mit einer definierten Kraft belasteten Reibrädern, die mit Schmirgelpapier belegt sind und frei an einer gemeinsamen Achse rotieren. Das Ergebnis der Prüfung ist von der Art der Reibrollen bzw. der Körnung des Schmirgelpapiers sowie der Andruckkraft abhängig.

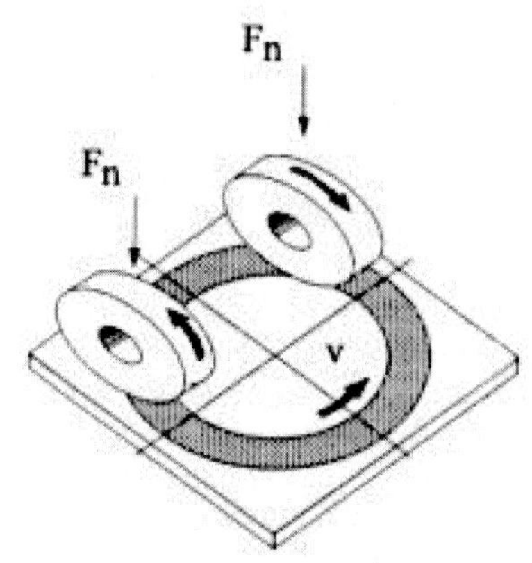

Bild 3-41 Prinzip der Abriebprüfung nach dem Taber Abraser Verfahren /WEF 2012/

Nach einer in der jeweiligen Norm festgelegten Anzahl von Umdrehungen ist der erreichte Abrieb des Prüfkörpers festzustellen. Das Schmirgelpapier ist abhängig von seinem Abnutzungsgrad zu wechseln. Nach der Anzahl der erreichten Umdrehungen bis zum Erreichen des Abbruchkriteriums erfolgt die Einordnung in bestimmte Abriebklassen. Aus dem Masseverlust beim Abrieb können folgende Kenngrößen abgeleitet werden:

$$t_m = \frac{\Delta m}{m_0} \cdot 100\% \quad W_m = \frac{1}{t_m}$$

Es bedeuten:

t_m: Abnutzungskennwert; W_m: Abnutzungswiderstand; m_0: Ausgangsmasse des Prüfkörpers; Δm: Masseabtrag nach definierter Anzahl von Schleifbewegungen

Für die Bestimmung der Abriebbeständigkeit von veredelten Oberflächen wird eine visuelle Beurteilung herangezogen.[67] Bei Laminatböden ist dies z. B. der sogenannte Anfangsabriebpunkt, der durch einen erkennbaren Durchrieb des gedruckten Dekors in drei von vier Quadranten der Prüfkörperoberfläche (s. Bild 3-41) definiert ist.

[67] Vgl. DIN EN 13329 (2009) Laminatböden – Elemente mit einer Deckschicht auf Basis aminoplastischer, wärmehärtbarer Harze – Spezifikation, Anforderungen und Prüfverfahren oder DIN EN 15185 (2011): Möbel – Bewertung der Abriebfestigkeit von Oberflächen.

3.8 Emissionen

Zur Bewertung der Relevanz von Emissionen aus Holz und Holzwerkstoffen sind die entsprechenden Normen und sonstige Vorschriften zu beachten. So ist z. B. in den Produktnormen DIN EN 312 (für Spanplatten) die maximal zulässige Emission von Formaldehyd festgelegt.

Darüber hinaus muss eine Reihe weiterer Stoffe bei der Weiterverarbeitung Beachtung finden. Der Grad der Flüchtigkeit ist nicht einheitlich definiert. Eine gebräuchliche Einteilung ist in Tabelle 3.10 zusammengefasst, wobei der Kochpunkt durch Siedetemperatur und Siededruck im Phasendiagramm eines Stoffs bestimmt wird. Zur Angabe des Siededrucks wird i. d. R. der Normaldruck (1013,25 hPa) verwendet.

Tabelle 3-10: Einteilung organischer Verbindungen nach AgBB[68] /AEH2012/

	Leichtflüchtige organische Verbindungen (VVOC)	Flüchtige organische Verbindungen (VOC)	Schwerflüchtige organische Verbindungen (SVOC)
Kochpunkt in °C	... 69	>69...287	>287...400
Vertreter	- Formaldehyd - FCKW - Ammoniak - andere	- Essigsäure - Terpene - Xylol - andere	- Dibutylphtalat - Nonylphenol - PCB - andere

Die Bewertung der Zulässigkeit bestimmter Stoffe nach dem AgBB-Bewertungsschema umfasst ein sehr weites Spektrum an zu berücksichtigenden Stoffen, wobei die Bestimmung der sogenannten **NIK-Werte** (niedrigste interessierende Konzentration) absichert, dass auch unter ungünstigen Bedingungen keine gesundheitlichen Beeinträchtigungen auftreten können.[69]

Diese Grenzwerte sind durch Bauprodukte einzuhalten. Bild 3-42 zeigt das zugehörige Bewertungsschema. Die nachfolgenden Ausführungen beschränken sich auf die Messung der Formaldehyd-Emission, der seit 2014 als Karzinogen der Kategorie 1B (wahrscheinlich beim Menschen krebserregend) eingestuft ist. Quellen freien ***Formaldehyds*** sind unvollständig vernetzte Harze oder die Hydrolyse vollständig vernetzter Harze.

---

[68] AgBB: Ausschuss zur gesundheitlichen Bewertung von Bauprodukten.

[69] Die aktuelle NIK-Liste ist unter http://www.umweltbundesamt.de/produkte/bauprodukt/agbb.htm. verfügbar.

Es wirkt in Abhängigkeit von seiner Konzentration reizend oder gesundheitsschädlich auf den menschlichen Organismus. Bei unterschiedlichen Dosen in der Atemluft sind z. B. die in Tabelle 3-11 aufgeführten Effekte zu erwarten.

Einzuhaltende Grenzwerte der nachträglichen Formaldehyd-Emission sind mit genormten Messverfahren nachzuweisen. Tabelle 3-12 gibt eine Übersicht von Anforderungen und Verfahren für Spanplatten.

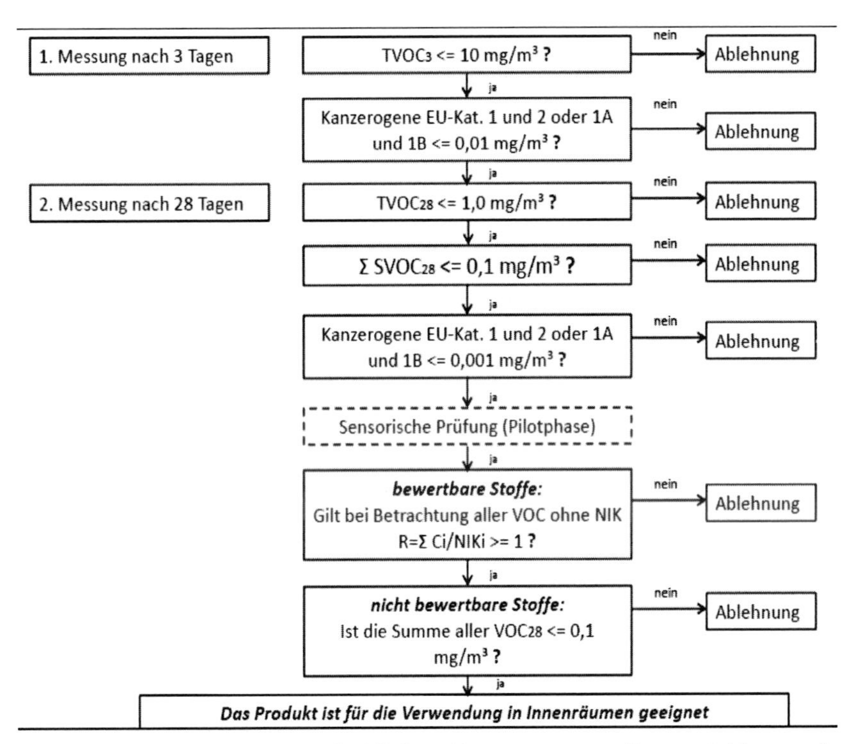

Bild 3-42 Schema zur gesundheitlichen Bewertung von Bauprodukten nach AgBB, vereinfacht nach /WEH 2012/

Methodisch erfolgt die Bestimmung der nachträglichen Formaldehyd-Abgabe von Holzwerkstoffen in folgenden Schritten:

a. Extraktion des Formaldehyds aus dem Werkstoff
b. Absorption des Formaldehyds in einer wässrigen Lösung
c. Bestimmung des Formaldehyd-Gehalts der Lösung

Tabelle 3-11 Wirkung von Formaldehyd in der Atemluft

Formaldehyd in ppm	Auswirkung a)
< 0,05	Allergie
0,05...1,00	Geruchsschwelle
0,01...1,60	Schwelle der Augenreizung
0,08...1,60	Reizung von Augen und Nase

a) Der Rauch einer Zigarette enthält 0,02 bis 0,10 mg Formaldehyd.

Als genormte Prüfmethoden kommen dabei zum Einsatz:[70]

- Prüfkammer-Methode (für beschichtete und nicht beschichtete Holzwerkstoffe, Möbelbauteile, Möbel)
- Gasanalyse-Methode (für beschichtete Holzwerkstoffe)
- Perforator-Methode (für unbeschichtete Holzwerkstoffe)
- Flaschen-Methode (für unbeschichtete Holzwerkstoffe)

Bei der ***Prüfkammermethode*** als Referenzmethode werden Prüfkörper unter definierten Bedingungen (Temperatur: (23±0,5)° C; relative Luftfeuchte: (45±3) %; Luftwechselzahl: (1,0±0,05)/h; Beladungsfaktor: (1,0±0,02) m²/m³; Luftgeschwindigkeit an der Prüfkörperoberfläche: (0,1...0,3) m/s) gelagert. Die Formaldehyd-Konzentration in der Kammerluft wird bis zum Erreichen der Ausgleichskonzentration in regelmäßigen Abständen bestimmt, indem sie durch mit destilliertem Wasser gefüllte Waschflaschen geleitet wird. Darin erfolgt eine Absorption des Formaldehyds. Die anschließende Bestimmung des Formaldehyd-Gehalts nutzt die Hantzsche Reaktion, wobei Formaldehyd mit Acetylaceton und Ammoniumionen zu Diacetyldihydrolutidin (DDL) reagiert. Das Reaktionsprodukt weist eine deutliche Gelbfärbung auf und hat ein für Formaldehyd spezifisches Absorptionsmaximum bei 412 nm.

Die Verarbeitung der den Waschflaschen entnommenen Proben erfolgt nach in der Norm festgelegten Arbeitsschritten. Zur Bestimmung der Absorption wird ein Spektrophotometer verwendet und mit einer Blindprobe,

[70] DIN EN 120 (1992): Bestimmung des Formaldehydgehalts – Extraktionsverfahren genannt Perforatormethode, s. a. DIN EN ISO 12460-5 (Entwurf 2013) ; DIN EN 717-1 (2004): Holzwerkstoffe – Bestimmung der Formaldehydabgabe; Teil 1: Formaldehydabgabe nach der Prüfkammer-Methode; DIN EN 717-2 (2011): Holzwerkstoffe – Bestimmung der Formaldehydabgabe; Teil 2: Formaldehydabgabe nach der Gasanalyse-Methode, s. auch DIN EN ISO 12460-3 (Entwurf 2013); DIN EN 717-3: Holzwerkstoffe – Bestimmung der Formaldehydabgabe; Teil 3: Formaldehydabgabe nach der Flaschen-Methode.

die kein Formaldehyd enthält, verglichen. Die Formaldehyd-Abgabe berechnet sich dann nach der folgenden Gleichung:

$$c = \frac{\sum((A_s - A_b) \cdot f \cdot V_{sol})}{V_{air}}$$

Es bedeuten:
c: Formaldehyd-Konzentration /mg/m³/; A_S: Extinktion der Lösung der Gaswaschflasche; A_b: Extinktion des Blindwerts; f: Steigungswert der Kalibrierkurve /mg/ml/; V_{sol}: Volumen der Absorptionslösung /ml/; V_{air}: Volumen der Luftprobe /m³/

Zur Verringerung des Prüfaufwands sind auch die o. g. sogenannten abgeleiteten Verfahren zulässig, die einen geringeren Aufwand an Zeit und Material verlangen.[71]

Beim ***Perforatorverfahren*** wird die Probe mit Toluol in einem Destillationskolben bis zum Sieden erhitzt. Das Formaldehyd wird durch das Toluol ausgetrieben und im Perforator in eine wässrige Lösung überführt. Zur Bestimmung der Konzentration dient wiederum die Hantzsche Reaktion.

Beim ***Gasanalyseverfahren*** werden die Prüfkörper mehrere Stunden lang von erwärmter Luft umspült, die durch Gaswaschflaschen abgeleitet wird. Die Bestimmung des Emissionswerts, der in mg/(m²h) angegeben wird, erfolgt analog zum beschriebenen Vorgehen.

Ein bislang nicht genormtes Verfahren ist die Bestimmung des Formaldehyd-Gehalts mittels NIR-Spektroskopie, das gute Ergebnisse gegenüber der Referenzmethode zeigt /ENG 2007/.

Verschiedene Untersuchungen zeigten, dass die Ergebnisse der abgeleiteten Verfahren gut untereinander und mit denen der Prüfkammer korrelieren (s. Bild 3-43). Grenzen bilden hier die unterschiedlichen Formaldehyd-Quellen, die abhängig vom Verfahren die Emission beeinflussen.
Prinzipiell besteht die Möglichkeit, die Konzentration an Formaldehyd in der Raumluft (Prüfkammer) aus den bei der Gasanalyse ermittelten Werten vorauszuberechnen.

[71] Zur Bestimmung von VOC in der Innenluft ist ein weiteres Prüfkammerverfahren zulässig, das in EN ISO 16000-9 (2006) beschrieben ist. Zwischen den beiden Prüfkammerverfahren bestehen ebenfalls Korrelationen. Eine Umrechnung, z. B. nach der Mehlhorn-Gleichung, ist nicht möglich /MEY 2012/.

Tabelle 3-12 Übersicht über Normen zur Bestimmung der nachträglichen Formaldehyd-Abgabe sowie Grenzwerte für Spanplatten /SCH 2011/

Bezeichnung	Grenzwert[72]	Messmethode	Prüfdauer
E1	≤ 8mg HCHO/100 g atro	Perforator DIN EN 120	ca. 6 – 28 h
	≤0,124 mg/m³	Prüfkammer DIN EN 717-1 (1 m³)	bis 28 Tage
	≤6,5mg HCHO/100g atro Halbjahresmittelwert	Perforator DIN EN 120	ca. 6 – 28 h
EPF-S (European Panel Federation Standard)	≤ 4mg HCHO/100g atro	Perforator DIN EN 120	ca. 6 – 28 h
	≤ 0,06 ppm	Prüfkammer DIN EN 717-1 (1 m³)	bis 28 Tage
IOS-MAT-0003 (IKEA)	≤ 0,06 ppm	Prüfkammer DIN EN 717-1 (1 m³)	bis 28 Tage
	≤ 4 mg HCHO/100 g atro	Perforator DIN EN 120	ca. 6 – 28 h
JIS F ****	Mittelwert ≤ 0,3mg/l	Exsikkator JIS A 1460	ca. 24 h
	Maximum ≤ 0,4mg/l		
CARB 2 (Phase 2)	≤0,09 ppm	Prüfkammer ASTM E 13333 (22m3)	7 – ca. 28 Tage

Speziell für Spanplatten wurde dazu von *MEHLHORN* unten stehende Gleichung entwickelt /MEH 1986/.[73]

Aufgrund der bei der Bestimmung der Konstanten gewählten Randbedingungen ist deren Anwendung nur in einem begrenzten Bereich (Temperatur: 15… 30° C, relative Luftfeuchte: 26… 82 %, Luftwechselzahl: 0,4…3 h^{-1}, Raumbeladung: 0,2…1,16, m^2/m^3) möglich.

$$C = \frac{4{,}37 \cdot 10^{-5} \cdot (GW - 0{,}046) \cdot (t - 6{,}07) \cdot (RLF + 32{,}3)}{\left(1 + \frac{n}{a} \cdot 0{,}968\right)}$$

Es bedeuten:
C: Raumluftkonzentration /ppm/; t: Temperatur der Raumluft /°C/; RLF: relative Luftfeuchte /%/; n: Luftwechselzahl /h^{-1}/; a: Raumbeladung (Spanplattenoberfläche/Raumvolumen) /m^2/m^3/; GW: Messwert der Gasanalyse /mg/(hm^2)/

---

[72] 1 ml/m³ (= 1 ppm) = 1,24 mg/m³; 1 mg/m³ = 0,81 ml/m³ (= 1 ppm) bei 23°C und 1013 hPa.

[73] Die Gleichung erweitert eine Beziehung, die von ANDERSON et al. entwickelt wurde und nur Umgebungsbedingungen berücksichtigte, um eine materialspezifische Komponente. Vom WKI wurden 2013 die Koeffizienten unter Berücksichtigung der weiterentwickelten Klebstoffe neu bestimmt. Eine entsprechende Veröffentlichung lag zur Zeit der Fertigstellung dieses Buchs noch nicht vor.

Die Größe des ermittelten Messwerts wird von verschiedenen stofflichen und anderen Einflussgrößen bestimmt. Dazu zählen:

- Feuchte
- Lagerart und -dauer
- Rohdichte und Rohdichteprofil
- Oberflächenbeschaffenheit
- Ort der Probennahme (Plattenmitte, Plattenrand)

Für Spanplatten gelten die Werte nach dem Perforator-Verfahren für eine Materialfeuchte von 6,5 %. Im Feuchtebereich zwischen $3\,\% \leq \omega \leq 10\,\%$ erfolgt die Korrektur der Formaldehyd-Emission durch Multiplikation des gemessenen Werts mit einem Faktor, der sich mit folgender Gleichung berechnet:

$$F = -0{,}133 \cdot \omega + 1{,}86$$

Es bedeuten:
F: Korrekturfaktor; ω: Materialfeuchte /%/

Gegenwärtig (Stand 2013) sind Bestrebungen im Gange, die Formaldehyd-Messmethode zu ändern. Als neue Norm soll ggf. künftig ISO 16000-9[74] Anwendung finden. Dies bringt jedoch mehrere Nachteile mit sich: So lässt die ISO-Methode größere Abweichungen bei Temperatur und Luftfeuchte zu. Weiterhin erfolgt eine Reduzierung der Luftwechselrate. Mit dem Abbruch der Messung spätestens nach 28 Tagen wird damit das Ergebnis nicht auf die Ausgleichskonzentration bezogen.

Die beschriebenen Änderungen führen gegenüber der bisherigen Referenzmethode (DIN EN 717-1) zu höheren Ungenauigkeiten der gemessenen Werte und ggf. zu einer Verschärfung der Anforderungen an die Formaldehyd-Emission von Holzwerkstoffen. Schätzungen gehen hier von einer Halbierung der üblichen Emissionen z. B. bei rohen Spanplatten und MDF aus (s. /ANO 2014/).

[74] DIN EN ISO 16000-9(2008): Innenraumluftverunreinigungen – Teil 9: Bestimmung der Emission von flüchtigen organischen Verbindungen aus Bauprodukten und Einrichtungsgegenständen – Emissionsprüfkammer-Verfahren.

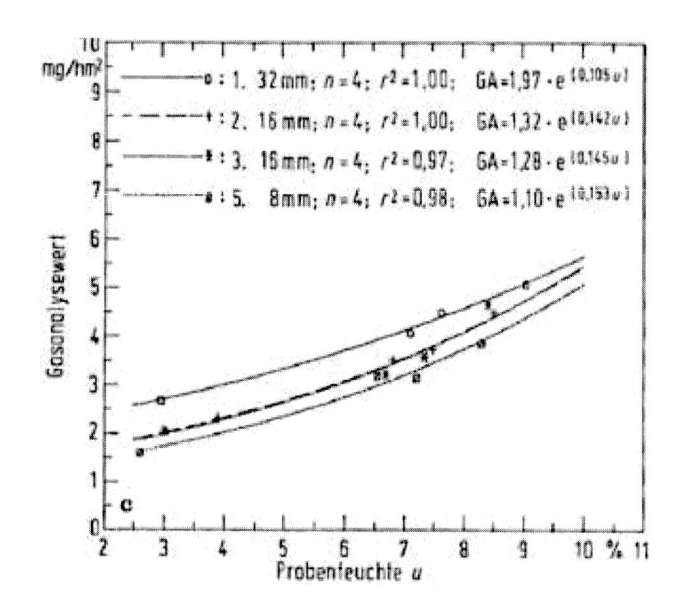

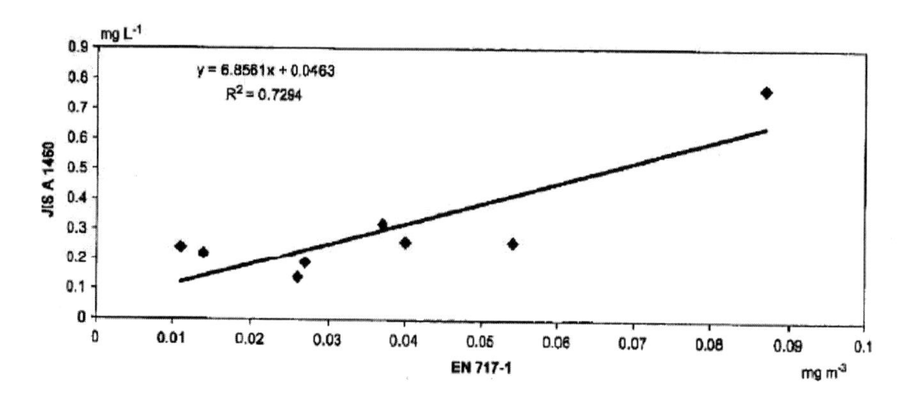

Bild 3-43 oben: Zusammenhang zwischen dem Gasanalysewert und der Probenfeuchte [/JAN 1990/], unten: Zusammenhang zwischen DIN EN 120 und JIS A 1460 für Spanplatten [/RIS 2007/]

3.9 Spezielle Prüfungen

Neben den beschriebenen Untersuchungs- und Prüfmethoden gibt es entsprechend des Verwendungszwecks (z. B. Brennbarkeit im Schiffsbau) bzw. Anwendungsproblems (z. B. Beschichtung mit Folien oder Direktlackierung) eine Reihe weiterer Möglichkeiten. Dazu gehört der Bereich der Beständigkeit gegen Alterung, in den neben den Auswirkungen von Bewitterung auch Pilz-, Bakterien- und Insektenbeständigkeit zählen.[75]

Oberflächeneigenschaften

Oberflächeneigenschaften sind äußerst komplexer Natur und werden durch Farbe, Oberflächenstruktur, Glätte, Festigkeit und Härte der oberflächennahen Bereiche, Quell- und Diffusionsverhalten, chemisch-physikalische Eigenschaften (z. B. pH-Wert oder Benetzbarkeit) und ggf. die Rohdichte der Deckschicht (z. B. bei Spanplatten) charakterisiert /NEU 1982/.

a) Rauheit und Welligkeit[76]

Die messtechnisch erfasste Kontur der wirklichen Oberfläche eines Gegenstands, die diesen von seiner Umgebung trennt, wird als Ist-Oberfläche, die technische Sollbeschaffenheit als geometrische Oberfläche bezeichnet. Die Gesamtheit der zwischen beiden existierenden Abweichungen ist mit dem Begriff der Gestaltabweichung erfasst.[77]

Rauheit und Welligkeit unterscheiden sich abhängig vom Verhältnis zwischen Länge und Tiefe der Gestaltabweichung, wobei bei der Rauheit die Länge der Abweichung nur ein geringes Vielfaches der Tiefe beträgt. Zur Unterscheidung von Rauheit und Welligkeit wird der Zahlenwert eines Profilfilters herangezogen, die sogenannte Grenzwellenlänge λ_c, die eine Trennung des Profils in langwellige (Welligkeit) und kurzwellige (Rauheit) Bestandteile ermöglicht.

---

[75] Dieses Gebiet wird im Rahmen des vorliegenden Lehrbuchs nicht näher behandelt.

[76] Vgl. DIN EN ISO 4287 (2010): Geometrische Produktspezifikation: Oberflächenbeschaffenheit – Tastschnittverfahren – Benennungen, Definitionen und Kenngrößen; DIN EN ISO 4288 (1998): Geometrische Produktspezifikation: Oberflächenbeschaffenheit – Tastschnittverfahren – Regeln und Verfahren für die Beurteilung der Oberflächenbeschaffenheit; DIN EN ISOI 3274 (1998): Geometrische Produktspezifikation: Oberflächenbeschaffenheit – Tastschnittverfahren – Nenneigenschaften von Tastschnittgeräten.

[77] Vgl. DIN 4760 (1982): Gestaltabweichungen – Begriffe – Ordnungssystem.

Alle Kenngrößen zur Charakterisierung der Rauheit werden aus dem gefilterten Profil ermittelt und damit von der Grenzwellenlänge bestimmt /VOL 2005/. Zur Bestimmung von Rauheit und Welligkeit kommen taktile und berührungslose Messgeräte zum Einsatz. Verbreitet ist das Tastschnittverfahren, das die zweidimensionale Erfassung einer Oberfläche ermöglicht. Dabei wird ein Tastsystem mit konstanter Geschwindigkeit horizontal über die Oberfläche bewegt. Das so entstehende Hüllprofil bildet messtechnisch das Ist-Profil der Oberfläche ab. Die Präzision der Messung ist abhängig vom Radius der Spitze des Tasters und deren Auflagedruck.

Die Abtaststrecke setzt sich aus:

- Vorlaufstrecke (Einschwingen der Filter),
- Gesamtmessstrecke (Auswertungsteil der Taststrecke, umfasst i. d. R. fünf aneinandergereihte Einzelmessstrecken) und
- Nachlaufstrecke (Ausschwingen der Filter)

zusammen. Die Gesamtmessstrecke sollte ein Mehrfaches der Länge der größten Abmessungen der strukturbestimmenden Eigenschaften (z. B. Spanlänge) betragen. Sie setzt sich aus fünf Einzelmessstrecken zusammen, die der Grenzwellenlänge entsprechen.

Für die Rauheitsauswertung wird die langwellige mittlere Linie des Ist-Profils als Bezugslinie herangezogen. Für die Bewertung kommen im holztechnologischen Bereich v. a. folgende Kennziffern in Betracht (s. a. Bild 3-44)[78]:

- Z_t (Höhendifferenz des Profilelements): Abstand vom höchsten zum niedrigsten Profilpunkt
- R_t (Rautiefe): vertikale Differenz der höchsten Spitze zum tiefsten Tal der Gesamtmessstrecke
- R_z (größte Höhe des Profils): vertikale Differenz der höchsten Spitze zum tiefsten Tal innerhalb einer Einzelmessstrecke
- W_t (Wellentiefe): senkrechter Abstand zwischen zwei äquidistanten Begrenzungslinien, die das Welligkeitsprofil innerhalb der Messstre-

[78] Weitere Informationen finden Sie z.B. in VDI 3414 (2014): Beurteilung von Holz und Holzwerkstoffoberflächen – Prüf- und Messmethoden

cke kleinstmöglich einschließen

- M_r (Materialanteil): Verhältnis materialgefüllter Länge zur Gesamtmessstrecke in einem bestimmten Schnittniveau in Prozent; die Kenngröße eignet sich zur Beurteilung der Porigkeit und Lackierbarkeit von Oberflächen.

Das Verfahren kann zur Beurteilung beschichteter und unbeschichteter Holzwerkstoffe sowie der Kompensationswirkung z. B. von Möbelfolien eingesetzt werden. Nach Feuchteeinfluss und Wiedertrocknung ergeben sich teilweise deutliche Veränderungen des Rauheitsprofils gegenüber dem Ausgangszustand, die bei Spanplatten nachgewiesen wurden.

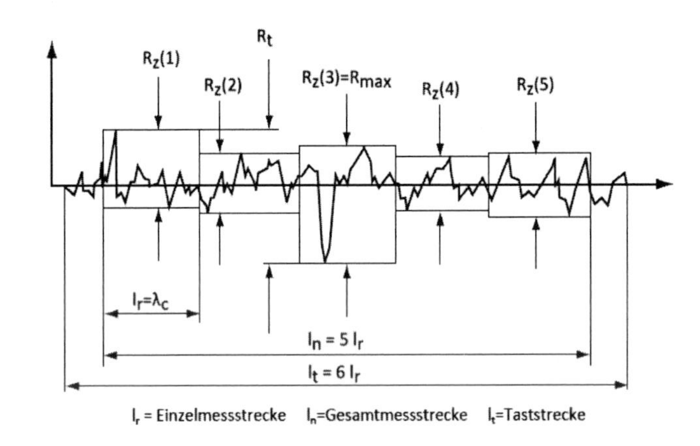

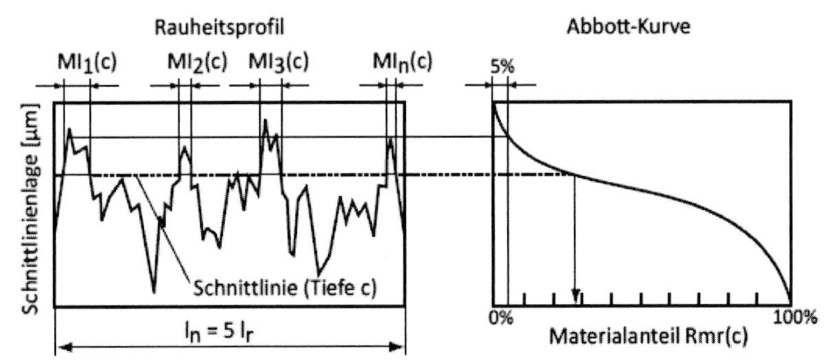

Bild 3-44 oben: Definition verschiedener Kennwerte der Rautiefe, unten: Zusammenhang zwischen Rauheitsprofil und Materialanteil /JUN 2010/

b) Glättung

Ein einfaches Verfahren ist der Pastentest nach *FLEMMING*. Dabei wird eine definierte Menge Testpaste auf die zu prüfende Oberfläche aufgebracht, mit einer Folie abgedeckt und anschließend ausgewalzt. Als Kennziffer dient der Quotient aus der nach dem Auswalzen bedeckten Fläche und der Masse bzw. dem Volumen der Testpaste.

c) Saugverhalten

Das Saugverhalten ist bei der Beschichtung mit flüssigem Material (Lack, Leim) von besonderer Bedeutung. Die stoffliche Kenngröße unterliegt jedoch einer starken Wechselwirkung mit den Eigenschaften des Beschichtungsmittels (Oberflächenspannung, Viskosität) sowie den herrschenden Umgebungsbedingungen (relative Luftfeuchte, Temperatur). Die Bestimmung des Wasseraufnahmekoeffizienten wurde bereits im Abschnitt 3.2 beschrieben.

Unter ***Wegschlagzeit*** wird die Zeit verstanden, die vergeht, bis der Tropfen einer Testflüssigkeit vom Untergrund aufgesaugt wurde. Typische Bewertungskriterien sind:

- die Länge eines auf eine schräge Platte aufgetropften und anschließend ablaufenden Tropfens Toluol[79]
- die Wasseraufnahme eines Probekörpers aus einer auf ihm ruhenden, definierten Wassersäule innerhalb einer bestimmten Zeit[80]

REITER /REI 1978/ entwickelte eine Prüfvorrichtung, bei der die Abnahme der Höhe einer definierten Wassersäule über die Zeit als Kenngröße genutzt wird.

Zwischen den einzelnen Messmethoden bestehen nur geringe Korrelationen.[81] Aus den genannten Gründen sollten Untersuchungen stets mit der jeweils relevanten Flüssigkeit durchgeführt werden.

---

[79] S. DIN EN 382-1 (1993) Faserplatten: Bestimmung der Oberflächenabsorption; Teil1: Prüfverfahren für Faserplatten nach dem Trockenverfahren.

[80] S. DIN EN 382-2 (1994) Faserplatten: Bestimmung der Oberflächenabsorption; Teil 2: Prüfverfahren für harte Platten.

[81] Zum Begriff der Korrelation s. /HÄN 2012/.

Tabelle 3-13: Oberflächeneigenschaften nicht beschichteter Holzwerkstoffe, nach *DEPPE*

Werkstoff	Rautiefe in µm	Pastentest	Wegschlagzeit in s
MDF	5 ... 8	160	22...25
Spanplatte mit Feinst-span-Deckschicht	90 ... 100	100	30...34

Haltevermögen von Verbindungsmitteln

Das Haltevermögen von Schrauben, Nägeln und Klammern wird durch Auszugsversuche aus Prüfkörpern mit definierten Abmessungen bestimmt.[82]

Brandverhalten

Holz und Holzwerkstoffe werden in verschiedenen Bereichen eingesetzt, die Brandgefährdungen aufweisen. Grundsätzlich beziehen sich genormte Forderungen (vgl. Fußnote 87) auf Teile von Bauwerken oder auf Baustoffe. Stoffe können folgendes Verhalten bei thermischer Beanspruchung zeigen:

- Sie bleiben unbeeinflusst oder wirken brandhindernd.
- Sie werden zerstört oder unbrauchbar.
- Sie erhöhen die Brandgefahr.

Durch Simulation der thermischen Beanspruchung eines Brands im Rahmen eines Prüfverfahrens erfolgt die Einordnung in einen der o. g. Bereiche.

Unter einem Baustoff wird ein Material verstanden, das aus einem einzigen Stoff oder einem fein verteilten Gemisch besteht. Er ist homogen, wenn er sich aus einem einzigen Stoff gleicher Dichte zusammensetzt; andernfalls handelt es sich um ein nichthomogenes Bauprodukt. Die Relevanz einzelner Bestandteile wird mit dem Begriff des substantiellen Bestandteils beschrieben, der durch ein Verhältnis von Masse zu Fläche von > 1,0 kg/m² oder eine Dicke ≥ 1 mm charakterisiert ist.[83]

[82] S. DIN EN 13446 (2002) Holzwerkstoffe: Bestimmung des Haltevermögens von Verbindungsmitteln.
[83] Vgl. DIN EN 13501-1 (2010): Klassifizierung von Bauprodukten und Bauarten zu ihrem Brandverhalten, Teil 1 bzw. DIN 4102-1 (1998): Brandverhalten von Baustoffen und Bauteilen – Baustoffe.

Die Unterteilung von Baustoffen erfolgt in folgende Klassen:

- Nicht brennbare Stoffe: A1 und A2, wobei A2 anteilig brennbare Stoffe enthält
- Schwer entflammbare Stoffe: B und C
- Normal entflammbare Stoffe: D und E
- Leicht entflammbare Stoffe: F

Die Klassen A, B und C sind selbstverlöschend, während alle anderen Stoffe – auch nach Wegfall der Brandursache – weiterbrennen. Zusätzlich zum Brandverhalten gehen die Rauchentwicklung und das brennende Abtropfen/Abfallen in die Bewertung ein. Tabelle 3-14 fasst die relevanten europäischen Normen zur Prüfung und Klassifizierung des Brandverhaltens zusammen.

Für schwer entflammbare Baustoffe ist eine Prüfung nach DIN EN 13823 vorgeschrieben, die um einen Test nach DIN EN ISO 11925-2 ergänzt wird, wobei die Beanspruchung durch eine Flamme 30 Sekunden beträgt. Die Prüfung normal entflammbarer Stoffe erfolgt nach den gleichen Normen, wobei sich die erforderlichen Kriterien (z. B. Wärmefreisetzung, Geschwindigkeit der Brandausbreitung) erheblich unterscheiden. So ist z. B. für Klasse E nur eine Beanspruchung von 15 Sekunden durch den Brenner erforderlich.

Für die Untersuchung des Brandverhaltens bei direkter Flammeneinwirkung wird eine Probe definierter Abmessungen für 30 bzw. 15 Sekunden einer 20 mm hohen Flamme ausgesetzt. Diese wird mit einem Brenner erzeugt, der in einem Winkel von 45° zur Probenkante auf einer Schiene verschoben wird. Die Zeitmessung beginnt mit dem ersten Kontakt zwischen Probe und Flamme. Nach Ablauf der vorgegebenen Zeit wird die Flamme zurückgezogen.

Bei einer Beflammungsdauer von 30 Sekunden ist die Prüfung bestanden, wenn 60 Sekunden nach Beginn der Prüfung die vertikale Flammenausbreitung 150 mm nicht überschreitet. Eine Übersicht der Anforderungen ausgewählter Baustoffklassen zeigt Tabelle 3-15.

Tabelle 3-14: Prüf- und Klassifikationsnormen für das Brandverhalten von Baustoffen

Norm	Titel/Prüfeinrichtung
DIN EN 13501-1 (2010)	Klassifizierung mit den Ergebnissen aus den Prüfungen zum Brandverhalten von Bauprodukten
DIN EN ISO 1716 (2010)	Bestimmung der Verbrennungswärme Prüfeinrichtung: kalorimetrische Bombe
DIN EN ISO 1182 (2010)	Nichtbrennbarkeitsprüfung Prüfeinrichtung: Ofen
DIN EN 13823 (2010)	Thermische Beanspruchung durch einen einzelnen brennenden Gegenstand (SBI) für Bauprodukte mit Ausnahme von Bodenbelägen
DIN EN ISO 11925-2 (2011)	Entzündbarkeit bei direkter Flammeneinwirkung Prüfeinrichtung: Brennkammer mit Brenner

Das Prüfverfahren für einzeln brennende Gegenstände (SBI: „single burning item“) wird an zwei orthogonal zueinander aufgestellten Proben durchgeführt, die in einem Raum aufgestellt sind und erhitzt bzw. entzündet werden. Bild 3-45 zeigt das Prinzip der Prüfung.

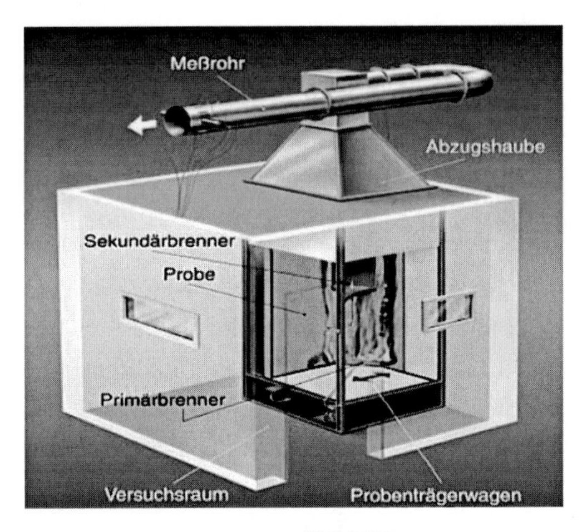

Bild 3-45 SBI-Prüfraum /MPA 2012/

Tabelle 3-15: Übersicht der Anforderungen ausgewählter Baustoffklassen

Klasse	Prüfung nach Norm	Anforderung
B	DIN EN 13823	FIGRA ≤ 120 W/s LFS ≤ Außenkante THR600 ≤ 7,5 MJ
	DIN EN ISO 11925-2 (30 s Beflammung)	Flammenausbreitung innerhalb 60 s ≤ 150 mm
	Zusatzkriterien	Rauch: s1, s2, s3; brennendes Abtropfen/Abfallen brennender Teile: d0; d1; d2
C	DIN EN 13823	FIGRA ≤ 250 W/s LFS ≤ Außenkante THR600 ≤ 15 MJ
	DIN EN ISO 11925-2 (30 s Beflammung)	Flammenausbreitung innerhalb 60 s ≤ 150 mm
	Zusatzkriterien	Rauch: s1, s2, s3; brennendes Abtropfen/Abfallen brennender Teile: d0; d1; d2
D	DIN EN 13823	FIGRA ≤ 750 W/s
	DIN EN ISO 11925-2 (30 s Beflammung)	Flammenausbreitung innerhalb 60 s ≤ 150 mm
	Zusatzkriterien	Rauch: s1, s2, s3; brennendes Abtropfen/Abfallen brennender Teile: d0; d1; d2
E	DIN EN ISO 11925-2 (15 s Beflammung)	Flammenausbreitung innerhalb 20 s ≤ 150 mm
	Zusatzkriterien	Brennendes Abtropfen/Abfallen brennender Teile: d2

Erläuterung der Abkürzungen:

FIGRA: „fire growth rate"; LFS: seitliche Flammenausbreitung; THR: freigesetzte Wärme in 600 Sekunden

s1: keine/kaum Rauchentwicklung; s2: begrenzte Rauchentwicklung; s3: unbeschränkte Rauchentwicklung

d0: kein Abtropfen/Abfallen; d1: begrenztes Abtropfen/Abfallen, d2: starkes Abtropfen/Abfallen

3.10 Vorbereitung und Auswertung von Prüfungen

Sorgfältige Planung und Vorbereitung (z. B. Lagerung der Prüfkörper vor den Untersuchungen im Normalklima) sind die entscheidenden Schlüssel, um aussagekräftige und reproduzierbare Versuchsergebnisse zu erhalten. Bei experimentellen Untersuchungen ist zu unterscheiden, ob das Einhalten bestimmter Werkstoffkenngrößen gegenüber Vorgabewerten oder der Zusammenhang zwischen Werkstoffkenngröße und stofflichen, technologischen u. a. Einflüssen untersucht werden soll. In beiden Fällen kommt es darauf an, eine ausreichend große Anzahl von Prüfkörpern heranzuziehen, um statistisch zuverlässige Aussagen zu erhalten.[84]

[84] Vertiefende Informationen zur Planung und Auswertung von Versuchen erhalten Sie z.B. im Band 1 dieser Reihe /HÄN 2012/.

Abweichungen zwischen einzelnen Messwerten zeigen, dass diese nach bestimmten Gesetzmäßigkeiten verteilt sind. Häufig handelt es sich dabei um eine Normalverteilung oder deren Vorkommen kann mit ausreichender Sicherheit angenommen werden. In diesen Fällen sind Auswertungsmöglichkeiten gegeben, die die gemessenen Werte gut beschreiben.

So ist der aus den gewonnenen Daten berechnete ***arithmetische Mittelwert*** eine wichtige Größe, um die Lage der Messreihe zu charakterisieren, d. h. festzustellen, welcher Messwert in der Stichprobe am häufigsten auftritt. Ziel der Bestimmung des Stichprobenmittelwerts ist es, den wahren Wert der Grundgesamtheit μ zu schätzen. Dazu wird die Summe der Einzelwerte der Messung gebildet und durch die Anzahl der Messwerte geteilt:

$$\overline{x} = \frac{1}{n}\sum_{i=1}^{n} x_i$$

Es bedeuten:
$\overline{x}$: arithmetischer Mittelwert; n: Anzahl der Messwerte; x_i: Messwert i

Die Vielzahl der genannten Abweichungen bewirkt eine Streuung des gemessenen Werts. Diese ***Varianz (Streuung)*** berechnet sich aus der Summe der Abweichungsquadrate der einzelnen Messwerte vom Mittelwert, geteilt durch die Anzahl der Freiheitsgrade, d. h. die Anzahl der voneinander unabhängigen Beobachtungen.

$$s^2 = \frac{\sum(x_i - \overline{x})^2}{n-1}$$

Es bedeuten:
s^2: Varianz; n: Anzahl der Messwerte

In der Holzforschung ist der ***Variationskoeffizient*** eine gebräuchliche Kennzahl. Er erlaubt eine rasche Einschätzung der Größe der Streuungen durch eine prozentuale Darstellung. Insbesondere bei Abweichungen in der Lage bietet sich die Nutzung dieses Kennwerts an, da je nach der Größe des Mittelwerts die Abweichungen in ihrem Wert bestimmt werden.

$$v = \frac{s}{\bar{x}} \cdot 100\%$$

Es bedeuten:
v: Variationskoeffizient; s: Standardabweichung; $\bar{x}$: arithmetischer Mittelwert

Da alle Messungen Stichprobencharakter aufweisen, ist es notwendig, den Vertrauensbereich der Kenngrößen zu schätzen. Die Fragestellung lautet damit z. B.: Wie exakt ist die Schätzung des Erwartungswerts μ der Grundgesamtheit durch die Kenngröße arithmetischer Mittelwert?

DIN 55 350-24 (1982) definiert, dass die aus einer längeren Folge von Stichproben errechneten Vertrauensbereiche den wahren Wert des zu schätzenden Parameters mit einer Häufigkeit einschließen, die annähernd gleich oder größer als das Vertrauensniveau 1–α ist. Dies bedeutet z. B., dass bei einem 95-%-Vertrauensbereich im Mittel 95 von 100 Stichproben den wahren Parameter μ enthalten.

Die Berechnung der oberen und unteren Grenze des Vertrauensbereichs erfolgt nach folgender Beziehung:[85]

$$\mu_{o,u} = \bar{x} \pm t \cdot \frac{s}{\sqrt{n}}$$

Für die Anzahl notwendiger Messungen geben viele Normen Hinweise (s. Tabelle 3-17). Um eine Aussage verlässlich mit ausreichender statistischer Sicherheit zu erhalten, kann die Größe der Stichprobe iterativ berechnet werden. Ausgehend von einem vorgegebenen relativen Vertrauensbereich p_μ erfolgt die Bestimmung mit nachstehender Formel:

$$N_{SP} = \frac{t^2 \cdot v^2}{p_\mu^2}$$

Es bedeuten:
N_{SP}: notwendige Stichprobengröße; t: t-Wert; v: Variationskoeffizient; p_μ: relativer Vertrauensbereich

Beispiel:

Ein Versuch ergab für n=10 einen Mittelwert der Rohdichte von 645 kg/m³ und eine Standardabweichung von 65 kg/m³. Wie groß muss

[85] Die Werte der t-Funktion sind im Anhang dargestellt.

die Anzahl der Messungen sein, um einen relativen Vertrauensbereich von 95 % zu erreichen?

Für FG=n–1 ergibt sich aus der Tabelle der t-Werte im Anhang: t=2,26

Damit folgt: $N_{SP} = \left(\frac{2{,}26 \cdot 10{,}1}{5}\right)^2 = 20{,}83$ *→ FG=N-1=20 → t=2,09*

$p_\mu = \frac{2{,}09 \cdot 10{,}1}{\sqrt{20}} = 4{,}7\% \rightarrow \approx 5\%$

Die Anzahl notwendiger Versuche beträgt ca. 20.

Für praktische Anwendungsfälle ist häufig nicht der Mittelwert von Interesse, sondern ein maximaler bzw. minimaler Wert, den – mit einer bestimmten Sicherheit – i. d. R. 5% der Prüfwerte nicht über- oder unterschreiten[86] sollen.

Unter Annahme des Vorliegens einer Normalverteilung und der Gleichsetzung der Streuung von Grundgesamtheit und Stichprobe ist es möglich, die Berechnung dieses sogenannten 5-%-Quantilwerts mit folgender Beziehung sehr einfach durchzuführen:

$$x_{05} = \bar{x} - k_{05,\sigma} \cdot \sigma \text{ bzw. } x_{95} = \bar{x} + k_{05,\sigma} \cdot \sigma^{87}$$

Es bedeuten:

$x_{05\,bzw.95}$: unterer bzw. oberer Quantilwert der Werkstoffeigenschaft x; $k_{05,\sigma}$: Faktor; σ: Streuung der Grundgesamtheit (hier als identisch mit der der Stichprobe angenommen)

Tabelle 3-16: Werte des Faktors $k_{05,\sigma}$ für S=95 %, abhängig von der Anzahl der Prüfkörper einer Stichprobe

Stichproben-umfang	10	20	30	40	50	60	70	100	200
$k_{05,\sigma}$	2,165	2,013	1,945	1,905	1,878	1,857	1,842	1,810	1,761

[86] Diese Berechnung liegt der Bestimmung der charakteristischen Werte der Werkstoffeigenschaften zugrunde. Weiterführende Informationen zu statistischen Auswertung von Messreihen sind in /HÄN 2012/ dargestellt.

[87] Sofern die Streuung der Grundgesamtheit unbekannt ist, wird der Wert $k_{05,\sigma}$ durch den t-Wert (s. Anlage 1) und σ durch die Standardabweichung der Stichprobe ersetzt. Der 5-%-Quantilwert nimmt dabei einen höheren und das 95-%-Quantil einen geringeren Wert an, so dass die Bewertung „auf der sicheren Seite" liegt, indem engere Grenzen gezogen werden.

Beispiel:

Eine Versuchsreihe ergab für n=30 einen Mittelwert der Biegefestigkeit von 27,5 N/mm² und eine Standardabweichung von 2,2 N/mm². Wie hoch ist der Wert der Biegefestigkeit, den 95 % aller Messwerte mit einer Sicherheit von 95 % überschreiten?

Da die Biegefestigkeit einen Mindestwert nicht unterschreiten darf, ist das 5-%-Quantil zu bestimmen. Damit folgt unter Verwendung von $k_{05,\sigma}$ aus Tabelle 3-16:

$$\sigma_{\mathrm{bB,05}} = (27{,}5 - 1{,}945 \cdot 2{,}2)\frac{\mathrm{N}}{\mathrm{mm}^2} = 23{,}2\frac{\mathrm{N}}{\mathrm{mm}^2}$$

Der 5-%-Quantilwert beträgt demzufolge 23,2 N/mm² - er kann mit dem Vorgabewert einer entsprechenden Norm verglichen werden.

Tabelle 3-17: Anzahl notwendiger Prüfkörper in ausgewählten Holzwerkstoff-Normen, nach DIN EN 326-1 Probenahme, Zuschnitt, Überwachung[88]

<table>
<tr><th>Norm</th><th>Platteneigenschaft</th><th>Anzahl Prüfkörper</th></tr>
<tr><td>DIN EN 322</td><td>Feuchtegehalt</td><td rowspan="2">4</td></tr>
<tr><td>DIN EN 318</td><td>Maßänderung</td></tr>
<tr><td>DIN EN 323</td><td>Rohdichte</td><td rowspan="2">6</td></tr>
<tr><td>DIN EN 310</td><td>Biege-E-Modul und Biegefestigkeit</td></tr>
<tr><td>DIN EN 311</td><td>Abhebefestigkeit</td><td rowspan="3">8</td></tr>
<tr><td>DIN EN 317</td><td>Dickenquellung nach Wasserlagerung</td></tr>
<tr><td>DIN EN 319</td><td>Querzugfestigkeit</td></tr>
</table>

[88] DIN EN 326-1 (1994): Holzwerkstoffe – Probenahme, Zuschnitt und Überwachung – Teil 1: Probenahme und Zuschnitt der Prüfkörper sowie Angabe der Prüfergebnisse.

3.11 Fragen und Übungsaufgaben

Fragen:

1. Definieren Sie den Begriff Rohdichte verbal und formelmäßig.
2. Was verstehen Sie unter dem Begriff Flächendichte?
3. Erläutern Sie die Vorgehensweise zur Bestimmung der Rohdichte von Holz nach DIN 52182.
4. Erläutern Sie die Vorgehensweise zur Bestimmung der Rohdichte von Holzwerkstoffen nach DIN EN 323.
5. Erläutern Sie das Messverfahren zur Bestimmung des Rohdichteprofils mit Hilfe elektromagnetischer Wellen.
6. Definieren Sie die Begriffe Feuchtegehalt und Feuchteanteil verbal und formelmäßig.
7. Skizzieren Sie die Isotherme bei Wasserdampfaufnahme und Wasserdampfabgabe von Holz.
8. Was verstehen Sie unter dem Begriff Fasersättigungsbereich?
9. Erläutern Sie die Begriffe Quellen und Schwinden von Holz.
10. Definieren Sie die Begriffe Quellungsanisotropie und Anisotropie der Trocknungsschwindmaße.
11. Was verstehen Sie unter indirekten Methoden zur Feuchtebestimmung?
12. Erläutern Sie die Darrmethode zur Holzfeuchtebestimmung.
13. Beschreiben Sie die genormten Verfahren zur Bestimmung der Längszug- und Querzugfestigkeit von Holz- und Holzwerkstoffen.
14. Beschreiben Sie die Wirkung der Schubspannungen beim Druckbruch von Holz, das in Richtung der Fasern beansprucht wird.
15. Beschreiben Sie die genormten Verfahren zur Bestimmung der Biegefestigkeit und des Biegeelastizitätsmoduls von Holz und Holzwerkstoffen.
16. Definieren Sie verbal und formelmäßig den Begriff Bruchschlagarbeit. Mit welcher Prüfmethode wird diese bestimmt?
17. Definieren Sie den Begriff Dauerschwingfestigkeit und beschreiben Sie das Verfahren zu deren Bestimmung.
18. Skizzieren Sie die Belastungsarten zur Bestimmung der Bruchzähigkeit.

19. Begründen Sie physikalisch den Unterschied im Wert zwischen statisch und dynamisch gemessenem Elastizitätsmodul.
20. Erläutern Sie das Messprinzip für die Bestimmung des elektrischen Oberflächen- bzw. Durchgangswiderstands.
21. Beschreiben Sie das Härteprüfverfahren nach BRINELL/(MÖRATH).
22. Was verstehen Sie unter dem Begriff Abnutzungswiderstand?
23. Nennen Sie die notwendigen Schritte für die Bestimmung der nachträglichen Formaldehyd-Abgabe von Holzwerkstoffen.
24. Nennen Sie vier Verfahren zur Bestimmung der nachträglichen Formaldehyd-Abgabe von Holzwerkstoffen.
25. Beschreiben Sie das Verfahren zur Untersuchung des Brandverhaltens bei direkter Flammeneinwirkung.
26. Wie verändert sich die Anzahl notwendiger Prüfkörper, wenn sich die Streuung eines Versuchs gegenüber einer ursprünglichen Annahme verdoppelt?

- Übungsaufgaben:

1. Ein Stück darrtrockenes Holz hat eine Masse von 30 g. Welche Masse stellt sich ein, wenn das Holz einen Feuchtegehalt von 16 % aufweist?
2. In einem Biegeversuch wurden an einem Kantholz (Länge: 4,5 m; Breite: 16 cm; Dicke: 12 cm) aus Kiefer folgende Durchbiegungswerte in Abhängigkeit von der Last ermittelt:

f in mm	0,2	0,42	0,64	0,81	1,65	3,21	6,0	16,0
F in N	500	1000	1500	2000	4000	8000	10000	12000

a) Zeichnen Sie das Spannungs-/Dehnungsdiagramm mit Hilfe der angegebenen Werte und kennzeichnen Sie den elastischen Verformungsbereich sowie die Bruchlast.
b) Berechnen Sie den Biegeelastizitätsmodul des Kantholzes in N/mm^2 und in N/cm^2.

3. Prüfkörper einer Spanplatte nach DIN EN 312 (P2) mit 16 mm Dicke wurden bezüglich ihrer Querzugsfestigkeit geprüft. Der Bruch trat jeweils bei folgenden maximalen Kräften ein:

   (385, 390, 386, 392, 393, 386, 389, 390) N

   a) Berechnen Sie die Querzugfestigkeit in N/mm^2
   b) Erfüllt dieser Wert die Qualitätsanforderungen der o. g. Norm (s. Anhang)?

4. Berechnen Sie Reflexions- und Durchlässigkeitskoeffizienten für einen Prüfkörper aus Fichte sowie die daraus resultierenden Übergangsfaktoren Holz–Ast und Ast–Holz. Interpretieren Sie das Ergebnis hinsichtlich des Verhaltens der Schallwellen (Reflexion, Schwächung).
   Nehmen Sie für Ihre Berechnungen folgende Stoffgrößen an: Rohdichte astfreies Holz: 0,43 g/cm^3; Rohdichte Ast: 0,85 g/cm^3; Schallgeschwindigkeit astfreies Holz: 1100 m/s bzw. Ast: 1920 m/s.

4 Holz

4.1 Struktureller Aufbau

Die Holzanatomie als Lehre vom inneren Bau des Holzes befasst sich mit der makroskopischen Untersuchung der verschiedenen Holzgewebe, der mikroskopischen Untersuchung der Holzzellen sowie der submikroskopischen Untersuchung der Zellwände. Sie stellt die Zusammenhänge zwischen der Struktur von Holz und seinen physikalischen, mechanischen und sonstigen Eigenschaften her.[89]

Makroskopischer Aufbau

Der makroskopische Aufbau von Holz lässt sich mit bloßem Auge bzw. unter Verwendung einer Lupe erkennen. Das Wachstum der Pflanze findet in den sogenannten Vegetationspunkten statt, die aus teilungsfähigem Gewebe bestehen.

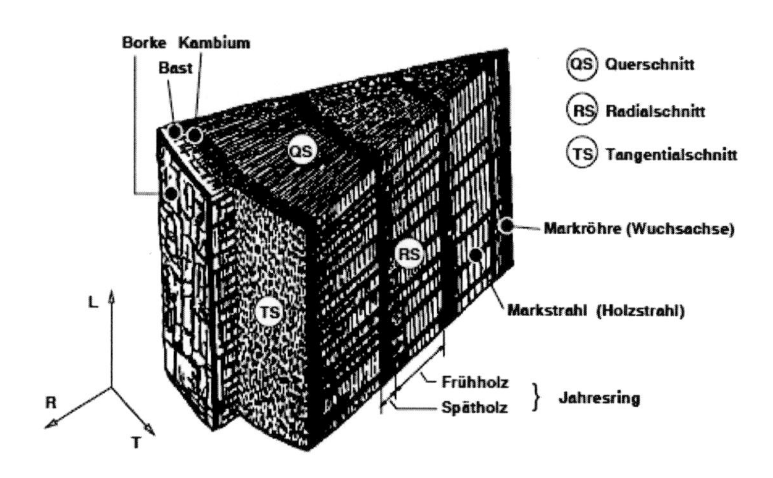

Bild 4-1 Makrostruktur und Schnittebene von Holz /GRI 1999/

Das sekundäre Dickenwachstum erfolgt durch Zellteilung des Kambiums (s. Bild 4-1) und führt in Gebieten mit ausgeprägten Jahreszeiten ideali-

[89] Nachfolgend werden die grundlegenden Zusammenhänge dargestellt, die für das Verständnis dieses Buches notwendig sind. Zur Vertiefung wird auf die Fachliteratur (z.B. /WAG 1980/) verwiesen.

siert zu quasizylindrischen Zuwachszonen, die als Jahrringe bezeichnet werden. In Zonen ohne die Vegetation begrenzende Jahreszeiten bilden Hölzer sogenannte Zuwachszonen, die durch Wachstumsphasen hervorgerufen werden und keinen mathematischen Zusammenhang mit dem Alter des Baums aufweisen.

Die entstehenden Holzzellen verdicken sich entweder zu Festigungszellen oder sind dünnwandige Gefäße für den Wassertransport. Neben diesen in der Längsrichtung des gewachsenen Stamms orientierten Zellen werden Zellen gebildet, die sich vom Inneren des Holzes in Richtung der Rinde erstrecken (Holzstrahlen). Sie dienen dem Stoffaustausch (Assimilate, Wasser) senkrecht zur Stammachse.

Das Dickenwachstum erfolgt periodisch. Bei einheimischen Holzarten führt es zur Ausbildung der o. g. Jahrringe. Zu Beginn der Vegetationsperiode entstehen weitlumige[90] Tracheiden beim Nadelholz bzw. große Gefäße beim Laubholz. In einer zweiten Phase kommt es zur Bildung des englumigen, dunkleren und ligninhaltigeren Spätholzes. Der Anteil des optisch helleren Frühholzes übersteigt den des dunkleren Spätholzes deutlich und beträgt i. d. R. mehr als 80 % eines Jahrrings.

Funktional sichert bei jungen Bäumen das Frühholz den Stofftransport von der Wurzel zur Krone; das Spätholz bewirkt die statische Festigkeit des Baums. In Folge des Dickenwachstums entstehen in den äußeren Bereichen des Stamms Zug- und in den inneren Bereichen Druckspannungen. Die Zugspannungen wirken einem möglichen Knicken der Holzfasern entgegen. Hinzu kommen tangentiale Druckspannungen, die eine Rissbildung entlang der Holzstrahlen verhindern.[91]

Jahrringgrenzen sind bei Nadelhölzern und ringporigen[92] Laubhölzern deutlich zu erkennen. Zerstreutporige Laubhölzer weisen diese Eigenschaft nicht im gleichen Maße auf (s. Bild 4-2).

Holzartspezifisch wird ab einem gewissen Alter der Nährstoff- und Wassertransport nur noch von den äußeren Jahrringen (Splint) übernommen.

[90] In der Biologie Bezeichnung des Innenraums einer Zelle.
[91] Diese Wachstumsspannungen gehen nach dem Fällen des Baums verloren. Ihr Fehlen ist eine der Ursachen für das Entstehen von Trocknungsrissen.
[92] Poren sind die Querschnitte der Gefäße oder Gefäßtracheiden.

Der als Kern bezeichnete innere Teil des Baums hat für die Vitalfunktionen keine wesentliche Bedeutung mehr.

Der Vorgang der Verkernung unterscheidet sich bei Laub- und Nadelhölzern. Prinzipiell erfolgt er bei Laubhölzern durch Verthyllung und bei Nadelhölzern durch Tüpfelverschluss.[93] Im Kern entstehen durch biochemische Vorgänge spezielle Kernstoffe, die das Holz vor den Befall durch Pilze oder Insekten schützen. Entsprechend dem Anteil an Kern- bzw. Splintholz wird nach *NÖRDLINGER* folgende Unterscheidung getroffen:

Kernholzbäume: Innenholz wesentlich dunkler und trockener als Außenholz (z.B. Eiche, Esche, Kiefer, Douglasie)

Reifholzbäume: Innenholz trockener als Außenholz, keine Farbunterschiede zwischen beiden (z. B. Linde, Rotbuche, Fichte, Tanne)

Splintholzbäume: Keine Unterschiede zwischen Innen- und Außenholz hinsichtlich Holzfeuchte und -farbe (z. B. Birke, Bergahorn, Erle) – s. Tabelle 4.1

Der makroskopische Aufbau von Holz lässt sich durch das Erzeugen von drei Schnitten am Stamm erkennbar machen (s. Bild 4-1):

- Querschnitt (Hirnschnitt) senkrecht zur Stammachse
- Radialschnitt (Spiegelschnitt) von außen nach innen in Längsrichtung
- Tangentialschnitt (Fladerschnitt) als Tangente an den Jahrringen, parallel zur Längsachse

Bild 4-1 zeigt die drei Richtungen der Holzstruktur, die als Längsrichtung (L) sowie radiale (R) und tangentiale (T) Richtung bezeichnet werden. In Folge der Anordnung der verschiedenen Strukturelemente entstehen unterschiedliche Holzeigenschaften entsprechend der räumlichen Orientierung. Dieses Phänomen wird als Anisotropie des Holzes bezeichnet.

Makroskopisch erkennbar ist auch das Vorhandensein von Reaktionsholz, das bei Nadelhölzern als Druckholz mit erhöhtem Ligningehalt (Rotholz) und bei Laubhölzern als Zugholz mit größeren Anteilen an Zellulose (Weißholz) auftritt. Am lebenden Baum bewirkt das Reakti-

[93] Lange Zeit galt der Tüpfelverschluss als irreversibel. Neuere Untersuchungen zeigen jedoch, dass eine Auflösung der Verklebung möglich ist und damit die Imprägnierfähigkeit verbessert werden kann.

onsholz die Beibehaltung bzw. Wiederherstellung der durch äußere Belastung (z. B. Wind) veränderten ursprünglichen Wuchsrichtung.

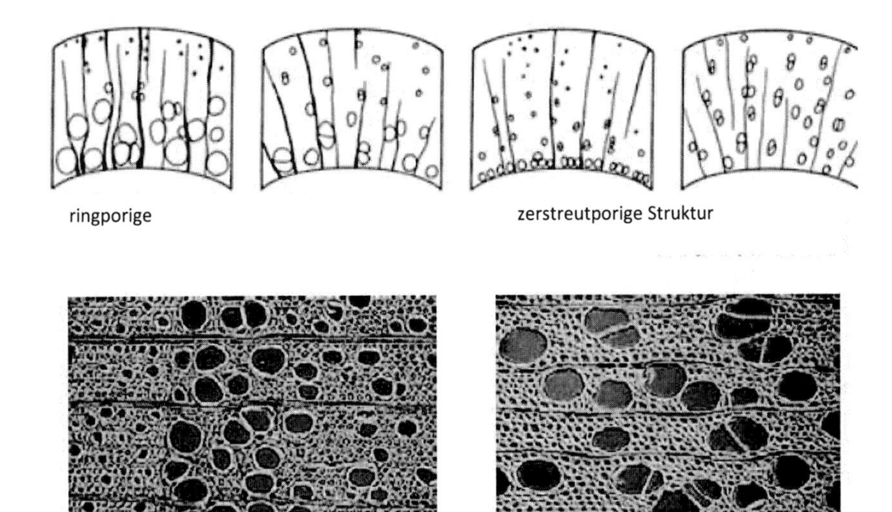

Bild 4-2 Struktureller Aufbau von Laubhölzern /NIEMZ 2011/

Tabelle 4-1: Feuchteunterschiede im Stammquerschnitt verschiedener Holzarten, nach /TRE 1955/

Holzart	Feuchtegehalt in %	
	Splint	Kern
Kiefer	120...150	30...50
Fichte	130...160	30...42
Buche	70...100	50...80
Eiche	70...100	60...90

Mikroskopischer Aufbau

Holz besteht aus drei grundlegenden Gewebetypen:

- Leitgewebe: für den Wassertransport von der Wurzel zur Krone
- Festigungsgewebe: zum Abstützen des Leitgewebes und zur Gewährleistung der mechanischen Festigkeit des Baums
- Speichergewebe: zur Bevorratung organischer Nährstoffe

Der Zellaufbau dieser Gewebearten unterscheidet sich bei Nadel- und Laubholz deutlich.

NADELHOLZ

Einen Überblick der Zelltypen nach histologischen Gesichtspunkten gibt Tabelle 4-2. Nadelhölzer bestehen zu 90 bis 95 % aus Tracheiden, den übrigen Anteil bilden Parenchym-Zellen. Der Aufbau der Tracheiden ist im Radialschnitt gut erkennbar. Über geschlossene, abgeplattete Enden können bei den Frühholztracheiden benachbarte Zellen miteinander verbunden werden.

Der interzelluläre Wassertransport erfolgt über Tüpfel (s. Bild 4-3) in den Zellwänden.[94] Das Zentrum der Tüpfelmembran (Torus) ist verdickt. Das Wasser durchströmt den nicht verdickten Ring der Membran (Margo), der ein Fibrillengeflecht darstellt. Sobald ein Jahrring nicht mehr an der Wasserleitung beteiligt ist, fließt das Wasser aus seinen Zellhohlräumen in die Leitzellen des nächsten äußeren Jahrrings.

Tabelle 4-2: Nadelholzzellen und ihre Funktion /WAG 1980/

Leitungsfunktion (Leitgewebe)	Mechanische Funktion (Festigungsgewebe)	Speicherfunktion (Speichergewebe)
Frühholztracheide Holzstrahltracheide	Spätholztracheide	Holzstrahlparenchym-Zellen Längsparenchym-Zelle Epithelzelle

Die wegen der Oberflächenspannung bestehende Adhäsion zwischen Wasseroberfläche und Torus bewirkt beim Durchfluss des Wassers zunächst eine Dehnung der Margo und in der Folge einen Verschluss durch Anpressen des Torus an die Zellwand. Dieser Tüpfelverschluss ist nur unter bestimmten Bedingungen reversibel (vgl. Fußnote 89) und leitet die Verkernung des Holzes ein.

Spätholztracheiden als Festigungsgewebe entstehen zum Abschluss der jährlichen Vegetationsphase. Sie sind englumig, dickwandig sowie länger als die Frühholztracheiden und laufen in spitzen Enden aus, die ana-

[94] Frühholztracheiden besitzen auf jeder radialen Wandfläche ca. 100 Tüpfel. Ihre Anordnung kann zur Holzartenbestimmung genutzt werden (z. B. Anordnung in einer Reihe: Fichte, Kiefer; Anordnung in Doppelreihe: Lärche).

log einer Verkeilung stabile Verbindungen zwischen den Zellen herstellen. Holzstrahltracheiden (z. B. bei Fichte, Kiefer, Lärche und Douglasie) sichern den Stoffaustausch in radialer Richtung. Fehlen sie, übernehmen die an den tangentialen Wandflächen der axial angeordneten Tracheiden diese Funktion.

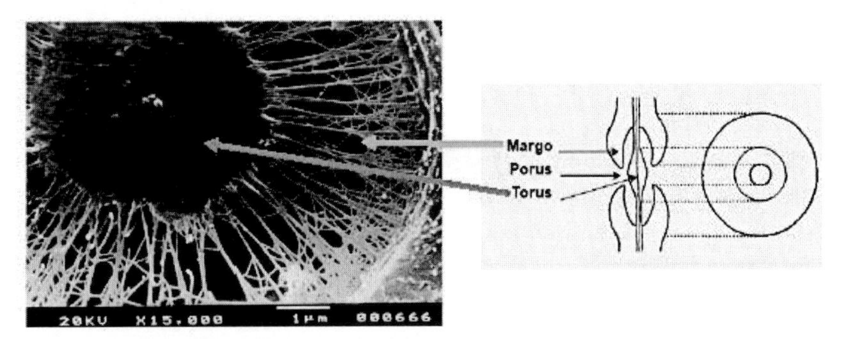

Bild 4-3 Hoftüpfel vor dem Verschluss /NIE 1993/; Foto: Bäucker

Parenchym-Zellen treten als Axial- und Radialparenchym (Holzstrahlen) auf. Sie enthalten im Splintholz lebendes Plasma und dienen der Speicherung sowie damit verbundenen Prozessen. Untereinander sind sie durch einfache Tüpfel verbunden. Bei manchen Holzarten (z. B. Kiefer) weichen ursprünglich verbundene Parenchym-Zellen auseinander und bilden dadurch interzelluläre Harzkanäle. Diese werden durch zu Epithelzellen veränderte Parenchym-Zellen ausgekleidet, die in der Lage sind, Harz auszuscheiden.

LAUBHOLZ

Laubholz weist gegenüber Nadelholz mehr unterschiedliche, auf bestimmte Aufgaben spezialisierte Zellen auf, die in Tabelle 4-3 zusammengefasst sind.

Tabelle 4-3: Laubholzzellen und ihre Funktion /WAG 1980/

Leitungsfunktion (Leitgewebe)	Mechanische Funktion (Festigungsgewebe)	Speicherfunktion (Speichergewebe)
Gefäße (Tracheen)	Libriformfasern	Holzstrahlparenchym-Zellen
Gefäßtracheiden	Fasertracheiden	Längsparenchym-Zellen
vasizentrische Tracheiden		Epithelzelle

Gefäße dienen dem Wassertransport. Durch Aneinanderreihung einzelner, sehr kurzer Gefäßglieder, die an den Enden offen oder durch leiterförmige Gefäßdurchbrechungen begrenzt sind, erreichen sie Längen von wenigen Zentimetern bis zu mehreren Metern. Sie sind dünnwandig und englumig.[95] In den nicht mehr am Wassertransport beteiligten Gefäßen entstehen, v. a. bei Kernholzbäumen, durch das Einwachsen von Teilen benachbarter Parenchym-Zellen sogenannte Thyllen (Füllzellen), die die Gefäße verstopfen und – analog zum Tüpfelverschluss beim Nadelholz – die Transpirationsprozesse in diesen Leitungsbahnen beenden. In die Gefäße wird auf diesem Weg lebende Substanz eingebracht, die durch Bildung von Kernstoffen die Holzeigenschaften mitbestimmt. Durch die Verthyllung ist der unterbrechungsfreie Stofftransport in den äußeren Jahrringen gesichert.[96]

Die Hauptzellart des Festigungsgewebes sind die Libriformfasern. Sie haben einen Anteil von etwa 60 % an der Holzsubstanz. Ihre Morphologie ist der Aufgabe im „Verbundmaterial" Holz angepasst. So weisen sie eine langgestreckte, schlanke Gestalt (Länge: 0,5 bis 1,5mm) auf und sind englumig und dickwandig. Die gezackten, spitz zulaufenden Enden der Zellen gewährleisten eine Verzahnung untereinander. Gefäßtracheiden und vasizentrische Tracheiden treten nur vereinzelt und nicht bei allen Holzarten auf.

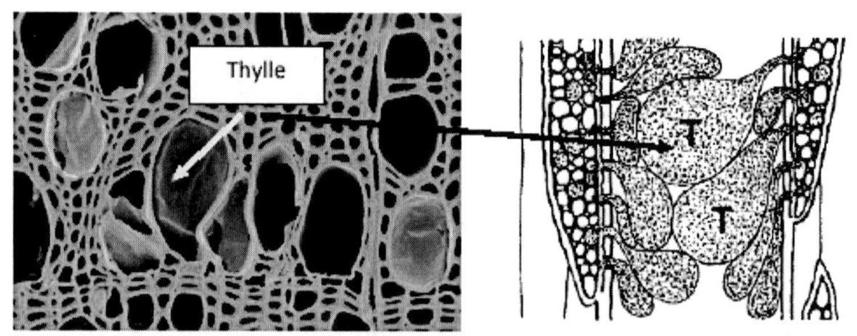

Bild 4-4 Verthyllung links: rasterelektronenmikroskopische Aufnahme; rechts: Verthyllung aus dem Holzstrahl-Parenchym NIEMZ/ETHZ; Foto: Bäucker

[95] Durchmesser der Gefäße: ringporige Laubhölzer: bis 0,5 mm; zerstreutporige Laubhölzer: bis 0,1 mm.

[96] Geschwindigkeit der Transpirationsströmung in den äußeren Jahrringen: ringporiges Holz: 10...50 m/h, zerstreutporiges Holz: 1...5 m/h.

Analog zu den Nadelhölzern dienen die Parenchym-Zellen zur Speicherung, zum Stofftransport und zum Feuchteaustausch. Der Anteil des Parenchyms ist in Folge des jährlichen Laubwechsels bei Laubhölzern deutlich höher. Abhängig von den chemischen Eigenschaften der Inhaltsstoffe des Parenchyms beeinflusst ein hoher Anteil die Verarbeitungseigenschaften (z. B. Oberflächenbehandlung).

Submikroskopischer Aufbau

Während des sekundären Dickenwachstums erfolgt eine Teilung der Zellen des Kambiums in zwei Tochterzellen. Während sich eine der Zellen zu einer neuen Mutterzelle entwickelt, entsteht aus der anderen eine Rinden- oder Holzzelle. Im Verlauf der Zellteilung entstehen zwischen den Holzzellen aus mehreren Schichten (Lamellen) aufgebaute Trennwände, die miteinander zu einer Einheit verschmelzen.

Wie Bild 4-5 zeigt, ist die Grenze zweier benachbarter Zellen durch eine Mittellamelle und zwei Primärwände charakterisiert. Nach *FREY-WYSSLING* kann diese Trennwand als homogenes und isotropes Gel aus Hemizellulosen und Pektin aufgefasst werden, das während des weiteren Wachstums durch Lignin und in der Primärwand mit aus Zellulosemolekülen bestehenden Fibrillen (s. Bild 4-5 unten) verstärkt wird. Nach Erreichen der endgültigen Größe und Gestalt der Zelle beginnt deren Verdickung durch Anlagerung weiterer Zellwandschichten an die Primärwand (s. Bild 4-5 oben).

Parallel zur Verdickung kommt es zur Verholzung der Zellwand durch Einlagerung von Lignin. Die aus langgestreckten Zellulosemolekülen bestehenden Fibrillen weisen eine hohe Zugfestigkeit auf, während das dreidimensionale Makromolekül Lignin neben dem Verbund der Zellen auch die Aufnahme von Druckbeanspruchungen durch das Material ermöglicht sowie das Eindringen von Wasser erschwert. Die Verbindung zwischen Zellulose und Lignin erfolgt durch kurzkettige, verzweigte Hemizellulosen. Insofern kann Holz als faserverstärkter Kunststoff aufgefasst werden (vgl. Abschn. 5.3.2), in dem Lignin und Pektin die Rolle der Matrix und die Fibrillen die des Verstärkungsmaterials übernehmen. Der Aufbau der Fibrillen ist in Bild 4-5 dargestellt. Eine Makrofibrille setzt sich aus ca. 20 Mikrofibrillen zusammen, die wiederum aus Mizellen bestehen, welche je 40 bis 50 Zellulosemoleküle umfassen.

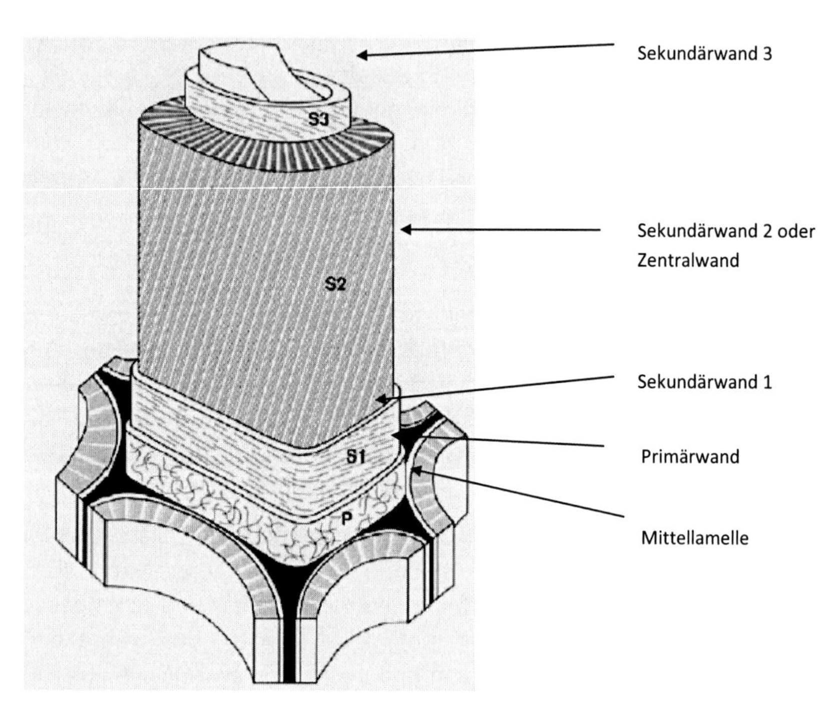

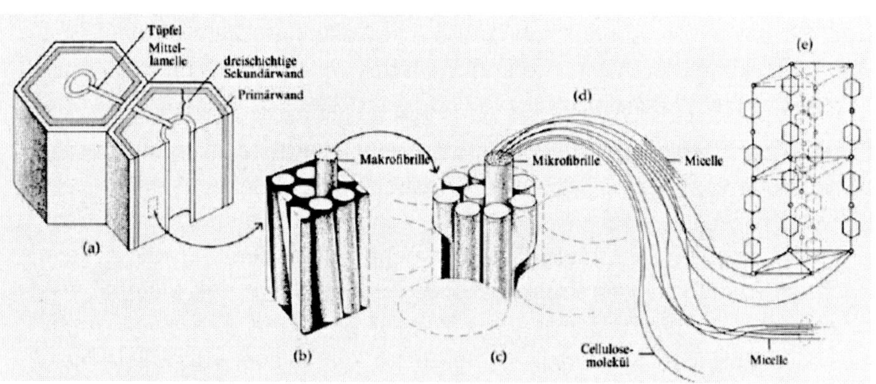

Bild 4-5 oben: Zellwandmodell, nach *ZIMMERMANN* und *SELL*; unten: Aufbau einer Zellwand /BAR 2001/

Die Anordnung der Fibrillen ist in den einzelnen Wandschichten unterschiedlich. Charakteristisch sind ein regellos verwobener Verlauf bzw. Steil- und Flachschraubigkeit (s. Tabelle 4-3).

Tabelle 4-3: Eigenschaften von Zellschichten

	Primärwand	Sekundärwand		
		S1	S2	S3
Dicke in µm	0,1 … 0,2	0,2 … 0,3	1 … 5	0,1
Anordnung der Fibrillen	Streuungstextur	Paralleltextur	parallele Schraubentextur	Streuungstextur
Fibrillenwinkel in °	regellos	50 … 70	10 … 30	60 … 90
Bemerkung				nur bei Parenchym-Zellen

Die Anordnung der Mizellen und Fibrillen bewirkt, dass sich in der Zellwand intermizellare bzw. interfibrillare Hohlräume mit Durchmessern von 1 bis 5 nm bilden (vgl. /FEN 2003/). Diese können Wassermoleküle sowie organische und anorganische Moleküle aufnehmen.

Chemisch setzt sich Holz zu rund 95 % aus seinen Hauptbestandteilen Zellulose, Hemizellulose und Lignin zusammen. Bei den verbleibenden 5 % handelt es sich um Nebenbestandteile, die nicht zu den Strukturelementen der Zellwand gehören. Nadel- und Laubhölzer unterscheiden sich v. a. im Anteil an Hemizellulosen und Lignin.

Die ***Zellulose*** besteht aus linearen Glucanketten, die sich zu den beschriebenen Mikrofibrillen zusammenlagern. Diese weisen geordnete, d. h. kristalline, oder amorphe Abschnitte auf und werden überwiegend durch Wasserstoffbrückenbindungen zusammengehalten. Der durchschnittliche Polymerisationsgrad (DP) beschreibt als Kennwert die Kettenlänge der einzelnen Moleküle und beträgt bei Holzzellulosen ca. 7000. Er ist ursächlich für die hohe Zugfestigkeit der Zellulose. Die Beständigkeit gegen chemische Beanspruchungen wird vom Kristallinitätsgrad bestimmt. Dieser charakterisiert den prozentualen Anteil des kristallisierten Volumens, bezogen auf das Gesamtvolumen.

Hemizellulose (Polyose) besteht aus verschiedenen Zuckermolekülen. Nach dem Aufbau der Hauptketten können Xylane und Glucomannane unterschieden werden, wobei Nadel- und Laubhölzer unterschiedliche

Zusammensetzungen aufweisen. Hemizellulose ist in Folge des Vorhandenseins von Seitenketten amorph strukturiert und weist nur einen geringen Polymerisationsgrad von ca. 200 auf. Sie verfügt über hydrophile Eigenschaften und ist in der Lage, Wasser aufzunehmen und wieder abzugeben. Gleichzeitig besitzt Hemizellulose eine klebende Wirkung und ermöglicht eine Verknüpfung zwischen Lignin und Zellulose.

Lignin verfügt über eine aromatische Ringstruktur und besteht aus amorphen, polymeren Phenylpropanoiden. Es weist nur wenige hydrophyle Gruppen auf und ist weniger hygroskopisch als die Zuckermoleküle der Hemizellulose. Sein struktureller Aufbau erlaubt die Aufnahme von Druckbeanspruchungen der Zellwand. Die Verbindung mit den Hemizellulosen erfolgt über kovalente Bindungen sowie Nebenvalenzen.

Holz weist v. a. Lignin mit Guajacylrest (G-Lignin) und Syringylrest (S-Lignin) auf, die sich in der Anzahl an Methoxygruppen unterscheiden. Die damit verbundenen möglichen chemischen Reaktionen führen z. B. zu einer geringeren Quervernetzung der Lignine bei Laubhölzern gegenüber Nadelhölzern, woraus eine verringerte Steifigkeit und erhöhte Gleitfähigkeit der Zellwandschichten untereinander /AUT 2003/ sowie eine niedrigere Erweichungstemperatur resultieren /FAI 2008/.

Extraktstoffe sind Stoffwechselprodukte, die in den Zellhohlräumen oder der extrazellulären Matrix eingelagert werden. Entsprechend ihrer Funktion (z. B. Imprägnierung, toxische Wirkung) sind sie räumlich im Holz verteilt. Ihre Unterteilung erfolgt in die Hauptgruppen:

- Fette, Öle, Harze und Wachse
- Stärke, Zucker, Eiweiße
- Gerbstoffe, Farbstoffe, Riechstoffe und Alkaloide
- mineralische Bestandteile
- anorganische und organische Säuren, Salze

Extraktstoffe können physikalisch-chemische und damit technologische Wirkungen haben und dadurch die Eigenschaften und Verwendbarkeit des Holzes beeinflussen.[97]

[97] Holzinhaltsstoffe können z. B. die Verträglichkeit mit Lacken oder Leimen negativ beeinflussen. Bei Kiefer erhöht die Einlagerung von Harzen die Rohdichte, ohne die Druckfestigkeit zu verändern.

Einfluss des Zellwandaufbaus auf die Holzeigenschaften

Sowohl der makroskopische als auch der mikroskopische Aufbau von Holz haben großen Einfluss auf seine Festigkeit, das elastische, plastische und hygroskopische Verhalten sowie andere Eigenschaften. Gleiches trifft für den Aufbau der Zellwand zu.

So schafft der steilschraubige Verlauf der Fibrillen in der Schicht S2 gute Voraussetzungen für die Aufnahme und Ableitung von Zugbeanspruchungen durch den Verbund, während die flachschraubige Fibrillenanordnung der anderen Schichten die Druckfestigkeit sichert. Der zwischen den Wandschichten wechselnde Fibrillenverlauf gewährleistet, dass die Zellwand und damit das Holz unterschiedlichen von außen angreifenden Belastungen widerstehen kann.

Bei statischen Beanspruchungen verdeutlicht die Modellvorstellung einer Einbettung der Fibrillen in eine plastische Matrix, dass ein ideal elastisches Verhalten von Holz unmöglich ist. Überschreiten die von außen aufgebrachten Spannungen die Elastizitätsgrenze (vgl. Abschn. 3.3), kommt es zu einer Verformung der Zellwand, die bei weiterer Lastzunahme ein Aufspalten – den makroskopischen Bruch – nach sich zieht. Bei Druckbeanspruchung weichen die Fibrillen seitlich aus und es kommt zu Ablösungen des Lignins vom Zellwandgerüst und damit ebenfalls zu plastischen Formänderungen.

Schlagartige dynamische Belastungen (vgl. Abschn. 3.3.3 a)) bewirken demgegenüber einen veränderten Bruchverlauf, der durch Zerstörungen im Bereich der Primärwand und der Mittellamelle, welche sprödes Materialverhalten zeigen, charakterisiert ist. Die elastischen Schichten der Sekundärwand bleiben dabei weitgehend unbeschädigt. Aus diesem Grund können gegenüber einer statischen Biegebeanspruchung deutlich höhere Spannungen aufgenommen werden.

Auch die Feuchte-Aufnahme und -Abgabe durch Sorption und Desorption finden, wie bereits im Abschnitt 3.2 beschrieben, ihre Ursache im submikroskopischen Aufbau der Zellwand, wie Bild 4-6 verdeutlicht.

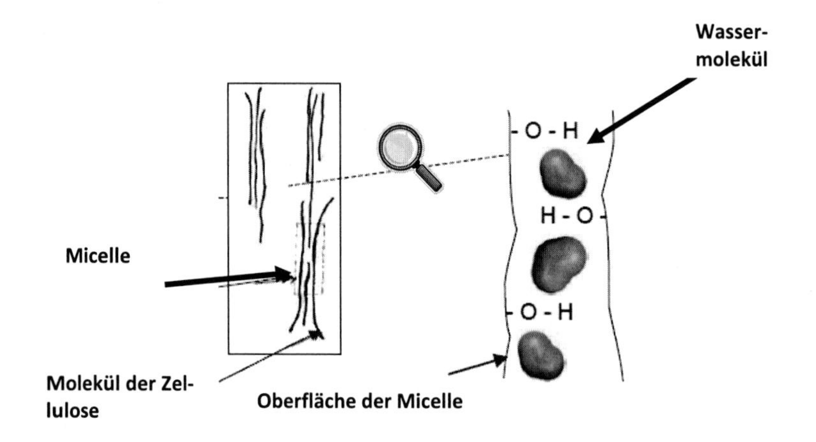

Bild 4-6 Aufnahme von Wasserdampf im Holz

4.2 Zusammenhang zwischen Struktur und Eigenschaften

4.2.1 Dichte

Die grundlegenden Begriffe und Definitionen zur Dichte wurden bereits im Abschnitt 3.1 eingeführt.

Die Rohdichte von Holz wird durch das Zusammenwirken zahlreicher Faktoren bzw. die individuellen Wuchsbedingungen jedes Baums beeinflusst. Allgemeingültige Aussagen können deshalb nur unter dieser Prämisse getroffen werden. Nachfolgend werden die Auswirkungen der wichtigsten Einflussfaktoren betrachtet.

Porenanteil

DEFINITION:
*Der **Porenanteil** ist die Summe aller Hohlräume des Holzgefüges, ohne Berücksichtigung von interfibrillaren Hohlräumen.*

Die Rohdichte wird stark vom Gehalt an festen, flüssigen und gasförmigen Einlagerungsstoffen bestimmt. Formal ist der Porenanteil die Differenz zwischen dem Holzvolumen und dem Volumenanteil der Zellwand. Letzterer kann aus dem Verhältnis der Darrdichte zur Reindichte berechnet werden. Daraus ergibt sich folgende Formel:

$$c = 100\% - \frac{100\% \cdot \rho_0}{1500} = 100 - 0{,}067 \cdot \rho_0$$

Es bedeuten:
c: Porenanteil in %; ρ_0: Darrrohdichte in kg/m³

Hölzer mit einer geringen Darrrohdichte weisen also einen großen Porenanteil auf und umgekehrt.

Durch eine von außen wirkende Verdichtung des Holzes kann der Porenanteil reduziert werden. Dabei kommt es zum Entstehen von Mikrorissen und einem Zusammenfalten der Zellwände (s. Bild 4-7). Sofern der innere Aufbau des Holzes dabei nicht festigkeitsmindernd zerstört wird, tritt in der Folge eine Erhöhung der Festigkeitswerte ein.[98]

[98] Technische Anwendung findet dieses Prinzip bei der Herstellung von Pressvollholz, die erstmals 1922 von den Brüdern Pfleumer angewendet wurde. Insbesondere in der Mitte des 20. Jahrhunderts wurden dazu zahlreiche Untersuchungen und Entwicklungen durchgeführt (z. B. Lignostone). Häufig wird die Verdichtung mit einer Imprägnierung der Zellhohlräume kombiniert (vgl. /KOL 1975/ oder /KUT 2007/).

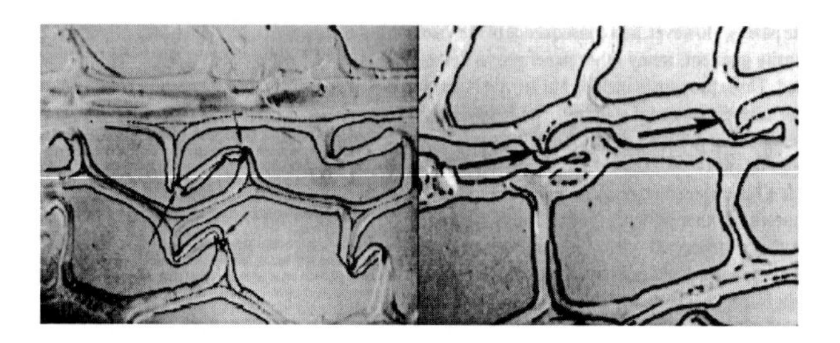

Bild 4-6 Veränderungen in der Zellwand durch Verdichtung /REY 1974/

Holzfeuchte

Mit wachsender Holzfeuchte nimmt auch die Rohdichte von Holz zu. Dieser Zusammenhang ist in Bild 4-7 gut zu erkennen. Lediglich bei Holzarten mit einer Darrrohdichte über 1,2 g/cm³ kommt es bei dieser Darstellung bis zum Bereich der Fasersättigung (s. S. 40) zu einem Rohdichteabfall. Dies wird i. d. R. dadurch erklärt, dass während der Feuchteaufnahme im hygroskopischen Bereich ein Austausch von dichterem Holz gegen Wasser geringerer Dichte stattfindet. Oberhalb der Fasersättigung steigt die Rohdichte mit zunehmender Holzfeuchte jedoch ebenfalls an.

Beispiel zur Anwendung:
Bei einem Feuchtegehalt von 50 % beträgt die Rohdichte 0,72 g/cm³. Wie groß ist die zugehörige Darrrohdichte?

LÖSUNG:

Bestimmung des Schnittpunkts von je einer Senkrechten auf der Abszisse, beginnend bei 50 % Holzfeuchte, und der Ordinate, beginnend bei 0,72 g/cm³. Von dort der Kurve bis zum Schnittpunkt mit der Ordinate folgen, es ergibt sich eine Darrrohdichte von 0,55 g/cm³.

US-amerikanische Untersuchungen /KOE 1924/ zeigen einen linearen Zusammenhang zwischen maximalem Volumenquellmaß (vgl. S. 43) und Darrrohdichte:

$$\alpha_{V,max} = 28 \cdot \rho_0$$

Es bedeuten:
$\alpha_{V,max}$: maximales Volumenquellmaß in %; ρ_0: Darrrohdichte in g/cm³

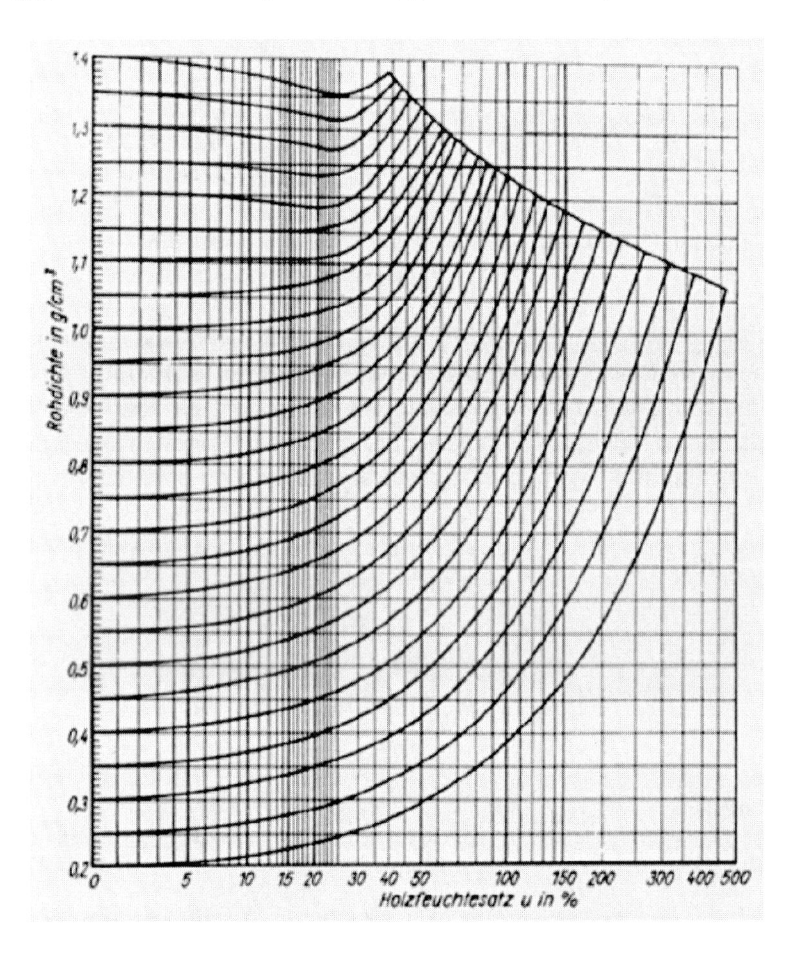

Bild 4-7 Rohdichte-Feuchteschaubild, nach *KOLLMANN* /Kol 1951/

KOLLMANN leitet daraus einen funktionalen Zusammenhang zur Beschreibung der Quellung in Abhängigkeit von der Holzfeuchte ab. Dazu wird die tatsächliche Quellungskurve in mehrere Abschnitte unterteilt und durch lineare Zusammenhänge angenähert (s. a. Bild 4-8 links):

- Abschnitt 1: Holzfeuchte $0\% \leq \omega \leq 25\%$

$$\alpha_V(\omega) = 0{,}84 \cdot \rho_0 \cdot \omega$$

- Abschnitt 2: Holzfeuchte $25\% < \omega \leq 35\%$

$$\alpha_V(\omega) = (0{,}4 \cdot \omega + 11) \cdot \rho_0$$

- Abschnitt 3: Holzfeuchte $35\% < \omega \leq 60\%$

$$\alpha_V(\omega) = (0{,}12 \cdot \omega + 20{,}8) \cdot \rho_0$$

- Abschnitt 4: Holzfeuchte $60\% > \omega$

$$\alpha_V(\omega) = 28 \cdot \rho_0$$

Veränderte Modellannahmen führen ab einer Rohdichte von 0,8 g/cm³ zu gegenüber Bild 4-7 abweichenden Kurvenverläufen (s. Bild 4-8 rechts). Nur im von *KOLLMANN* gewählten Ansatz kommt es zum Abfall der Rohdichte mit wachsender Holzfeuchte bei Rohdichten ab 1,2 g/cm³. Eine Zunahme des Gewichts in geringerem Umfang als dem des Anstiegs des Volumens bei Feuchteaufnahme wurde in der Praxis bei keiner Holzart beobachtet /FOR 2003/. Trotz dieser Einschränkung hat sich das *KOLLMANN*-Diagramm in der praktischen Anwendung durchgesetzt.[99]

Die Berechnung der Rohdichte im Feuchtebereich von 0 bis 25 % Holzfeuchte (Abschnitt 1) ist nach folgender Formel möglich:

$$\rho_\omega = \rho_0 \cdot \frac{1 + \omega}{1 + 0{,}84 \cdot \rho_0 \cdot \omega}$$

Es bedeuten:

ρ_ω: Rohdichte bei Holzfeuchte ω in g/cm³; ρ_0: Darrrohdichte in g/cm³; ω: Holzfeuchte in kg/kg

Der Wert 0,84 ist ein experimentell gewonnener Parameter, der den besten statistischen Ausgleich für eine große Anzahl von Versuchspunkten

[99] Das *KOLLMANN*-Diagramm ist z. B. in der DIN 52182 (1976) Prüfung von Holz: Bestimmung der Rohdichte enthalten.

als wahrscheinliche mittlere Raumquellung je 1 % Feuchtezunahme liefert /KOL 1951/.[100]

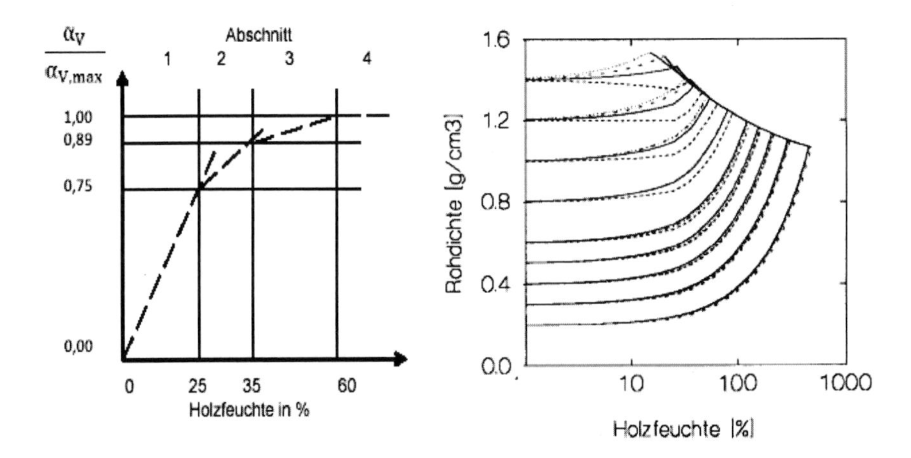

Bild 4-8 links: Annäherung des Zusammenhangs von Volumenquellung und Holzfeuchte, nach *KOLLMANN*, rechts: Rohdichte in Abhängigkeit von der Holzfeuchte bei unterschiedlichen Modellansätzen /FOR 2003/

Anatomischer Aufbau von Holz

Äußere (z. B. Standort, Wuchsraum) und innere (z. B. Holzart, Inhaltsstoffe, Holzgefüge) Einflüsse wirken auf den anatomischen Aufbau und damit die Rohdichte von Holz ein. So bestimmt z. B. der Anteil der verschiedenen Zelltypen das Porenvolumen und damit die Rohdichte.

Bedeutsam ist in diesem Zusammenhang auch der Jahrringbau. Bild 4-9 verdeutlicht, dass zwischen der Jahrringbreite und der Rohdichte bei Nadelhölzern ein indirekt proportionaler, bei ringporigen Laubhölzern ein direkt proportionaler und bei zerstreutporigen Laubhölzern kein Zusammenhang besteht. Diese allgemeine Regel kann jedoch von Umwelteinflüssen überlagert und verändert werden.

[100] Für Hölzer mit hohem Fasersättigungsbereich kann statt mit 0,84 mit 1,0 gerechnet werden, für kleine Proben gilt nach *KEYLWERTH* ein Wert von 0,72 /KOL 1951/.

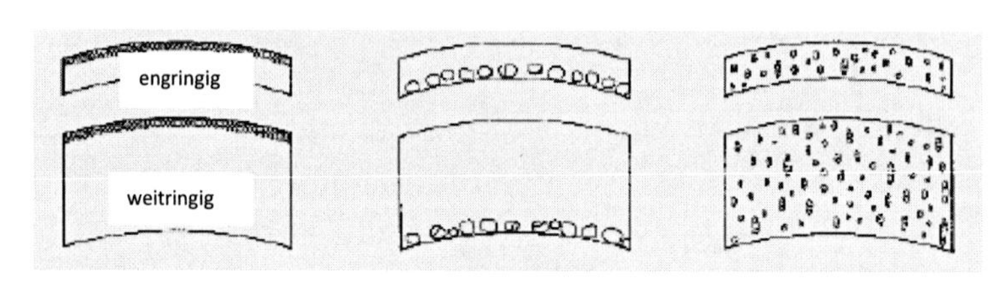

Nadelholz
Spätholzbreite: konstant

ringporiges Laubholz
Frühholzbreite: konstant

zerstreutporiges Laubholz
Verhältnis Früh-/Spätholz: konstant

Bild 4-9 Muster der Jahrringbildung /WEB 2002/

Je nach der räumlichen Lage im gewachsenen Holz unterliegt die Rohdichte weiteren Schwankungen. Das Erdstammstück dient der Festigung und Stützung des gesamten Stamms. Anatomisch weist es deshalb einen höheren Anteil an Festigungsgewebe sowie größere Einlagerungen an Inhaltsstoffen auf. Dieser Umstand bewirkt insgesamt eine höhere Rohdichte.

Der mittlere Stammbereich dient mehr dem Nährstofftransport sowie der Sicherung günstiger Bedingungen für die Photosynthese[101] der Baumkrone. Entsprechend größer ist der Anteil an Leitgewebe, während der Anteil an Inhaltsstoffen gegenüber dem Erdstück geringer ist. Tendenziell nimmt bei Nadelholz die Rohdichte mit wachsendem Abstand von der Markröhre zu, bei Laubholz nimmt die Rohdichte ab. Abweichungen von den vorgenannten Regeln sind jedoch möglich.[102]

Das Vorhandensein von Holzinhaltsstoffen erhöht i. d. R. die Rohdichte. Die verschiedenen Einflüsse führen dazu, dass die Variationsbreite der Rohdichte auch innerhalb einer Holzart sehr groß ist (s. Tabelle 4-4).

[101] Photosynthese ist die in den Chloroplasten durch Licht stattfindende Umwandlung von anorganischen Stoffen in energiereiche organische Verbindungen, die mit folgender Formel beschrieben werden kann: $6\ CO_2 + 12\ H_2O$ + Licht -> $C_6H_{12}O_6 + 6\ O_2 + 6\ H_2O$.

[102] Weiterführende Ausführungen enthält beispielsweise /TRE 1955/.

Tabelle 4-4: Mittelwert und Variationsbreite der Rohdichte ausgewählter Holzarten /GÖH 1954/

Holzart	Rohdichte bei 0 % Holzfeuchte in g/cm³	Rohdichte bei 12 % Holzfeuchte in g/cm³
Kiefer	0,30...0,49...0,86	0,32 ... 0,51 ... 0,88
Fichte	0,30 ... 0,43 ... 0,64	0,32 ... 0,46 ... 0,76
Lärche	0,40 ... 0,55 ... 0,82	0,43 ... 0,58 ... 0,84
Buche	0,58 ... 0,67 ... 0,78	0,53 ... 0,71 ... 0,90
Eiche	0,39 ... 0,65 ... 0,93	0,42 ... 0,68 ... 0,95
Esche	0,41 ... 0,65 ... 0,82	0,44 ... 0,68 ... 0,85

4.2.2 Verhalten gegenüber Feuchte

Die wesentlichen Begriffe sowie die Mess- und Prüfmethoden wurden bereits im Abschnitt 3.2 vorgestellt. Das Verhalten von Holz ist durch seine hygroskopische Eigenschaft, d. h. das Vermögen, unter bestimmten Bedingungen Feuchte aufzunehmen oder abzugeben, gekennzeichnet.

Fast alle physikalischen Eigenschaften des Materials werden durch eine Änderung der Holzfeuchte beeinflusst. Werte von Holzeigenschaften sind deshalb nur in Verbindung mit der zugehörigen Holzfeuchte aussagekräftig. Nachfolgend werden ausgewählte Zusammenhänge zwischen der Holzfeuchte und weiteren stofflichen Eigenschaften dargestellt.

Holz-Ausgleichsfeuchte und Fasersättigung

Holz strebt entsprechend den durch relative Luftfeuchte und Temperatur bestimmten Umgebungsbedingungen eine stabile Ausgleichsfeuchte an, was entweder durch Sorption (Feuchteaufnahme) oder Desorption (Feuchteabgabe) erreicht wird (s. Bild 3-9). Der Ausgleichsprozess endet, wenn die Teildrücke des Wasserdampfs im Holz und der umgebenden Luft gleiche Werte aufweisen. Dieser Zustand wird als hygroskopisches Gleichgewicht bezeichnet.

Die Zusammenhänge wurden von zahlreichen Autoren experimentell untersucht und verschiedene Diagramme für die Bestimmung der Ausgleichfeuchte wurden entwickelt (s. Bild 4-10). Dabei zeigte sich, dass das Sorptionsverhalten kaum abhängig von der Rohdichte ist, jedoch von der Temperatur. So besitzt Holz, das höheren Temperaturen ausgesetzt ist, geringere Ausgleichsfeuchten.[103] *KOLLMANN* wies bereits 1932 darauf hin, dass die Unterschiede im Sorptionsverhalten verschiedener Holzarten so gering sind, dass für europäische Hölzer mit einem einheitlichen Schaubild gearbeitet werden kann, welches auf der Holzart Fichte basiert.

Neben den beschriebenen Diagrammen wurden verschiedene mathematische Formeln zur Berechnung der Sorption entwickelt (s. a. Abschn. 3.2). *SIMPSON* bestimmte die Koeffizienten des Modells nach *HAILWOOD* und *HORROBIN* unter Berücksichtigung des Temperatureinflusses so, dass nur minimale Abweichungen gegenüber bei Versuchen gemessenen Holz-Ausgleichsfeuchten auftreten:

$$\omega_{gl} = \frac{18}{b} \cdot \left(\frac{a_0 \cdot \varphi}{1 - a_0 \cdot \varphi} + \frac{a_0 \cdot a_1 \cdot \varphi + 2 \cdot a_0^2 \cdot \varphi^2 \cdot a_1 \cdot a_2}{1 + a_0 \cdot a_1 \cdot \varphi + a_0^2 \cdot \varphi^2 \cdot a_1 \cdot a_2} \right) \cdot 100$$

mit:

$$b = 330 + 0{,}452 \cdot T + 0{,}00415 \cdot T^2$$

$$a_0 = 0{,}791 + 0{,}000463 \cdot T - 0{,}000000844 \cdot T^2$$

$$a_1 = 6{,}17 + 0{,}00313 \cdot T - 0{,}0000926 \cdot T^2$$

$$a_2 = 1{,}65 + 0{,}0202 \cdot T - 0{,}0000934 \cdot T^2$$

Es bedeuten:
ω_{gl}: Holz-Ausgleichsfeuchte in %; φ: relative Luftfeuchte in kg/kg; T: Temperatur in °F[104]; b, a_0, a_1, a_2: dimensionslose Koeffizienten

[103] Das ist eine Ursache dafür, dass Holzwerkstoffe auf Partikelbasis eine niedrigere Gleichgewichtsfeuchte aufweisen als Vollholz.
[104] Umrechnung °C in °F: $T_F = T_C \cdot 1{,}8 + 32$.

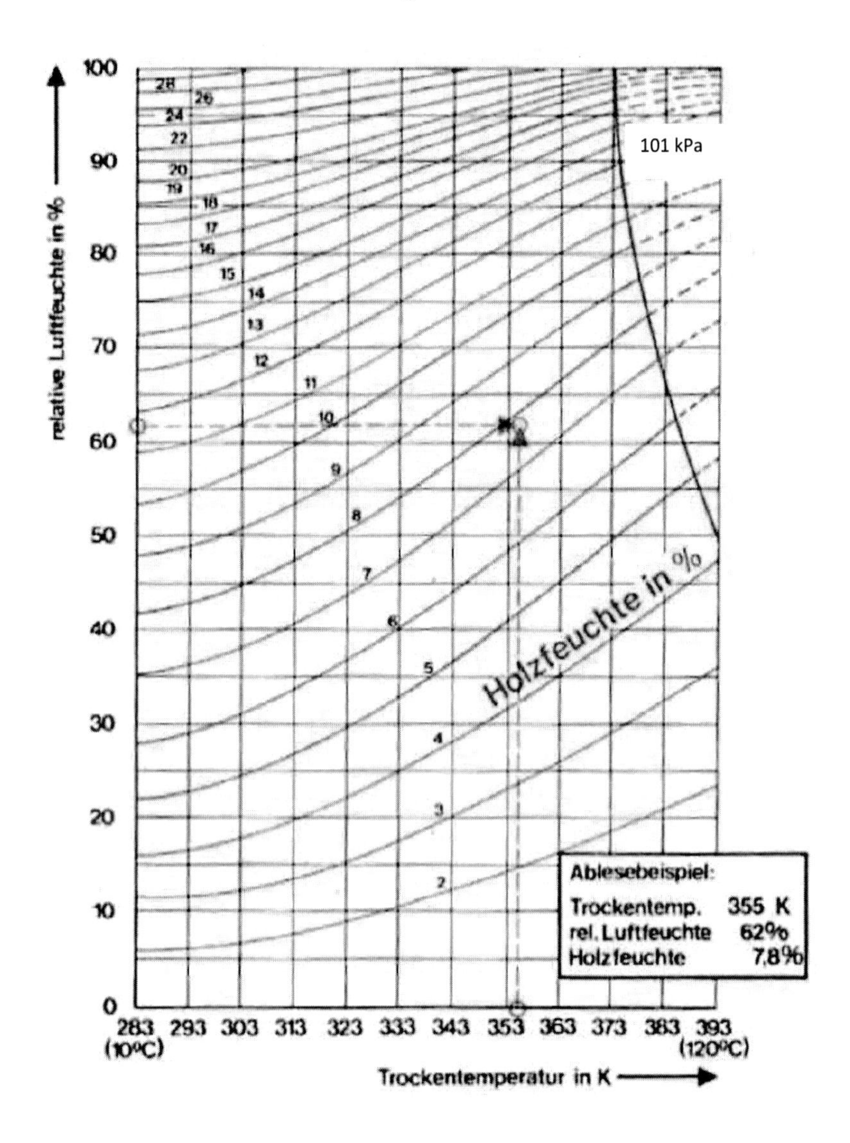

Bild 4-10 Diagramm des hygroskopischen Gleichgewichts europäischer Holzarten, nach *EISENMANN*

Tabelle 4-5 gibt einen Überblick der Ausgleichsfeuchte verschiedener Materialien. Aus Bild 3-9 wird deutlich, dass je nach Be- oder Entfeuchtung unterschiedliche Holz-Ausgleichsfeuchten auftreten, wobei die Kurve der Feuchteabgabe (Desorptionsisotherme) oberhalb der Kurve der Feuchteaufnahme (Adsorptionsisotherme) verläuft. Dieses Phänomen wird als Hysterese bezeichnet, für deren Ursache es in der Literatur verschiedene Erklärungen gibt. So werden die unterschiedlichen Benetzungsrandwinkel bei feuchtem und trockenem Holz, das Vorhandensein von Luft in den interfibrillaren Zwischenräumen oder die räumliche Trennung größerer durch kleine Poren (Flaschenhals-Effekt) angeführt.

Entsprechend den im Abschnitt 3.2 erläuterten Zusammenhängen kann der Vorgang auch mit folgender Modellvorstellung erklärt werden: Im feuchten Zustand sind die Hydroxylgruppen der Zellulosemoleküle der Zellwand mit Wassermolekülen gesättigt. Während der Desorption (Trocknung) können sich diese Gruppen räumlich nähern und schwache Bindungen zwischen Zellulose- und Zellulosemolekül ausbilden. Bei einer späteren Adsorption stehen weniger Reaktionspartner für die Sorption zur Verfügung.[105] Die Sorptionskurve stellt den Mittelwert von Adsorption und Desorption dar.

Tabelle 4-5: Ausgleichsfeuchten verschiedener Holzprodukte bei 21° C, nach *BOWYER*

Relative Luftfeuchte in %	Ausgleichsfeuchte in %			
	Holz	Sperrholz	Spanplatte	High-Pressure-Laminate (HPL)
30	6,0	6,0	6,6	3,0
42	8,0	7,0	7,5	3,3
65	12,0	11,0	9,3	5,1
80	16,1	15,0	11,6	6,6
90	20,6	19,0	16,6	9,1

Fasersättigung liegt vor, wenn das Kapillarsystem der Zellwand mit Wasser gefüllt ist (s. a. S. 40). In Abhängigkeit von der Rohdichte, dem Kernholzanteil und den Holzinhaltsstoffen tritt dieser Zustand bei unterschiedlichen Feuchtegehalten ein. Für mitteleuropäische Holzarten wird i. d. R. eine mittlere Fasersättigungsfeuchte von 28 % angenommen.

Hölzer mit einer hohen Rohdichte haben tendenziell dickere Zellwände und können aus diesem Grund gegenüber Hölzern mit geringerer Rohdichte relativ viel Wasser aufnehmen.

[105] Vgl. /SKA 1972/.

Tabelle 4-5: Gruppenbildung von Hölzern nach dem Fasersättigungsbereich, nach *TRENDELENBURG*

Gruppen-nummer	Holzartengruppe	Typische Holzarten	Fasersättigungsbereich in %
1	zerstreutporige Laubhölzer ohne ausgeprägten Kern und Splint von Gruppe 4	Linde, Weide, Pappel, Erle, Birke, Buche, Hainbuche	32...>35
2	Nadelhölzer ohne ausgeprägten Kern und Splint der Gruppen 3 und 4	Tanne, Fichte	30...34
3	Nadelhölzer mit ausgeprägtem Kern - - mäßiger Harzgehalt	Kiefer, Lärche, Douglasie	26...28
	- hoher Harzgehalt oder spezielle Beschaffenheit	harzreiche Stücke von Kiefer, Lärche, Douglasie; Weymouthkiefer, Zirbelkiefer, Eibe	22...24
4	ringporige und halbringporige Laubhölzer, meist mit ausgeprägtem Kern	Robinie, Edelkastanie, Eiche, Esche, Walnuss, Kirsche	23...25

Dem wirkt die Einlagerung von Kernstoffen und Inhaltsstoffen entgegen, welche einen Teil der Zellwand für Wasser unzugänglich machen. Mit wachsendem Anteil an Einlagerungsstoffen ist deshalb eine Abnahme des Fasersättigungsbereichs zu beobachten.

Tabelle 4-5 zeigt eine gruppenweise Zuordnung einzelner Holzarten nach dem Fasersättigungsbereich. Mit wachsender Temperatur nimmt der Wert der Fasersättigungsfeuchte ab (ca. 1% je 10 K).

Maximale Holzfeuchte

Unter bestimmten Bedingungen (z. B. Wasserlagerung, Tränkung) kann Holz über den Fasersättigungsbereich hinaus Wasser aufnehmen, das sich als freies, tropfbares Wasser in die Makrokapillaren und Zellhohlräume einlagert. Die maximal erreichbare Feuchte ist vom zur Verfügung stehenden Porenraum abhängig. Sie setzt sich aus dem maximalen Gehalt an gebundenem Wasser (Fasersättigungsfeuchte) und freiem Wasser (kapillargebundene Feuchte) zusammen:

$$\omega_{\mathrm{max}} = \omega_{\mathrm{FSB}} + \omega_{\mathrm{frei}}$$

Es bedeuten:
ω_{max}: maximale Holzfeuchte in %; ω_{FSB}: Fasersättigungsfeuchte; ω_{frei}: kapillar gebundene Feuchte

Im maximal gequollenen Zustand ist das äußere Volumen von Holz die Summe aus dem Porenvolumen sowie dem Volumen der Zellwand. Die zur Berechnung des Porenvolumens erforderliche Zellwanddichte liegt in einem Bereich von 1,46 bis 1,56 g/cm³. Die von *KOLLMANN* gefundene Näherungsgleichung geht von einer Fasersättigungsfeuchte von 28 % sowie einer mittleren Zellwanddichte von 1,5 g/cm³ aus. Damit ergibt sich:

$$\omega_{\mathrm{max}} = 28 + \frac{1500 - \rho_0}{1{,}5 \cdot \rho_0 \cdot 10^{-2}}$$

Es bedeuten:
ω_{max}: maximale Holzfeuchte in %; ρ_0: Rohdichte in kg/m³

Bild 4-11 zeigt den funktionalen Zusammenhang grafisch und eignet sich für eine Abschätzung der maximalen Holzfeuchte.

Feuchtetransport und Diffusionskoeffizient

In Folge des Vorhandenseins von freiem und gebundenem Wasser wirken beim Feuchtetransport (z. B. während der technischen Holztrocknung) im Holz unterschiedliche Mechanismen additiv: eine kapillare Feuchtebewegung oberhalb der Fasersättigung und ein gasförmiger Transport unterhalb dieses Bereichs in Folge von Dampfdruckunterschieden.

In der Literatur wird dieser Vorgang mit Hilfe des 1. und/oder 2. *FICK*schen Diffusionsgesetzes modelliert. Der stoffliche Einfluss findet bei beiden Gesetzen durch den Diffusionskoeffizienten Berücksichtigung. Während im 1. *FICK*schen Gesetz der Stoffstrom proportional zum Holzfeuchtegefälle angenommen wird – und einen stationären Prozess beschreibt –, werden beim 2. *FICK*schen Gesetz (s. nachstehende Gleichung) zeitliche und örtliche Feuchteunterschiede berücksichtigt und damit wird ein instationärer Prozess modelliert.

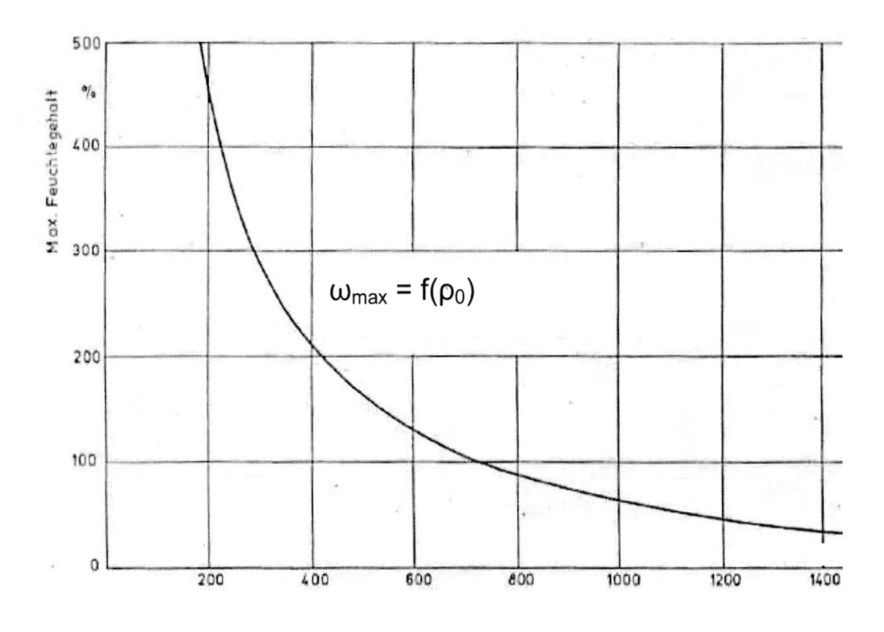

Bild 4-11 Maximal möglicher Wassergehalt von Holz in Abhängigkeit von der Darrdichte /KOL 1951/

Die Ergebnisse der analytischen und numerischen Lösungen der Differentialgleichung sind abhängig von den gewählten Anfangs- und Randbedingungen (s.a. Abschn. 4.3.4).

$$\frac{\partial \omega}{\partial t} = D \cdot \frac{\partial^2 \omega}{\partial x^2}$$

Es bedeuten: ω: Holzfeuchte in %; t: Zeit in s; D: Diffusionskoeffizient in m²/s; x: Abstand zur Holzoberfläche in m

Die auf Grundlage der beschriebenen Gleichungen experimentell bestimmten Diffusionskoeffizienten können um den Faktor 10 differieren (/SON 2011/). Verschiedene Autoren haben auf experimentellem Wege und theoretischen Überlegungen heraus den Diffusionskoeffizienten bestimmt (s. Bild 4-12).[106] Es ist erkennbar, dass mit wachsender Holzfeuchte und Temperatur der Diffusionskoeffizient zunimmt. Zwischen experimentellen (Bild 4-12 links) und theoretisch ermittelten Werten (Bild 4-12 rechts) kommt es jedoch zu erheblichen Abweichungen. Andere Autoren erhielten von den hier dargestellten Zusammenhängen zum Teil deutlich abweichende Ergebnisse.

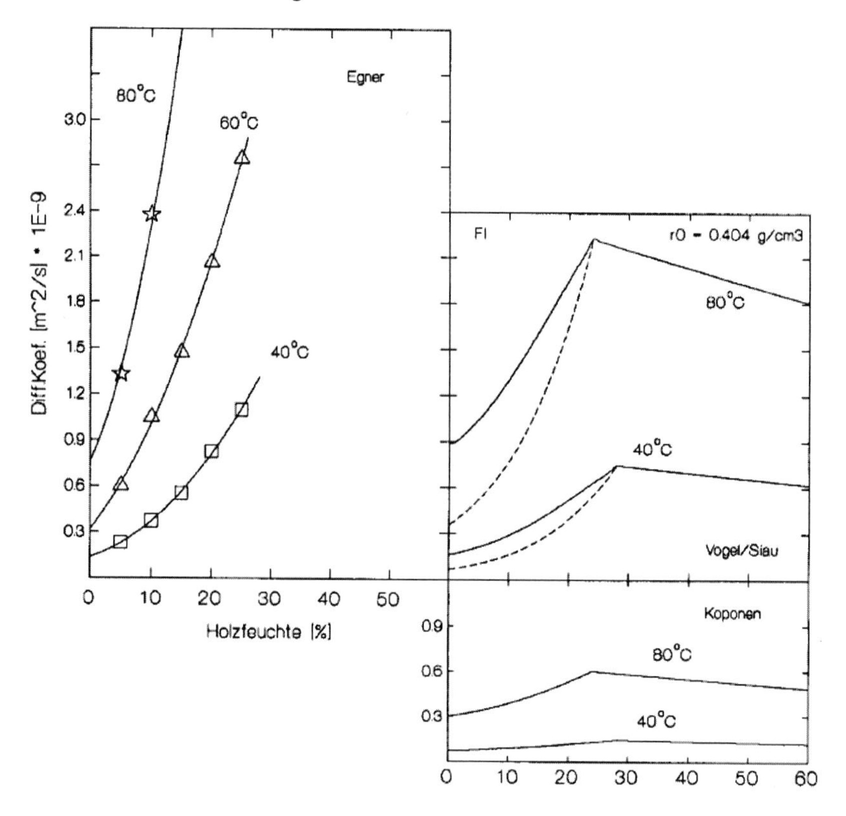

Bild 4-12 Diffusionskoeffizient für Fichtenholz, nach Untersuchungen von *EGNER, SIAU* (gestrichelte Linie), *VOGEL* und *KOPONNEN* /FOR 2003/

Die damit verbundene Ergebnisstreuung bewirkt, dass z. B. Vorausberechnungen der Trockenzeit über einfache Trockenzeitmodelle (s. Abschn. 4.3.4) zu verlässlicheren Werten führen als Modelle, die von einem allgemeinen Diffusionsansatz ausgehen.

[106] Zur Vertiefung wird /FOR 2003/ empfohlen.

Quellen und Schwinden

Die wesentlichen Kenngrößen zur Beschreibung des Quellens und Schwindens von Holz sowie dessen Ursachen sind bereits im Abschnitt 3.2 dargestellt worden. Das anisotrope Materialverhalten in axialer, tangentialer und radialer Richtung bewirkt bei Feuchteaufnahme bzw. -abgabe neben einer Volumenzu- oder -abnahme auch eine Veränderung der Form (s. Bild 4-13). Das Verhältnis der Schwindmaße beträgt als Richtwert annähernd:

Längs- : Radial- : Tangentialschwindmaß = 1 : 10 : 20

Der Umfang des Schwindens/Quellens ist prinzipiell proportional zur Masse des von der Zellwand abgegebenen/aufgenommenen Wassers. Hölzer mit höherer Rohdichte und dickeren Zellwänden schwinden demnach stärker als solche mit niedrigerer Rohdichte (s. Bild 4-14). Dieser Zusammenhang wird jedoch von verschiedenen anderen holzanatomischen Eigenschaften überlagert. Dazu gehört das Vorhandensein von Holzinhaltsstoffen, die einen niedrigeren Fasersättigungsbereich bewirken und zu unterschiedlichem Quell- und Schwindverhalten zwischen Kern- und Splintholz beitragen.

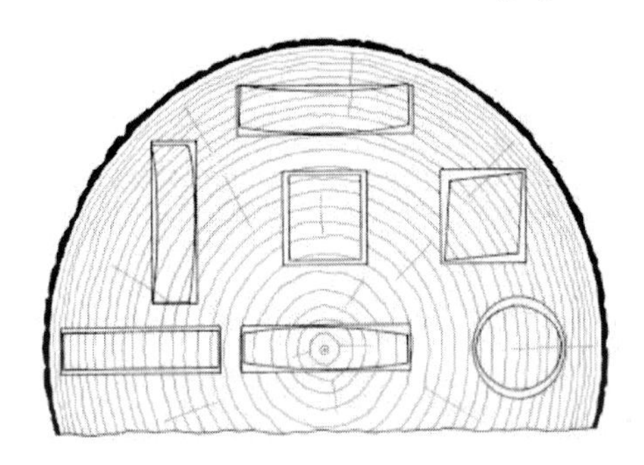

Bild 4-13 Formänderung von Holz beim Schwinden in Abhängigkeit vom Jahrringverlauf /KOL 1951/

Das radiale Schwindmaß ist bei allen Hölzern kleiner als das tangentiale (s Tabelle 4-6). Als Mittelwert kann der von *KEYLWERTH* gefundene Zusammenhang β_t = 1,65·β_r angenommen werden. Eine Ursache für dieses Phänomen wird in der Wirkung der radial ausgerichteten Markstrahlen gesehen (s. Bild 4-14).

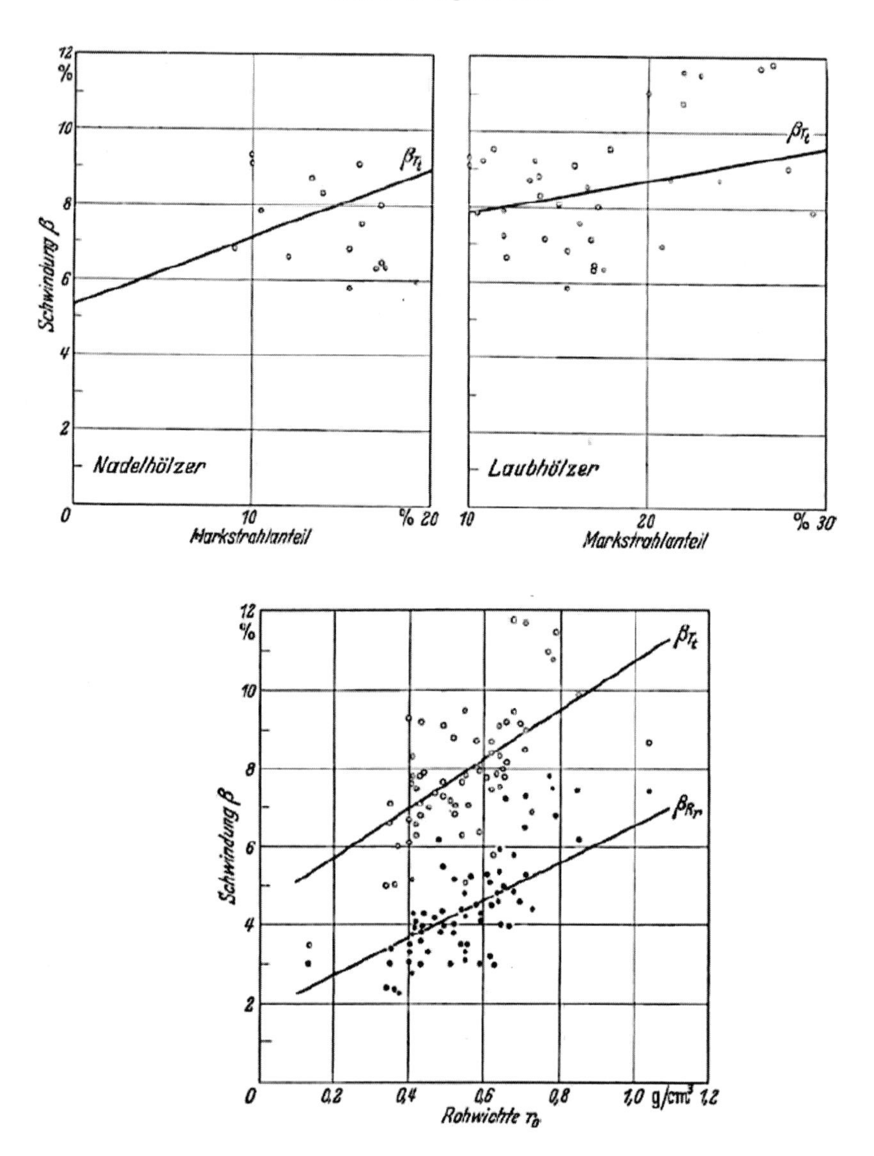

Bild 4-14 Einfluss von Markstrahlen und Rohdichte auf das Schwinden /BOS 1956/

Tabelle 4-6: Quell- und Schwindmaße ausgewählter Holzarten, nach DIN 68100

Holzart	Differentielles Schwindmaß in % je % Holzfeuchteänderung		Absolutes Schwindmaß in % ωFSB → ω 12 %		ωFSB → ω 17 %	
	radial	tangential	radial	tangential	radial	tangential
Fichte	0,15...0,19	0,27...0,36	2,0	4,0	1,0	2,0
Kiefer	0,15...0,19	0,25...0,36	3,0	4,5	2,0	2,7
Lärche	0,14...0,18	0,28...0,36	3,0	4,5	2,3	3,0
Tanne	0,12...0,16	0,28...0,35	2,0	5,0	1,3	3,6
Ahorn	0,10...0,20	0,22...0,30				
Birke	0,18...0,24	0,26...0,31	5,0	8,0	3,5	5,9
Buche	0,19...0,22	0,38...0,44	4,5	9,5	3,5	7,4
Esche	0,17...0,21	0,27...0,38	4,5	7,0	3,4	5,1
Nussbaum	0,18...0,23	0,25...0,30	3,0	5,5	2,1	4,0
Pappel	0,12...0,19	0,25...0,31	2,0	5,5	1,3	3,9
Robinie	0,20...0,26	0,32...0,38				
Roteiche	0,16...0,20	0,31...0,35				
Rüster	0,20	0,23	4,5	6,5	3,5	5,3
Weißeiche	0,15...0,22	0,28...0,35				

Auf der Ebene des Zellwandfeinbaus haben der Steigungswinkel der Mikrofibrillen, der unterschiedliche Fibrillenaufbau von Radial- und Tangentialwand, der Aufbau der Mittellamelle sowie der Ligningehalt nachweisbar Einfluss auf die Ausprägung von Quellung und Schwindung. Stark lignifizierte Hölzer schwinden demnach geringer als weniger lignifizierte. Durch eine Wärmebehandlung (s. Abschn. 4.3.2) kann das Feuchteverhalten signifikant beeinflusst werden.

Der mathematische Zusammenhang zwischen Quellung/Schwindung und Holzfeuchte ist mit guter Näherung durch eine Gerade beschreibbar (s. a. Abschn. 3.2 und 4.2.1). Dies ermöglicht eine einfache Voraussage der zu erwartenden Schwindung/Quellung.

Bild 4-15 zeigt, dass – unter der Annahme, dass der Fasersättigungspunkt bei 30 % liegt und oberhalb dieses Werts kein relevantes Quellen und Schwinden stattfindet – in tangentialer Richtung ein Anstieg der Geraden (differentielles Schwindmaß) von 7,5 %/30 % = 0,25 %/% vorliegt.

Bei einer Änderung der Holzfeuchte um 10 % berechnet sich die Schwindung dann aus 10 %·0,25 %/ % = 2,5 %.

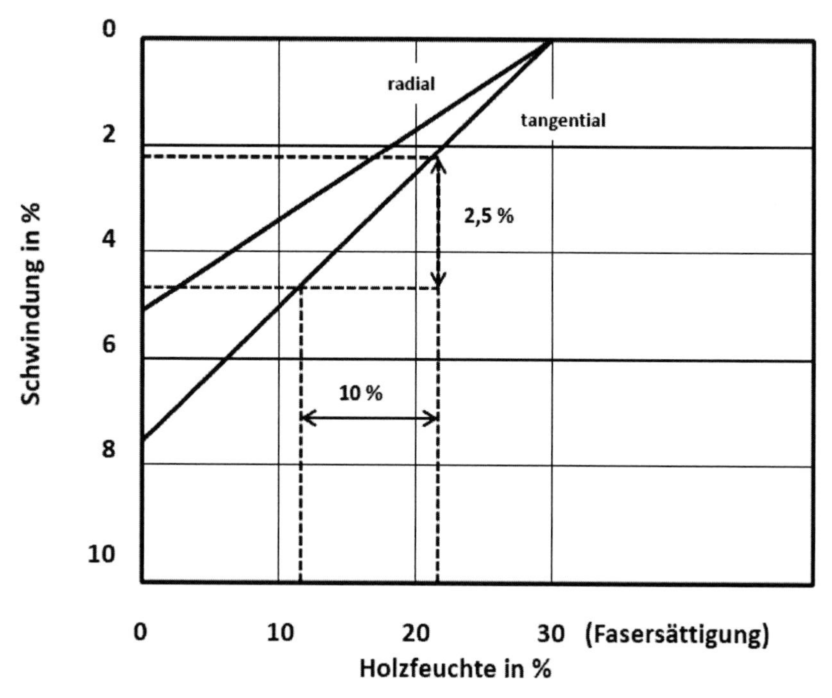

Bild 4-15 Bestimmung der Schwindung bei Änderung der Holzfeuchte /ANF2010/

Die Variationsbreite des tatsächlichen Schwindmaßes innerhalb einer Holzart lässt sich u. a. aus Rohdichteunterschieden, der Größe der Probe und der Geschwindigkeit/Schärfe der Trocknung erklären. Die Quell- und Schwindmaße (Abschnitt 3.2) können einfach ineinander umgerechnet werden.

$$\alpha = \frac{\beta}{1-\beta} \text{ bzw. } \beta = \frac{\alpha}{1+\alpha}$$

Es bedeuten:
α: Quellmaß; β: Schwindmaß

Da Proben/Bauteile nur selten exakt tangential oder radial eingeschnitten werden können, wird für Berechnungen häufig als integrierender Wert das lineare Quell-/Schwindmaß senkrecht zur Faserrichtung herangezogen, das als arithmetischer Mittelwert der Kenngrößen gebildet wird:

$$\alpha_{\perp} = \frac{\alpha_r + \alpha_t}{2} \text{ bzw. } \beta_{\perp} = \frac{\beta_r + \beta_t}{2}$$

Es bedeuten:
α: Quellmaß; β: Schwindmaß; r: radial; t: tangential

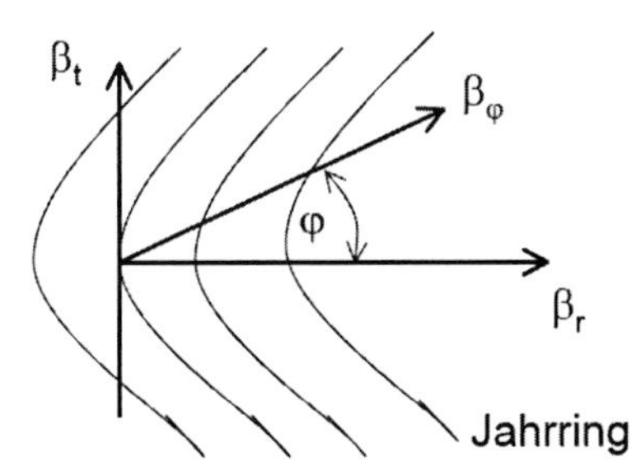

Nach *KEYLWERTH* ist es möglich, das lineare Schwindmaß unter einem bestimmten Winkel φ zum radialen Jahrringverlauf mit der nachfolgenden Formel zu berechnen:

$$\beta_\varphi = \beta_r \cdot \cos^2\varphi + \beta_t \cdot \cos^2\varphi$$

Der wechselweise Zusammenhang zwischen radialen und tangentialen Quell- und Schwindmaßen lässt sich auch mit einer Näherungsgleichung beschreiben:

$$\frac{\alpha_t}{\alpha_r} \approx \frac{\beta_t}{\beta_r}$$

Aufbauend auf Untersuchungen von *STAMM* u. a. entwickelte *CUDINOV* für ein idealisiertes Holz ein einfaches Modell zur Beschreibung des Quellverhaltens (s. / CUD 1987/) unter Berücksichtigung der Zellgeometrie sowie der Rohdichte. Der Querschnitt der Tracheiden von Nadelholz wurde dabei als Rechteck, die Libriformfasern und Gefäße von Laubholz wurden als regelmäßige Sechsecke betrachtet. Demnach liegen die theoretischen Werte der maximalen Quellung der Zellwände in einem Bereich von 18,7 % bis 40,8 %.

Beispiel zur Anwendung

Es ist die Volumenquellung und -schwindung einer unbekannten Holzart zu ermitteln, deren linearen Maße oberhalb des Fasersättigungsbereichs M_l: 100 mm, M_r: 20 mm, M_t: 20 mm und im darrtrockenen Zustand M_l: 99,5 mm, M_r:18,8 mm und M_t: 17,3 mm betragen.

LÖSUNG:

$V_{max/FSB} = (100 \cdot 20 \cdot 20)\text{mm} = 40.000\ \text{mm}^3$

$V_0 = (99{,}5 \cdot 18{,}8 \cdot 17{,}3)\text{mm} = 32.400\ \text{mm}^3$

$$\beta_V = \frac{V_{max} - V_0}{V_{max}} = \frac{40.000\ \text{mm}^3 - 32.000\ \text{mm}^3}{40.000\ \text{mm}^3} = 0{,}19 = 19{,}0\ \%$$

Daraus ergibt sich die Volumenquellung:

$$\alpha_V = \frac{\beta_V}{1 - \beta_V} = \frac{0{,}19}{1 - 0{,}19} = 0{,}234 = 23{,}4\%$$

Die Quellgeschwindigkeit berücksichtigt den Zeiteinfluss bei der Maßänderung des Holzes durch Quellung. Bild 4-16 ist zu entnehmen, dass die Quellgeschwindigkeit mit der Zeit abnimmt. Das Erreichen des Endzustands ist von den klimatischen Gegebenheiten sowie den stofflichen und geometrischen Randbedingungen abhängig. So benötigt z. B. Buchenparkett bei einer Klimaänderung 18 Tage für eine Änderung der Holzfeuchte um 2 %, Eichenparkett 52 Tage /RAP 2011/.

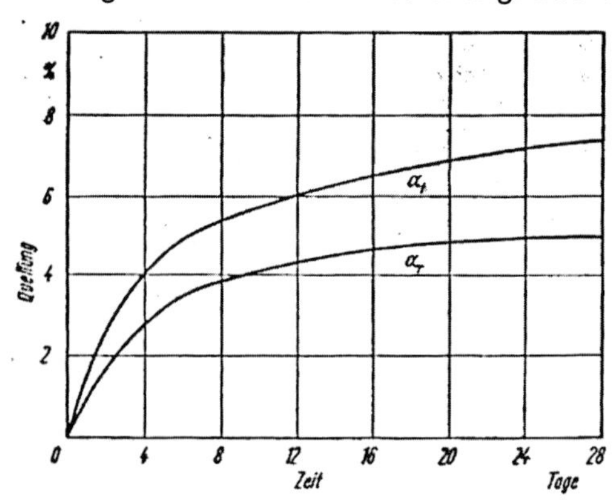

Bild 4-16 Zeitlicher Verlauf der Quellung von Robinie, nach *KOLLMANN*

In der Anwendung gibt es eine Reihe bewährter Maßnahmen zur Begrenzung der Folgen von Quellung und Schwindung. Dies sind v. a. die

Verarbeitung des Holzes bei einem Feuchtegehalt, der dem späteren Verwendungszweck entspricht, sowie der Einsatz wenig quellender/schwindender Hölzer oder von Kernholz.

Die Tangentialrichtung des Holzes sollte in eine Richtung der Konstruktion verlegt werden, die unempfindlich gegenüber Maßänderungen ist bzw. entsprechende Toleranzen aufnehmen kann.

4.2.3 Elastizitäts- und Festigkeitseigenschaften

Elastizitätseigenschaften

Die grundlegenden Zusammenhänge zwischen Spannung und Verformung können durch das HOOKEsche Gesetz (s. Abschn. 3.3 für einachsige Belastung) beschrieben werden. Die Wechselwirkungen der unterschiedlichen Richtungen eines Werkstoffs werden deutlich, wenn man sich die Dehnung eines Gummibands vorstellt. Dieses wird bei Zugbeanspruchung in Längsrichtung schmaler. Ein solcher Effekt wird in der Elastizitätstheorie mit Hilfe der Querkontraktionszahl oder Poissonschen Konstanten berücksichtigt.

Für den einfachen Fall eines auf Zug beanspruchten Stabs ermittelt sich diese aus:

$$\frac{\Delta b}{b} = -\nu \cdot \frac{\Delta l}{l} \text{ oder } \epsilon_{\text{quer}} = -\nu \cdot \epsilon_{\text{längs}}$$

Es bedeuten:
b: Breite des Zugstabs; Δb: Breitenänderung; l: Länge des Zugstabs; Δl: Längenänderung; v: Querkontraktionszahl; $\varepsilon_{\text{quer bzw.längs}}$: Kontraktion bzw. Dehnung; v: Querkontraktionszahl (Poissonsche Konstante)

In den unterschiedlichen Schnittrichtungen wirken durch den anatomischen Aufbau unterschiedliche Gesetzmäßigkeiten. So ist in Faserrichtung die Elastizitätseigenschaft ausgeprägt, während bei Belastung senkrecht dazu höhere Spannungen und größere Verformungen entstehen. Berücksichtigt man weiterhin die Wirkung der Markstrahlen, besitzt Holz drei Symmetrieebenen sowie richtungsabhängige Elastizitätsmodule.

Unter der Annahme, dass keine Dehnungs-Schiebungs-Kopplung auftritt, können die elastischen Holzeigenschaften durch ein rhombisches Kristallsystem idealisiert als orthotroper Werkstoff beschrieben werden (s. z. B. /KOL 1967/). Bild 4-17 (links) zeigt den Zusammenhang modellhaft.

Je größer die Abweichung von dieser Idealvorstellung ist, umso größer ist der auftretende Fehler bei Berechnungen. Bild 4-17 (rechts) zeigt dies in Abhängigkeit von Größe und Lage des Prüfkörpers. Bei den mit den Ziffern 1 bis 3 bezeichneten Prüfkörpern nimmt der Fehler in dieser Reihenfolge (also vom Splint zum Kern) zu, während er bei den Proben 4 und 5 annähernd konstant bliebe.

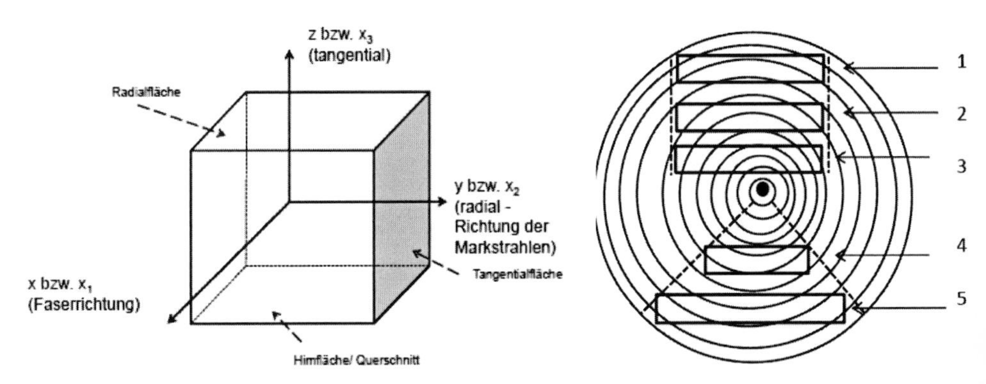

Bild 4-17 links: Holzwürfel idealisiert als orthotroper Werkstoff, rechts: Einfluss der Lage im Stamm und der Größe auf die Validität des orthotropen Modells /BOD1982/

Das HOOKEsche Gesetz lautet unter den vorstehenden Annahmen wie folgt:

$$\begin{pmatrix} \varepsilon_L \\ \varepsilon_R \\ \epsilon_T \\ \gamma_{RT} \\ \gamma_{LT} \\ \gamma_{LR} \end{pmatrix} = \begin{pmatrix} S_{11} & S_{12} & S_{13} & 0 & 0 & 0 \\ S_{21} & S_{22} & S_{23} & 0 & 0 & 0 \\ S_{31} & S_{32} & S_{33} & 0 & 0 & 0 \\ 0 & 0 & 0 & S_{44} & 0 & 0 \\ 0 & 0 & 0 & 0 & S_{55} & 0 \\ 0 & 0 & 0 & 0 & 0 & S_{66} \end{pmatrix} \begin{pmatrix} \sigma_L \\ \sigma_R \\ \sigma_T \\ \tau_{RT} \\ \tau_{LT} \\ \tau_{LR} \end{pmatrix}$$

Es bedeuten:
$\varepsilon_{L,R,T}$: Dehnungen; $\sigma_{L,R,T}$: Normalspannungen in Richtung der Koordinaten; $\gamma_{RT,LT,LR}$: Scherungen; $\tau_{RT,LT,TR}$: Schubspannungen in den durch die Indices aufgespannten Ebenen; $S_{11...66}$: Dehnungszahlen

Die Dehnungszahlen berechnen sich wie nachstehend aufgeführt:

$$S_{11} = \frac{1}{E_L} \quad S_{12} = \frac{-\nu_{RL}}{E_R} \quad S_{13} = \frac{-\nu_{TL}}{E_T}$$

$$S_{21} = \frac{-\nu_{LR}}{E_L} \quad S_{22} = \frac{1}{E_R} \quad S_{23} = \frac{-\nu_{TR}}{E_T}$$

$$S_{31} = \frac{-\nu_{LT}}{E_L}\; S_{32} = \frac{-\nu_{RT}}{E_R}\; S_{33} = \frac{1}{E_T}$$

Die Werte von ν_{RL} und ν_{TL} sind gegenüber den anderen Poissonschen Konstanten sehr gering. Weiterhin kann nach *KOLLMANN* für orthotropes Material aus Energieerhaltungsgründen angenommen werden, dass

$$S_{ik} = S_{ki} \quad \text{mit i=1(1)6 und k=1(1)6}$$

gilt. Damit vereinfacht sich das HOOKEsche Gesetz für Holz und es gilt /BOD 1982/:

$$\varepsilon_L = \frac{1}{E_L} \cdot (\sigma_L - \nu_{LR}\sigma_R - \nu_{LT}\sigma_T)$$

$$\varepsilon_R = \frac{1}{E_R} \cdot (\sigma_R - \nu_{RL}\sigma_L - \nu_{RT}\sigma_T)$$

$$\varepsilon_T = \frac{1}{E_T} \cdot (\sigma_T - \nu_{TL}\sigma_R - \nu_{TR}\sigma_T)$$

Durch den strukturellen Aufbau von Holz kann die Größe der einzelnen Elastizitätsmodule mit folgender Beziehung abgeschätzt werden:

Nadelholz: $E_L : E_R : E_T \approx 24 : 1{,}6 : 1$

Laubholz: $E_L : E_R : E_T \approx 13 : 1{,}6 : 1$

Die tatsächlichen Werte sind jedoch von zahlreichen Faktoren abhängig, die in diesem Abschnitt später dargestellt werden.

Zur Bestimmung der Poissonschen Konstanten wurden zahlreiche experimentelle Untersuchungen durchgeführt. Mittlere Werte für Laub- und Nadelholz sind in Tabelle 4.7 zusammengefasst.

Beispiel zur Anwendung:

Ein fehlerfreies Laubholz mit den Abmessungen L, B, D = 100 mm, 20 mm, 10 mm und einem Elastizitätsmodul von E_L= 10000 N/mm² wird durch Belastungen in Längs- und Tangentialrichtung mit 10 bzw. 2 N/mm² komprimiert. Welche Werte haben die Abmessungen annä-

hernd nach Abschluss der Beanspruchung, wenn die Breite in radialer und die Dicke in tangentialer Richtung liegen?

LÖSUNG:

Unter den Randbedingungen gilt: $\sigma_R = \sigma_{RT} = \sigma_{LR} = 0$

Damit folgt:

$$\epsilon_L = \frac{1}{10000} \cdot \left(-10 - 0{,}37 \cdot (0) - 0{,}50 \cdot (-2)\right) = -0{,}0009$$

$$\epsilon_R = \frac{1}{1231} \cdot \left(0 - 0{,}044 \cdot (-10) - 0{,}67 \cdot (-2)\right) = 0{,}0015$$

$$\epsilon_T = \frac{1}{769} \cdot \left(-2 - 0{,}027 \cdot (-10) - 0{,}33 \cdot (0)\right) = -0{,}0022$$

Unter Nutzung der Beziehung:

$$M + \Delta M = M(1 + \varepsilon)$$

folgt daraus:

L= 99,9 mm B = 20,3 mm D= 9,98 mm

Tabelle 4-7: Mittlere Werte für die Poissonsche Konstante von Nadel- und Laubholz **/BOD 1982/**

Poissonsche Konstante	Nadelholz	Laubholz
ν_{LR}	0,87	0,37
ν_{LT}	0,42	0,50
ν_{RT}	0,47	0,67
ν_{TR}	0,35	0,33
ν_{RL}	0,041	0,044
ν_{TL}	0,033	0,027

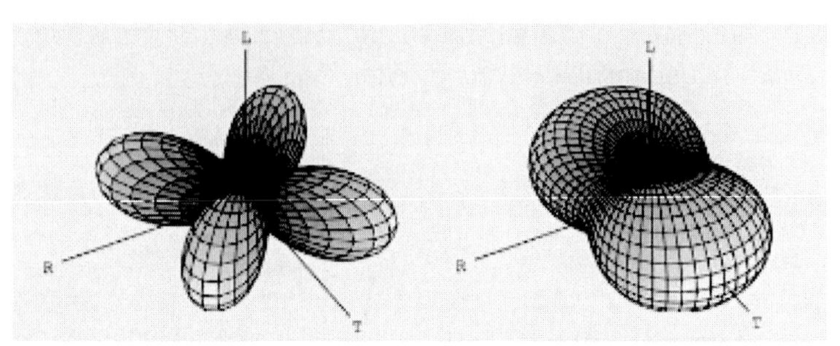

Bild 4-18 Deformation bei Fichte (links) und Buche (rechts) unter Zugbelastung /GRI 1999/

Die grundlegenden Unterschiede im elastischen Verhalten von Laub- und Nadelholz zeigt Bild 4-18, das unter Nutzung der vorstehend beschriebenen elastischen Konstanten von *GRIMSEL* berechnet wurde. In Folge des niedrigen Werts des Schubmoduls G_{RT} kommt es bei Fichte zu den stärksten Verformungen unter einem Winkel von 45° zu den Hauptachsen.

Abhängigkeit der Elastizitätseigenschaften

Die Elastizitätseigenschaften werden vom anatomischen Aufbau, den Wuchsbedingungen, der Belastungsart sowie weiteren physikalischen Effekten beeinflusst. Für die Größe der Elastizitätsmodule bei Biegung, Zug und Druck gilt folgende Reihenfolge:

$$E_z > E_b > E_d,$$

wobei für einen Bereich der Holzfeuchte von 12 bis 50 % näherungsweise folgende Relationen herangezogen werden können /VOR 1949/:

$$\frac{E_b}{E_d} \approx 0{,}8 \ldots 0{,}9 \text{ bzw. } \frac{E_d}{E_z} \approx 0{,}9 \ldots 0{,}95$$

$$\text{Nadelholz: } \frac{E_b}{E_z} \approx 0{,}7 \ldots 0{,}8 \quad \text{Laubholz: } \frac{E_b}{E_z} \approx 0{,}5 \ldots 0{,}7$$

Besonders ausgeprägt ist die Abhängigkeit des Elastizitätsmoduls vom Winkel zwischen Stabachse und Faserrichtung, die sich mit folgender

Beziehung berechnen lässt und unter Anpassung der Koeffizienten für alle mechanischen Eigenschaften anwendbar ist:[107]

$$X_\varphi = \frac{X_\parallel \cdot X_\perp}{X_\parallel \cdot \sin^n\varphi + X_\perp \cdot \cos^n\varphi}$$

Es bedeuten:

Xφ: elastische Eigenschaft unter einem Winkel φ zur Faserrichtung; $X_\parallel, X_\perp$: elastische Eigenschaft in Faserrichtung bzw. senkrecht dazu; n: experimentell ermittelte Konstante

Aus Bild 4-19 wird deutlich, dass der Winkel zwischen Faserverlauf und Lastangriff im Bereich von 3 bis 45° die elastischen Eigenschaften, also auch den E-Modul, stark beeinflusst. Dies unterstreicht z. B. die Bedeutung der Faserneigung bei der Sortierung von Schnittholz. Die experimentell bestimmten Koeffizienten n sind in Bild 4-19 für verschiedene mechanische Eigenschaften unter Berücksichtigung von deren Verhältnis senkrecht und parallel zur Faserrichtung angegeben.

Eigenschaft	n	$X_\perp/X_\parallel$
Zugfestigkeit	1,5...2	0,04...0,07
Druckfestigkeit	2...2,5	0,02...0,40
Biegefestigkeit	1,5...2	0,04...0,10
E-Modul	2	0,04...0,12
Bruchschlagarbeit	1,5...2	0,06...0,10

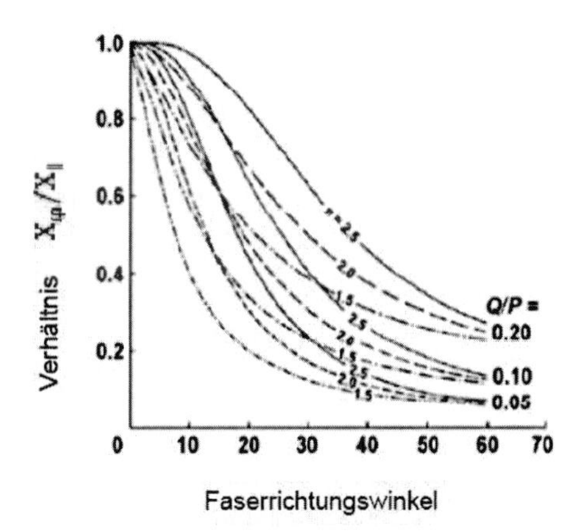

Bild 4-19 Einfluss des Faserrichtungswinkels auf die relative Größe elastischer Eigenschaften sowie Festigkeiten, nach /FOR 2010/

In zahlreichen Publikationen konnte gezeigt werden, dass der Elastizitätsmodul mit steigender Rohdichte annähernd linear zunimmt.

[107] Die Formel wurde unabhängig voneinander von HANKINSON in den USA und *KOLLMANN* in Deutschland – ursprünglich für die Abhängigkeit der Zugfestigkeit vom Faserrichtungswinkel – entwickelt und in der Folge näherungsweise auch auf weitere mechanische Eigenschaften übertragen.

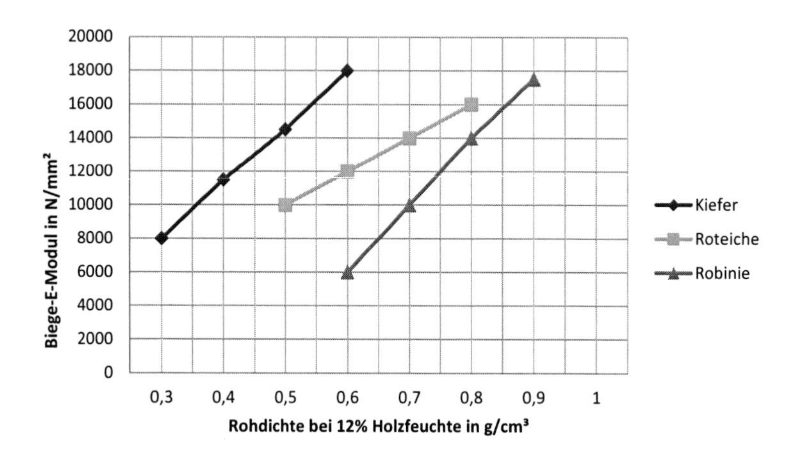

Bild 4-20 Einfluss der Rohdichte auf den Biege-E-Modul verschiedener Hölzer, nach *GÖHRE* /GÖH 1954/

Ein weiterer wichtiger Einflussfaktor für die Größe der elastischen Eigenschaften ist die Holzfeuchte. Deren Wirkung ist in hohem Maß von der Holzart sowie der Beanspruchungsrichtung abhängig. Dabei nehmen die mechanischen Eigenschaften vom darrtrockenen Zustand bis zum Erreichen des Fasersättigungsbereichs (hygroskopischer Bereich) stark ab, um im Bereich des freien Wassers keine oder nur noch sehr geringe Reduktion der Werte zu zeigen. Als wesentliche Ursache für dieses Verhalten werden die abnehmenden zwischenmolekularen Kräfte angesehen, die durch die Einlagerung von Wassermolekülen in die Zellwandstruktur hervorgerufen werden.

Im Bereich der Holzfeuchte von 8 bis 25 % kann für die Beurteilung der Feuchtewirkung auf die Änderung des Elastizitätsmoduls annähernd mit nachstehender Formel gerechnet werden:

$$E_2 = E_1 \cdot [1 - 0{,}02 \cdot (\omega_2 - \omega_1)]$$ [108]

Es bedeuten: $E_{1,2}$: bekannter bzw. zu bestimmender Elastizitätsmodul; ω: zugehörige Holzfeuchten

---

[108] In der Norm DIN EN 384 (2010) Bauholz für tragende Zwecke – Bestimmung charakteristischer Werte für mechanische Eigenschaften und Rohdichte wird abweichend davon für die Umrechnung auf die Referenzholzfeuchte von 12 % im Bereich von 8 % $\leq\omega\leq$18 % eine Änderung von 1 % je Prozentpunkt der Holzfeuchteänderung angenommen.

Der Einfluss von Temperatur und Holzfeuchte ist in Bild 4-21 dargestellt. Mit zunehmender Temperatur sinkt der Elastizitätsmodul, wobei sich dieser Effekt mit zunehmender Holzfeuchte verstärkt. Die Bedeutung der Temperatur-Einwirkungszeit und der in der Folge damit verbundenen fortschreitenden Durchwärmung von Holzproben zeigt Bild 4-22.

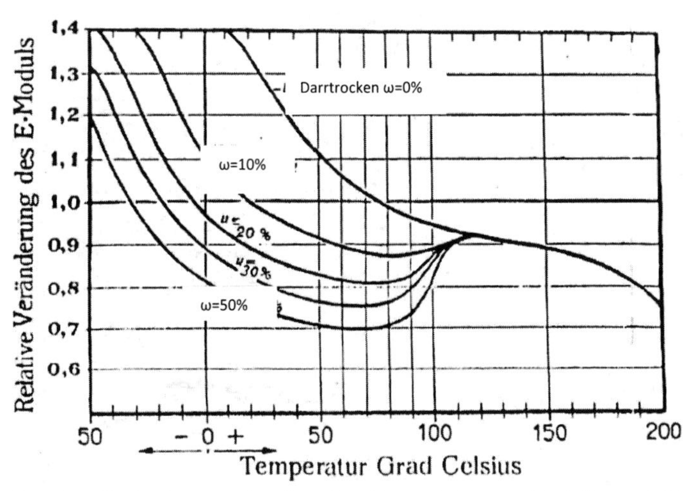

Bild 4-21 Relative Veränderung des Elastizitätsmoduls von Nadelholz abhängig von Holzfeuchte und Temperatur /VOR 1949/

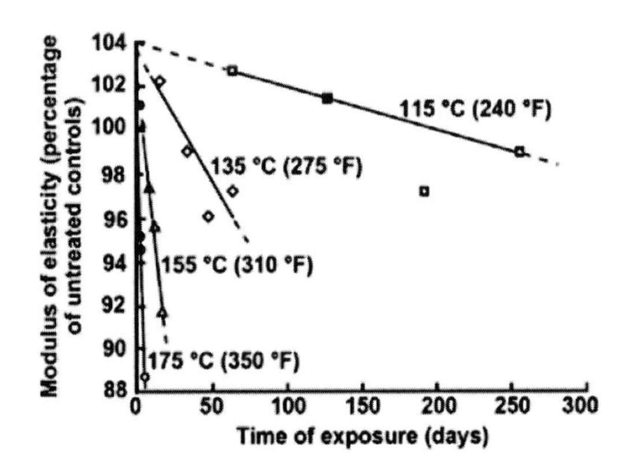

Bild 4-22 Änderung des Elastizitätsmoduls thermisch behandelten Holzes abhängig von Temperatur und Einwirkungsdauer /FOR 2010/

Bei gefrorenem, wassergesättigtem Holz steigt die Biegesteifigkeit, was durch die Verstärkungswirkung gefrorenen Wassers in den Poren erklärt werden kann. Unter Nutzung der einfachen Mischungsregel kann der Biegeelastizitätsmodul in guter Näherung abgeschätzt werden (s. /WIM2011/).

$$E_R = V_H \cdot E_H + V_W \cdot E_W$$

Es bedeuten:

$E_{R,H,W}$: resultierender Elastizitätsmodul bzw. E-Modul von Holz und Wasser/Eis; $V_{H,W}$: Volumenanteil von Holz bzw. Wasser/Eis

Die Poissonschen Konstanten als weitere elastische Kenngrößen wurden von verschiedenen Autoren mit nicht eindeutigen Ergebnissen untersucht. Insgesamt scheint jedoch die Belastungsart gegenüber der Holzfeuchte einen wesentlich höheren Einfluss auf diese Stoffgröße auszuüben. Von größerer Bedeutung für die elastischen Eigenschaften ist der Jahrringaufbau, insbesondere der Spätholzanteil. So ist der Elastizitätsmodul von Spätholz gegenüber dem von Frühholz ca. drei- bis viermal höher. Insgesamt lassen sich die biologischen Einflüsse nur schwer voneinander trennen. Tendenziell führen langsamere Wuchsbedingungen jedoch zu besseren elastischen Eigenschaften des Holzes.

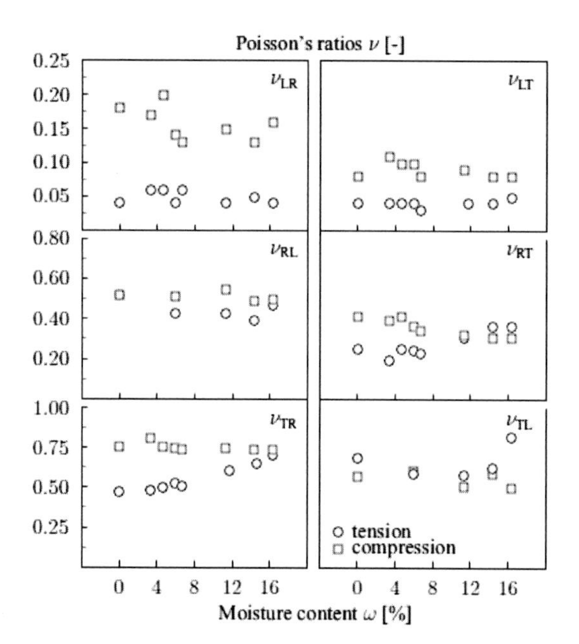

Bild 4-23 Einfluss von Belastungsart und Holzfeuchte auf die Poissonschen Konstanten von Buche /OZY 2013/

Die elastischen Kenngrößen bei Schub- und Torsionsbeanspruchung werden von den Einflussfaktoren analog zum beschriebenen Verhalten beeinflusst.

Festigkeitseigenschaften

Die Werkstoffeigenschaft der Festigkeit ist durch Versagen des Materials (Bruchspannung) charakterisiert. Bei mechanischen Prüfungen (s. Abschn. 3.3.1) kann dieses Versagen nicht immer eindeutig festgestellt werden (z. B. bei einer Druckbeanspruchung von Holz senkrecht zur Faserrichtung). Als Versagenskriterium wird daher neben dem Bruch auch das Überschreiten einer bestimmten Dehnung angesehen.

Das eigentliche Versagen erfolgt immer im nichtlinearen Bereich der Spannungs-Dehnungs-Kurve (vgl. Bild 3-14 und 3-19 bzw. 4-24). Mathematisch kann das elastisch-plastische Verformungsverhalten bei einachsiger Beanspruchung durch eine von *RAMBERG* und *OSGOOD* entwickelte Gleichung beschrieben werden:

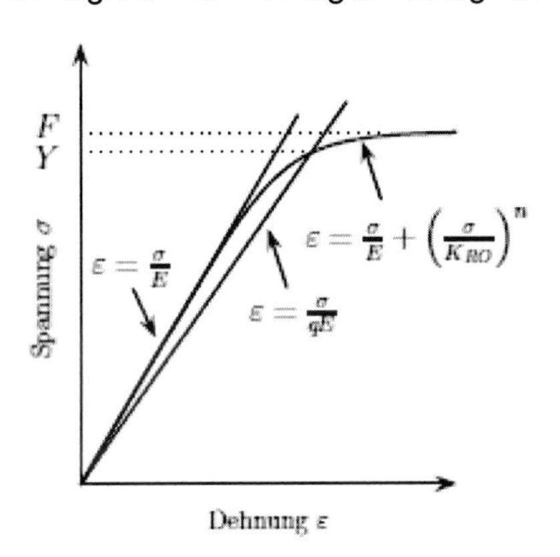

Bild 4-24 Spannungs-Dehnungs-Diagramm beim Druckversuch von Holz mit RAMBERG-OSGOOD-Gleichung /HER 2012/

$$\varepsilon = \frac{\sigma}{E} + \left(\frac{\sigma}{K_{RO}}\right)^n \quad \text{mit } 0 \le \sigma \le F$$

Es bedeuten:
E: Elastizitätsmodul; σ: Spannung; n, K_{RO}: Materialkonstanten

YOSHIHARA /YOS 2009/ zeigt für Druckbeanspruchungen, dass es eine Kombination mit der *HANKINSON-Gleichung* erlaubt, auch die Spannungs-Dehnungs-Kurve für unterschiedliche Winkel zwischen Kraft- und Faserrichtung mit sehr guter Näherung zu bestimmen. Untersuchungen von HERING et al. bestätigen dies für die Holzart Buche /HER 2012/.

Grundsätzlich kann davon ausgegangen werden, dass alle statischen Festigkeiten mit wachsender ***Rohdichte*** zunehmen (Bild 4-25). Demgegenüber nehmen sie mit zunehmender Unregelmäßigkeit des Holzgefüges ab. Von besonderer Bedeutung sind in diesem Zusammenhang Äste, Abweichungen von der Faserrichtung oder Fäulnis. Mit zunehmender Größe und/oder Häufigkeit von Ästen sinkt die Festigkeit zwingend.

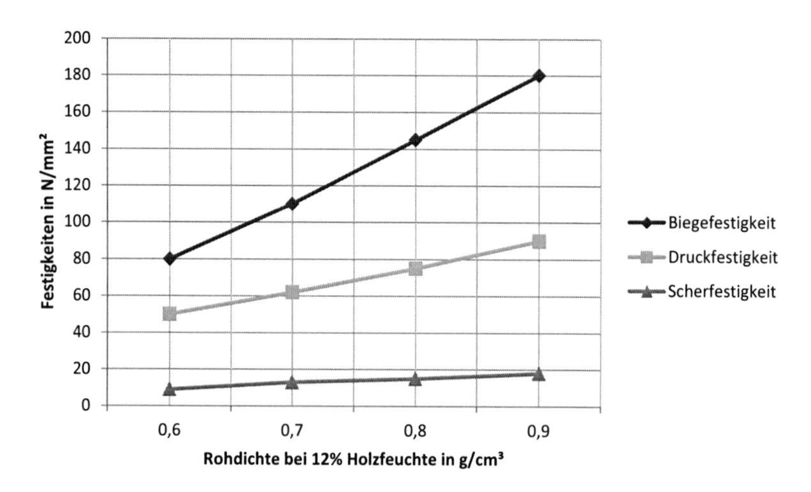

Bild 4-25 Zusammenhang zwischen Rohdichte und Festigkeit am Beispiel von Robinie, nach Daten von *GÖHRE* /GÖH 1956/

Dabei wird die Zugfestigkeit stärker als die Druckfestigkeit beeinträchtigt. Gegenüber astfreien Proben kann die Zugfestigkeit beim Vorhandensein von Ästen um 50 bis 90 %, die Druckfestigkeit um 10 bis 20 % abnehmen. Dies wirkt sich in gleicher Weise auf die Biegefestigkeit aus, die stärker abnimmt, wenn Äste in der zugbeanspruchten Zone angeordnet sind.

Bei nicht verwachsenen Ästen kann die Biegefestigkeit durch Reduktion der übertragbaren Biegespannung unter Bezug auf die vorhandenen Holzquerschnitte bei fehlerfreiem und ästigem Holz abgeschätzt werden (s. /HFH 1990/, /ANF 2010/). Der Ast wird dabei als Hohlraum aufgefasst. Die festigkeitsmindernde Wirkung verwachsener Äste resultiert hingegen v. a. aus der durch sie hervorgerufenen Störung des geradlinigen Faserverlaufs. Das Spannungsverhältnis für einen Kantenast ist mit nachstehender Formel berechenbar.

$$SR = \left(1 - \frac{k}{h}\right)^2$$

Es bedeuten:
s. Bild 4-26

Der Einfluss des Aufbaus der Jahrringe ist nicht eindeutig. Bei Nadel- und ringporigen Laubhölzern nimmt mit dem Spätholzanteil die Rohdichte zu, was tendenziell zu höheren Festigkeitswerten führt.

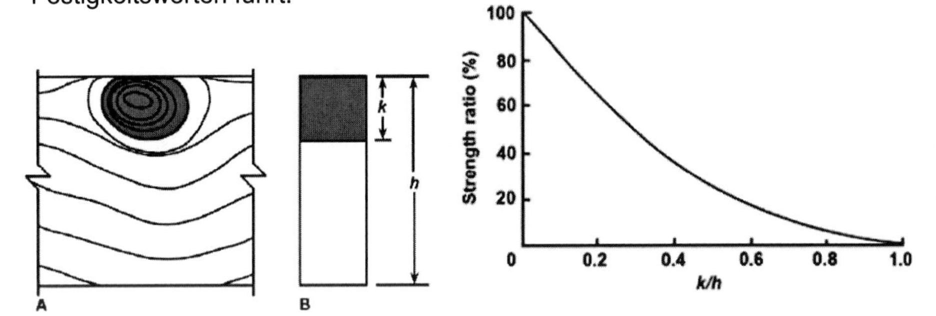

Bild 4-26 Wirkung von Ästen bzgl. der übertragbaren Biegespannung[/ANF 2010/]

Im hygroskopischen Bereich übt die ***Holzfeuchte*** einen starken Einfluss auf die Festigkeit aus. Mit Ausnahme der Zug- und Biegefestigkeit und, weniger ausgeprägt, bei der Scherfestigkeit nehmen alle Festigkeitswerte mit steigender Holzfeuchte bis zum Erreichen der Fasersättigung ab, um dann annähernd unverändert zu bleiben. Das Maximum liegt bei der Biegefestigkeit in einem Bereich der Holzfeuchte von 6 bis 8 % und bei der Zugfestigkeit zwischen 8 und 12 %.

KOLLMANN erklärt dieses Verhalten mit der Aufhebung von Zugvorspannungen der Zellulose im gedarrten Zustand im Verlauf der Chemosorption. Unter Gebrauchsbedingungen können mit ausreichender Näherung lineare Zusammenhänge zwischen den einzelnen Festigkeiten sowie der Holzfeuchte angenommen werden. Für die Zug-, Biege-, Torsions- und Scherfestigkeit gilt dann mit guter Näherung folgende Beziehung:

$$\sigma_2 = \sigma_1 \cdot [1 - k \cdot (\omega_2 - \omega_1)]$$

Es bedeuten:
$\sigma_{1,2}$: bekannte bzw. zu bestimmende Festigkeit; ω: zugehörige Holzfeuchten; k: Konstante; Werte der Konstanten s. Tabelle 4-8

Tabelle 4-8: Rechenwerte für die Umrechnung verschiedener Festigkeiten abhängig von der Holzfeuchte

Festigkeit	Gültigkeitsbereich der Holzfeuchte in %	Konstante
Zugfestigkeit	10...27	0,03
Biegefestigkeit	5...25	0,04
Scherfestigkeit	8...25	0,03
Torsionsfestigkeit	9...15	0,03

Bei der Umrechnung der Druckfestigkeit für verschiedene Holzfeuchten lässt sich in einem Bereich von 8 % ≤ ω≤ 18 % mit nachstehender Formel arbeiten:

$$\sigma_{dB,2} = \sigma_{dB,1} \cdot \left(\frac{32 - \omega_2}{32 - \omega_1}\right)$$

Es bedeuten:
$\sigma_{dB1,2}$: bekannte bzw. zu bestimmende Druckfestigkeit; ω: zugehörige Holzfeuchten

Der Einfluss der Temperatur wird durch die damit i. d. R. einhergehende Feuchteänderung überlagert. Im Allgemeinen erfolgt mit der Temperaturerhöhung eine Abnahme der Werte der unterschiedlichen Festigkeiten, allerdings in unterschiedlichem Maße (s. Bild 4-27). Eine Erklärung der verstärkten Abnahme bei Temperaturen über 70° C findet sich in der beginnenden Plastifizierung des Holzes.

Wie bereits bei den elastischen Eigenschaften beschrieben, ist auch für die Festigkeitseigenschaften der Winkel zwischen Kraft- und Faserrichtung bzw. zwischen Kraft-und Jahrringrichtung von großer Bedeutung. So beträgt die Festigkeit von Holz quer zur Faserrichtung nur ca. 5 bis 20 % der Festigkeit parallel zur Faserrichtung (s. a. Tabelle 4-9). Lediglich bei der Scher- und Torsionsfestigkeit nehmen die Werte der Festigkeit bei einem Winkel von 90° zwischen Kraftrichtung und Faserverlauf auf 25 bis 30 % der Werte bei parallelem Verlauf von Kraft- und Faserrichtung ab.

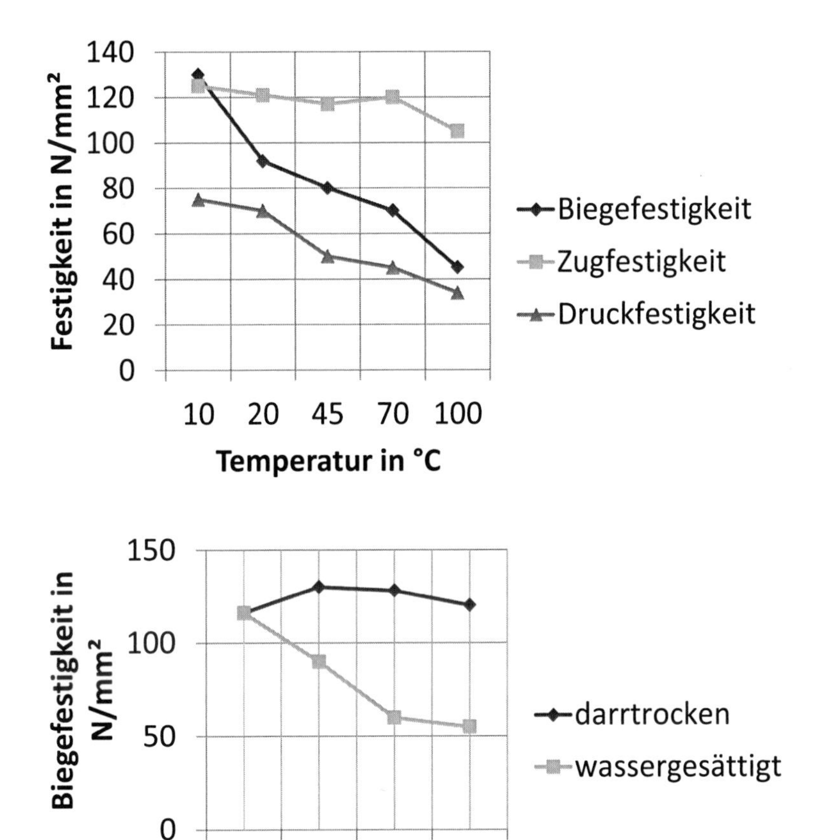

Bild 4-27 Zusammenhang zwischen Temperatur und Festigkeit; oben: Festigkeit bei 12 % Holzfeuchte, nach *KOLLMANN* und *SCHULZ*; unten: Einfluss von Temperatur und Feuchte bei Fichte, nach *WIMMER* et al.

Besonders sensibel zeigt sich die Zugfestigkeit bei Änderungen des Faserwinkels. Schon bei einem Winkel von 15° tritt eine durchschnittliche

Festigkeitsminderung um 50 %, bei 30° um 80 % gegenüber der Längszugfestigkeit auf. Der Einfluss auf die Druck- und Biegefestigkeit ist weniger stark ausgeprägt. So mindert eine Faserabweichung von 15° die Biegefestigkeit um ca. 40 % und die Druckfestigkeit um etwa 17 %, Faserabweichungen von 30° mindern beide Festigkeiten um weitere 30 %.

Größere Faserabweichungen lassen die Werte von Druck- und Biegefestigkeit auf 10 bis 25 % gegenüber parallelem Faserverlauf absinken. Die Eigenschaften bei Winkeln über 90° zwischen Kraft- und Faserrichtung werden als Querdruck- bzw. Querzugfestigkeit bezeichnet. Zwischen ihnen gelten in etwa folgende Relationen:[109]

$$\frac{\sigma_{dB\parallel}}{\sigma_{dB\perp}} = \frac{4 \ldots 10}{1} \text{ bzw.} \frac{\sigma_{zB\parallel}}{\sigma_{zB\perp}} = \frac{10 \ldots 40}{1}$$

Es bedeuten:

$\sigma_{z\,\text{bzw.}dB\perp,\parallel}$ $\perp$: Querzug- bzw. Druckfestigkeit senkrecht bzw. parallel zur Faserrichtung

Einen besonders großen Einfluss auf die Querdruck- und Scherfestigkeit besitzt der Winkel zwischen Kraft- und Jahrringrichtung. Bei zunehmendem Winkel zwischen Jahrringrichtung und Scherebene reduziert sich die Scherfestigkeit längs zur Faser leicht, während sie quer zur Faserrichtung etwas ansteigt. Laub- und Nadelhölzer unterscheiden sich hinsichtlich der Ausprägung der Querdruckfestigkeit deutlich voneinander.

Bei Nadelholz ist die Querdruckfestigkeit bei Belastung in tangentialer Richtung am größten und bei einem Winkel von 45° am kleinsten. Bei Laubholz liegt das Maximum im Bereich der radialen Beanspruchung. Für das Verhältnis der Querdruckfestigkeit in tangentialer und radialer Richtung gilt bei 12 bis 15 % Holzfeuchte näherungsweise:

$$\text{Nadelholz: } \frac{\sigma_{tang}}{\sigma_{radial}} = 1{,}1 \ldots 1{,}5 \text{ bzw. Laubholz: } \frac{\sigma_{tang}}{\sigma_{radial}} = 0{,}6 \ldots 0{,}95$$

---

[109] Für die Querdruckfestigkeit ist das Verhältnis von beanspruchter (gedrückter) und nicht beanspruchter Fläche zu beachten. Bei gleicher Druckfläche, aber nur teilweiser Belastung der Auflagefläche wird durch aus der Druckfläche herauslaufende Holzfasern ein Teil der Spannungen abgeleitet (s. /VOR 1949/). Sofern der Druck nur auf einen Teil des Querschnitts wirkt, wird dieser in Abgrenzung zum Querdruck als Schwellendruck bezeichnet.

Tabelle 4-9: Wertebereiche ausgewählter physikalischer Eigenschaften bei 12 % Holzfeuchte

Stoffeigenschaft in N/mm²	Fichte	Kiefer	Lärche	Buche	Eiche	Esche
Biege-E-Modul						
$E_{b\parallel}$	6.700-15.300	6.300-15.700	7.500-20.000	11.300-16.700	7.950-18.000	8.500-18.300
$E_{b\perp}$	330-770	255-665		1.200-1.800	600-1.390	700-1.500
Druckfestigkeit						
$\sigma_{dB\parallel}$	32-58	29-66	37-73	46-74	36-68	37-67
$\sigma_{dB\perp}$	4,1-7,5	4,7-10,7	5-10		7,6-14,5	7,8-14,2
Zugfestigkeit						
$\sigma_{zB\parallel}$	68-120	38-62	70-144	110-160	72-148	93-168
$\sigma_{zB\perp}$	2,7-4,9	1,9-4,2	3,3-6,7	9-13	5,9-12,2	7,8-14,2
Biegefestigkeit						
$\sigma_{bB\parallel}$	57-103	53-117	65-133	97-143	62-128	75-135
$\sigma_{bB\perp}$	3,3-5,9	3,5-7,9	4,9-10,1	11,5-16,9	8,8-18,2	8,0-14,5
Scherfestigkeit	7-13	6,1-13,9	5-10	6,9-13,2	7,5-15,5	8,9-16,7

BODIG und *JAYNE* /BOD 1982/ systematisieren charakteristische Bruchbilder bei unterschiedlichen Belastungen. Ihre Ausbildung ist außerdem vom anatomischen Aufbau der konkreten Probe abhängig. So resultiert bei Druckbeanspruchung in Faserrichtung z. B. der in Bild 4-28 (Druck unten) dargestellte Bruchtyp aus Wuchsunregelmäßigkeiten im Inneren der Probe. Bei Zug parallel zur Faser zeigt Bild 48 (Zug: Mitte) einen Scherbruch.

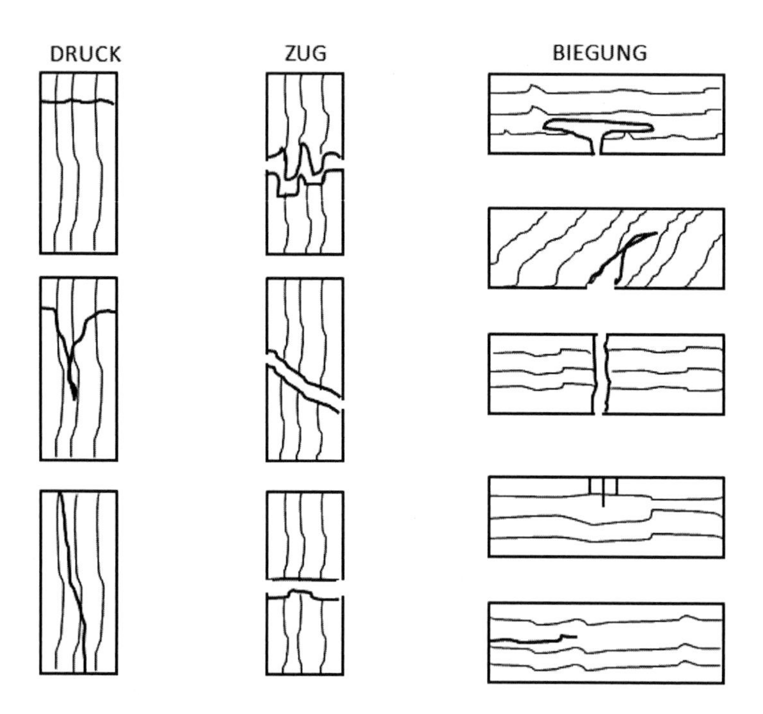

Bild 4-28 Typische Bruchbilder bei Druck, Zug und Biegung, nach *BODIG* /BOD 1982/

Eigenschaften bei statischer Langzeitbeanspruchung

Bei statischen Langzeitbeanspruchungen ist das durch Fließen des Materials charakterisierte zeitabhängige (rheologische) Verhalten von besonderem Interesse. Dabei handelt es sich um Kriechen oder eine Spannungsrelaxation (s. Abschn. 3.3.2). Nach *GRIMSEL* sind für das Verformungsverhalten von Holz die herrschenden mechanischen Spannungen, die Holzfeuchte, die Temperatur und die Zeit bestimmende Einflussgrößen. Die Gesamtdehnung addiert sich aus folgenden Verformungsanteilen:

- elastische Verformung ε_{el}
- plastische Verformung ε_{pl}
- visko-elastische Verformung ε_{vis}
- mechano-sorptive Verformung ε_{ms}

- thermische Ausdehnung ε_T
- feuchtebedingte Schwindung/Quellung ε_X

Mit Hilfe von Federn, Dämpfungselementen, Gleitern u. a. Bausteinen können phänomenologische Ersatzmodelle geschaffen werden, die das Verformungsverhalten beschreiben (s. Bild 4-29).

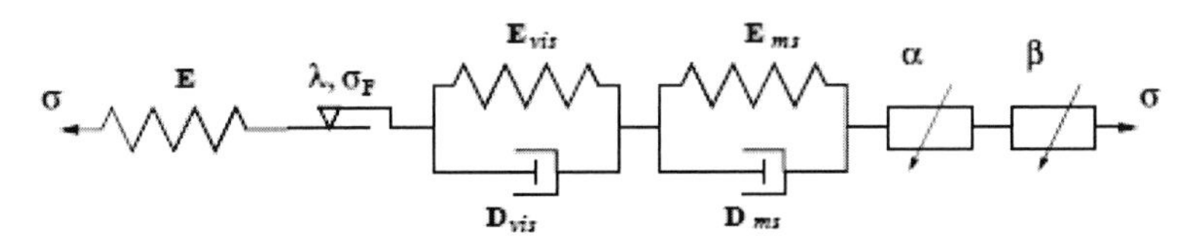

Bild 4-29 Phänomenologisches Werkstoffmodell für das Verformungsverhalten von Holz /GRI 1998/

Kriechverformungen treten bei allen Belastungsarten auf. Grundsätzlich führen die Belastungen zu Kriechverformungen in der nachstehenden Reihenfolge:

Torsion > Druck in Faserrichtung > Biegung > Zug in Faserrichtung

Mit steigendem Belastungsgrad[110] steigt die Kriechverformung (s. Bild 4-30 oben). Linear-elastisches Verhalten kann bei Holz – je nach Belastungsart und Holzfeuchte – bis zu einer Obergrenze von 30 bis 80 % des Belastungsgrads angenommen werden.

Mit wachsender Feuchte verstärkt sich das Kriechverhalten. Von besonders großer Wirkung ist ein neben der statischen Last vorhandenes Wechselklima, das zu entsprechenden Veränderungen der Holzfeuchte und sehr starken Kriechverformungen führt. Der Vorgang wird als mechano-sorptives Kriechen bezeichnet (s. Bild 4-30 unten). Im Vergleich zum Kriechen bei konstantem Klima steigt die Kriechverformung dabei sowohl in der Sorptions- als auch in der Desorptionsphase an. Der Rückgang der Verformung bei Feuchtezunahme ist dabei wesentlich geringer als die Zunahme während der Trocknung /POL 1982/.

[110] Unter Belastungsgrad wird das Verhältnis von aufgebrachter Beanspruchung zur Bruchlast verstanden.

Weiterhin vergrößert sich die Kriechverformung bei steigender Temperatur. In der praktischen Anwendung wird der Effekt vom Einfluss der damit verbundenen Feuchteänderung überlagert.

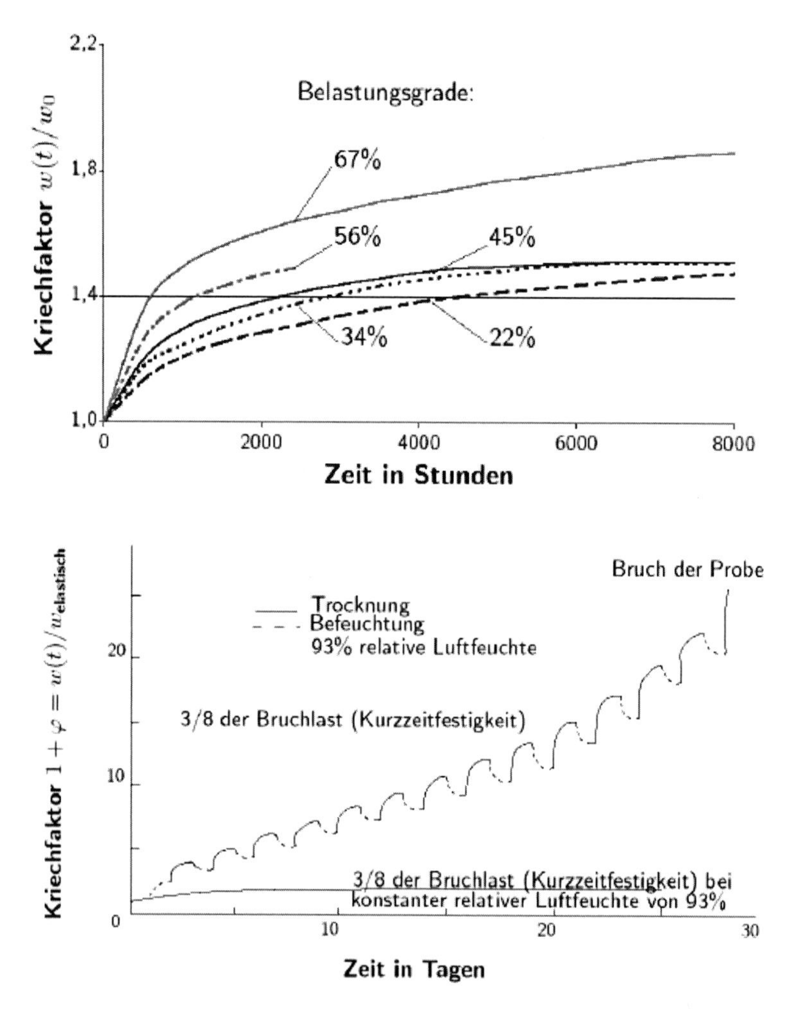

Bild 4-30 Einfluss von Belastungsgrad (oben) und Klima (unten) auf die Kriechverformung, nach *SCHÄNZLIN* /LIO 2007/

Als Ursachen für das Kriechen von Holz werden von *RANZ* in /LIO 2007/ das Zerbrechen und Wiederherstellen von Wasserstoffbrückenbindungen zwischen den Zellulosemolekülen während der Belastung bzw. ein in der Zellwandschicht S2 (s. Bild 4-5) befindliches Gel, das sich hygroskopisch, viskos und stark quellend bzw. schwindend verhält, beschrieben.

Bei Dauerzugbeanspruchung tritt kein Bruch bei Werten unterhalb von 55 bis 60 %, bei Dauerbiegebeanspruchung unterhalb von ca. 50 bis 55 % der jeweiligen statischen Festigkeit ein.

Eigenschaften bei dynamischen Beanspruchungen

Bruchschlagarbeit (s. Abschn. 3.3.3 a))

Der Wert der Bruchschlagarbeit wird von physikalischen und holzanatomischen Parametern beeinflusst. Hitzevergütetes Holz weist eine bis zu 40 % geringere Bruchschlagarbeit in Folge der einsetzenden Versprödung auf.

Untersuchungen zum Einfluss der Holzfeuchte zeigen kein einheitliches Bild. Ähnlich der statischen Festigkeiten scheint das Maximum bei 0 % bzw. im Bereich von 4 bis 8 % Holzfeuchte zu liegen, von dem sie bis zum Erreichen des Fasersättigungsbereichs auf 70 bis 75 % dieses Maximalwerts absinkt. Oberhalb des Maximums gilt annähernd:

$$w_2 = w_1 \cdot [1 - 0{,}01 \cdot (\omega_2 - \omega_1)]$$

Es bedeuten:
$w_{1,2}$: bekannte bzw. zu bestimmende Bruchschlagarbeit; ω: zugehörige Holzfeuchten

Von größerer Bedeutung sind je nach Holzart Faserverlauf bzw. Jahrringlage. Für Laub- bzw. Nadelholz kann eine Abschätzung mit folgenden Gleichungen vorgenommen werden:

$$\text{Nadelholz: } w_r = (1{,}2 \ldots 1{,}5) \cdot w_t$$

$$\text{Laubholz: } w_r = (1{,}1 \ldots 1{,}3) \cdot w_t$$

Es bedeuten:
Wr bzw. Wt: Bruchschlagarbeit bei Beanspruchung in radialer bzw. tangentialer Richtung

In verschiedenen Arbeiten wird ein quadratisches bzw. lineares Anwachsen der Bruchschlagarbeit mit wachsender Rohdichte nachgewiesen. Mit zunehmender Jahrringbreite nimmt die Bruchschlagarbeit ab. Äste und Wuchsunregelmäßigkeiten reduzieren die Bruchschlagarbeit deutlich. So sinkt bei einem Faserverlauf unter einem Winkel von 10° diese um bis zu 50 %.[111] Weiterhin werden die gemessenen Werte durch Pilzbefall stark verringert.

Tabelle 4-9: Wertebereiche der Bruchschlagarbeit ausgewählter Holzarten (bei ω: 12...15 %)

Holzart	Eiche	Buche	Birke	Esche	Fichte	Kiefer
Bruchschlagarbeit in kJ/m²	50 ... 74	80 ... 120	75 ... 100	67 ... 88	40 ... 50	40 ... 70

Dauerschwingfestigkeit (s. Abschn. 3.3.3 b))

In Folge des anatomischen Aufbaus (Strukturelemente mit elastischen (Zellulose) und plastischen (Lignin) Eigenschaften) ist das mechanische Verhalten von Holz abhängig von der Geschwindigkeit der Laständerung bzw. der Zeitdauer der Lasteinwirkung. Zwangsläufig verhält sich Holz bei dynamischer Beanspruchung anders als im statischen Kurzzeitversuch. Bei Belastungen oberhalb der Elastizitätsgrenze treten Versetzungen auf, die nach Entlastung bestehen bleiben oder sich erst zeitlich versetzt zurückbilden. Dauerschwingbelastungen führen durch wiederholte Versetzungen zu Ermüdung und einer Auflockerung der Struktur /ROS 1965/.

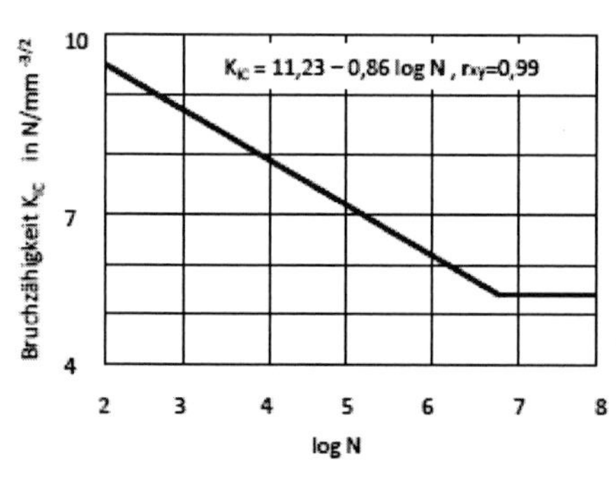

Bild 4-31 Bruchzähigkeit als Funktion der Lastspiele für Fichte, nach /TOM 1977/

[111] Zur Berechnung der Brucharbeit bei verschiedenen Faserwinkeln s. Formel auf S. 161.

Modellvorstellungen gehen von einem Ausknicken der Zellwände bei Druckbeanspruchung und einem Bruch bei der folgenden Zugbeanspruchung aus. Brüche durch schwingende Beanspruchungen zeigen deshalb ein kurzfaseriges Erscheinungsbild. Die Wechselbiegefestigkeit liegt für Holz zwischen 25 und 40 % der statischen Biegefestigkeit (s. Tabelle 4-10). Der Verlauf der Mittelwerte der Bruchzähigkeit bei unterschiedlicher Anzahl an Lastspielen zeigt große Ähnlichkeit mit der *WÖHLER*-Kurve (s. Bild 4-31). Vorkritische Risse breiten sich bei Schwingbeanspruchung dann im Holz aus, wenn die Bedingung $K_I \geq K_{I,cd}$ erfüllt ist, wobei $K_{I,cd}$ die Dauergrenze der Bruchzähigkeit $K_{I,c}$ ist (s. Abschn. 3.3.4).

Tabelle 4-10: Wechselbiegefestigkeit ausgewählter Holzarten, nach *GÖHRE*

Holzart	Rohdichte in g/cm³	Holzfeuchte in %	Wechselbiegefestigkeit σ_{bW} in N/mm²	$\frac{\sigma_{bW}}{\sigma_{bB}}$
Kiefer				
Kern	0,65	10,8	42	0,36
Splint	0,56	11,3	36	0,38
Fichte	0,44	10...12	19,5	0,25
Esche	0,65	9,5	36	0,3
Robinie	0,76	12	42,5	0,31

4.2.4 Thermische Eigenschaften

Zur Beschreibung des Verhaltens von Holz bei Temperaturänderung ist eine Reihe physikalischer Eigenschaften erforderlich. Dazu gehört die ***Temperaturleitfähigkeit***, die die Geschwindigkeit des Ausgleichs einer Temperaturdifferenz quantifiziert. Für lufttrockenes Holz nimmt sie Werte im Bereich von $(1{,}1 \ldots 1{,}6)10^{-7}$ m²/s an. Sie berechnet sich nach folgender Gleichung:

$$a = \frac{\lambda}{c_{fH\omega} \cdot \rho_\omega}$$

Es bedeuten:

$a_\perp$: Temperaturleitfähigkeit in m²/s; c_{fHo}: spezifische Wärmekapazität des feuchten Holzes in J/(kgK); ρ_ω: Rohdichte bei Holzfeuchte ω in kg/m³; $\lambda_\perp$: Wärmeleitfähigkeit in W/(mK)

Die für die weiteren Berechnungen erforderliche ***spezifische Wärmekapazität*** kann unter Verwendung der Mischungsregel /KOL 1951/ aus den spezifischen Wärmekapazitäten von trockenem Holz ($c_{H,0}$ = 1,36 kJ/(kgK) in einem Temperaturbereich von 0 bis 100° C und Wasser (c_W = 4,1868 kJ/(kgK)) berechnet werden.

$$c_{fH\omega} = \frac{c_{H,0} + \omega \cdot c_W}{1 + \omega}$$

Es bedeuten:
$c_{fH\omega}$: spezifische Wärmekapazität feuchten Holzes in kJ/(kgK); c_{H0}: spezifische Wärmekapazität darrtrockenen Holzes in kJ/(kgK); ω: Holzfeuchte in kg/kg

Verschiedene Autoren haben die Temperaturabhängigkeit der spezifischen Wärmekapazität darrtrockenen Holzes in einer Gleichung der Form:

$$c_{H,0} = a + b \cdot t$$

Es bedeuten:
a,b: Koeffizienten; t: Temperatur in °C

modelliert. Werte für die Koeffizienten sind in Tabelle 4-11 enthalten.

Tabelle 4-11: Koeffizienten zur Berechnung der spezifischen Wärmekapazität, nach *SKAAR* /FOR 2003/

Koeffizienten		Temperaturbereich in °C	Holzart	Autor
a	b			
1,114	0,00486	0 … 112	verschiedene	Dunlap
1,118	0,00494	-60 …80	Fichte	Kühlmann
1,110	0,00435	+60 … 140	Kiefer	Koch
1,135	0,00398	+60 … 140	Weihrauchkiefer	McMillen
1,172	0,00419	+30 … 60	Buche	Haerrmon und Burcham

Harthölzer weisen eine ca. 10 % höhere spezifische Wärmekapazität als Weichhölzer auf. Die Rohdichte übt nur einen geringen Einfluss auf die spezifische Wärmekapazität aus, was auf die annähernd gleichen Werte von Luft und Zellwandsubstanz zurückzuführen ist.

Die ***Wärmeleitfähigkeit*** zeigt eine deutliche Abhängigkeit von der Rohdichte, da der wärmedämmend wirkende Hohlraumanteil im Holz entsprechend abnimmt (s. Bild 4-32 oben). Rechnerisch lassen sich die Werte senkrecht und parallel zur Faserrichtung unter Berücksichtigung von Feuchte, Temperatur und Rohdichte bestimmen. Bei 27° C und 12 % Holzfeuchte lässt sich folgende Formel nutzen:

$$\lambda_{\parallel} = 0{,}026 + 0{,}46 \cdot \rho_{12} \cdot 10^{-3} \text{ bzw. } \lambda_{\perp} = 0{,}026 + 0{,}195 \cdot \rho_{12} \cdot 10^{-3}$$

Es bedeuten:

ρ_{12}: Rohdichte bei Holzfeuchte von 12 % in kg/m³; $\lambda_{\perp\parallel,}$: Wärmeleitfähigkeit senkrecht bzw. parallel zur Faserrichtung in W/(mK)

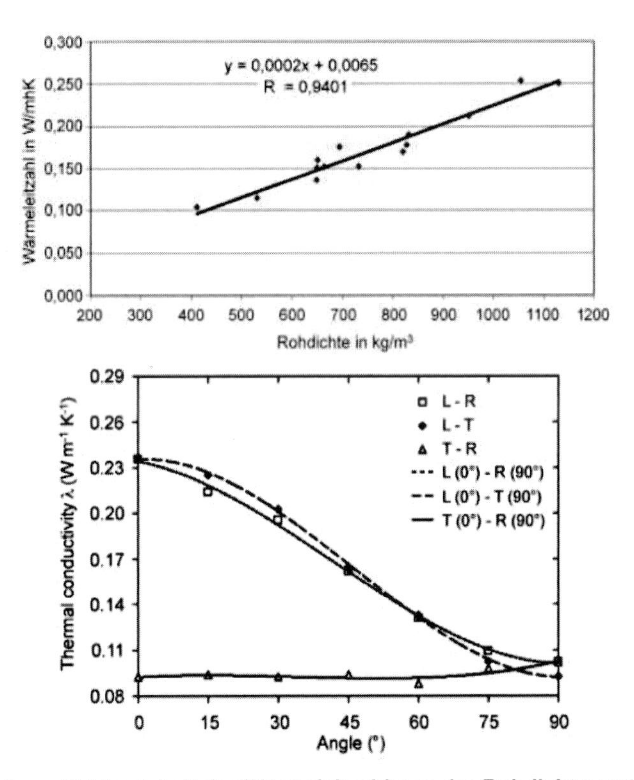

Bild 4-32 oben: Abhängigkeit der Wärmeleitzahl von der Rohdichte; unten: Einfluss des Faser-Last-Winkels und der Jahrringneigung bei ein- und dreischichtigen Massivholzplatten aus Fichte auf die Wärmeleitzahl bei 10 % Holzfeuchte /NIE 2011/

Im hygroskopischen Bereich kann die Berechnung der Wärmeleitzahl senkrecht zur Faserrichtung mit nachstehenden Beziehungen um den Feuchte- und Temperatureinfluss erweitert werden:

$$\lambda_2 = \lambda_1 \cdot [1 - 0{,}0125 \cdot (\omega_1 - \omega_2)]$$

$$\lambda_2 = \lambda_1 \cdot \left[1 - (1{,}1 - 0{,}98 \cdot 10^{-3} \cdot \rho_0) \cdot \left(\frac{t_1 - t_2}{100}\right)\right]$$

Es bedeuten:

ρ_0: Darrrohdichte in kg/m³; λ : Wärmeleitfähigkeit in W/(mK); ω: Holzfeuchte in %; t: Temperatur in °C; Temperaturbereich: –50 ... +100°C

Eine rechnerische Auswertung der vorstehenden Gleichungen führt zu folgenden Erkenntnissen /FOR 2003/:

- Die *spezifische Wärmekapazität* nimmt mit wachsender Holzfeuchte und Temperatur zu. Der Einfluss der Temperatur verringert sich mit steigender Holzfeuchte.
- Die *Wärmeleitfähigkeit* senkrecht zur Faserrichtung steigt mit der Holzfeuchte und der Temperatur linear an. Die Zunahme mit wachsender Rohdichte ist degressiv. Bei hoher Holzfeuchte steigt der Einfluss der Rohdichte an.
- Die Temperaturleitfähigkeit sinkt mit wachsender Holzfeuchte und steigt mit zunehmender Temperatur. Hölzer niedriger Rohdichte weisen eine höhere Temperaturleitfähigkeit auf.

Der Einfluss der anatomischen Richtungen von Holz auf seine Wärmeleitfähigkeit ist ausgeprägt. Annähernd gelten folgende Beziehungen:

$$\lambda_{\parallel} = 2 \cdot \lambda_{\perp} \text{ bzw. } \lambda_r = 1{,}1 \cdot \lambda_t$$

Es bedeuten:

λ : Wärmeleitfähigkeit ||; ⊥: parallel, senkrecht zur Faserrichtung; r,t: radial, tangential

Diesen Zusammenhang verdeutlicht auch Bild 4-32 (unten), wobei die Vielzahl von Einflussgrößen – insbesondere im Verhältnis radial/tangential – in der Literatur teilweise abweichende Ergebnisse erbringt.

Tabelle 4-12: Wärmeausdehnungszahlen ausgewählter Hölzer, nach *VORREITER* /VOR 1946/

Holzart	Wärmelausdehnungszahl in (10^{-6} m / (mK))		
	in Faserrichtung	radial	tangential
Fichte	3,15 ... 3,5	23,8 ... 23,9	32,3 ... 34,6
Ahorn	3,82 ... 4,16	26,8 ... 28,4	35,3 ... 37,6
Birke	3,36 ... 3,57	30,2 ... 32,2	38,3 ... 39,44
Eiche	3,43	28,3	42,3

Auch die Wärmeausdehnung ist von der Holzart, der Rohdichte, den Inhaltsstoffen, der Holzfeuchte, der Faserrichtung und der Temperatur abhängig. Im Allgemeinen steigt die Wärmeausdehnungszahl mit der Rohdichte an. Nach *WEATHERWAX* und *STAMM* kann dabei in einem Temperaturbereich von –60 bis +50° C von folgenden Zusammenhängen ausgegangen werden:

$$\textbf{radial}: \alpha_{wr} = 5 \cdot \rho_0 \cdot 10^{-8} \quad \textbf{tangential}: \alpha_{wt} = 6 \cdot \rho_0 \cdot 10^{-8}$$

Es bedeuten:

α_w: Wärmeausdehnungszahl in m/(mK); ρ_0: Darrrohdichte in kg/m³

In Faserrichtung nimmt die Wärmeausdehnungszahl Werte zwischen 2,5 und $11 \cdot 10^{-6}$ m/(mK) an. Sie beträgt parallel zur Faserrichtung nur einen Bruchteil des Betrags senkrecht zur Faserrichtung (s. Tabelle 4-12). Die Wärmeausdehnung sinkt mit der Holzfeuchte. Für die Veränderung der Wärmelausdehnungszahl parallel und senkrecht zur Faserrichtung können nachstehende Formeln herangezogen werden:

$$\alpha_{w\|,2} = \alpha_{w\|,1} \cdot [1 - k_{\|} \cdot (\omega_2 - \omega_1)] \text{ und}$$

$$\alpha_{w\perp,2} = \alpha_{w\perp,1} \cdot [1 - k_{\perp} \cdot (\omega_2 - \omega_1)]$$

$$\text{mit}: \; k_{\|} = 0{,}02 \ldots 0{,}03 \text{ und } k_{\perp} = 0{,}03 \ldots 0{,}05$$

Die Wärmeausdehnungszahl senkrecht zur Faser kann als arithmetischer Mittelwert von deren von radialem und tangentialem Betrag angenommen werden.

Die Ausdehnung von Holz bei Temperaturzunahme wird von der i. d. R. gleichzeitig stattfindenden Feuchteabgabe überlagert. Bei Abgabe von gebundenem Wasser überwiegt die Schwindung die Wärmeausdehnung deutlich, so dass die Wärmeausdehnung nur bei Temperaturen unter 0° C von gewisser Bedeutung ist.

Holz ist ein thermisch instabiler Werkstoff. Die bei Wärmeeinwirkung ablaufende Zersetzung durchläuft drei Phasen:

- 60 ... 100° C: Verdampfen des physikalisch gebundenen Wassers
- 120 ... 200° C: Auftreten von Farbänderungen, Bildung unbrennbarer Gase (CO_2) durch endotherme Pyrolyse
- 200 ...500° C: Bildung brennbarer Gase und Dämpfe (CO, H_2, CH_4 u.a.) durch exotherme Pyrolyse

Dabei entsteht ein Rückstand an Holzkohle, der als Glutbrand abbrennt, während die flüchtigen Bestandteile einen Flammbrand bewirken können. Die ***relative Brennbarkeit*** von Holz kann mit Hilfe des Sauerstoffindex OI[112] bewertet werden: Je dünner ein Material, umso niedriger der OI und so besser die Brennbarkeit.

Oberhalb einer Dicke von 8 bis 10 mm ist der Sauerstoffindex dickenunabhängig. Sofern sich die Wärmeübergangseigenschaften nicht mehr mit dem Anstieg der Werkstoffdicke ändern, wird das Material als „thermisch dick" bezeichnet. Zur Abschätzung dient nachstehende Formel /RIE 1989/:

$$D_{krit.} \approx 4 \cdot \sqrt{a \cdot t}$$

Es bedeuten:
$D_{krit.}$: kritischer Wert der Dicke in m; a: Temperaturleitzahl in m^2/s; t: Zeit in s

Die einzelnen Holzarten unterscheiden sich hinsichtlich ihres Sauerstoffindex deutlich voneinander; er kann durch die Holzfeuchte beeinflusst werden. Für Fichte gibt *RIETZ* folgende Formel an:

$$OI = 0{,}0018 \cdot \omega + 0{,}242$$

Es bedeuten:
OI: Sauerstoffindex; ω: Holzfeuchte in % (Gültigkeitsbereich: 0 ... 25 % Holzfeuchte)

[112] DIN EN ISO 4589 Kunststoffe – Bestimmung des Brandverhaltens durch den Sauerstoff-Index.

Das Brandverhalten wird durch die Verkohlung bestimmt. Die Wärmeleitfähigkeit von Holzkohle beträgt etwa zwei Drittel der Wärmeleitfähigkeit von Holz. Die Verkohlungsgeschwindigkeit beträgt nach *CONT* 0,4 bis 0,8 mm/min und ist größer als die Abbrenngeschwindigkeit (ca. 5 cm/h bei Nadelholz). Daraus resultiert der Feuerwiderstand von Holzbalken. Hinsichtlich der einzelnen Holzarten gilt für den Feuerwiderstand folgende Reihung:

Esche > Buche > Eiche > Birke > Lärche > Kiefer > Fichte > Tanne

4.2.5 Akustische Eigenschaften

Schallwellen entstehen im Holz in Verbindung mit Krafteinwirkungen. Die entsprechenden elastischen Verformungen breiten sich im Werkstoff durch ihre Übertragung von Volumenelement zu Volumenelement aus.

Tabelle 4-13: Schallgeschwindigkeit ausgewählter Hölzer, nach *VORREITER, KOLLMANN und GÖHRE*

Holzart	Schallgeschwindigkeit c in m/s	
	parallel zur Faserrichtung	senkrecht zur Faserrichtung
Fichte	4790	1072
Kiefer	4760	932
Tanne	4890	1033
Ahorn	3826	1194
Buche	4638	1420
Eiche	4304	1193

Damit ist die Schallgeschwindigkeit abhängig von der Holzart, deren Struktur (Faserlänge, Faserrichtung, Jahrringbau, Porenraum), der Holzfeuchte, der Temperatur sowie der Frequenz der Schallwellen. Parallel zur Faserrichtung ist die Schallgeschwindigkeit etwa drei- bis viermal so groß wie senkrecht zu ihr (s. Tabelle 4-13). Je größer das Verhältnis der Schallgeschwindigkeiten $c_{\parallel} : c_{\perp}$ zueinander, umso besser eignet sich das Holz als Klangholz, wobei für dessen Beurteilung ein einzelner Parameter nicht ausreicht.[113]

[113] In der Literatur werden dazu weitere Eigenschaften wie Fehlerfreiheit, gleichmäßiger Jahrringverlauf, Langfaserigkeit, geringe Rohdichte, optimaler Spätholzanteil (10–25 %) und hoher Elastizitätsmodul genannt. Siehe z. B. /PFR 2007/.

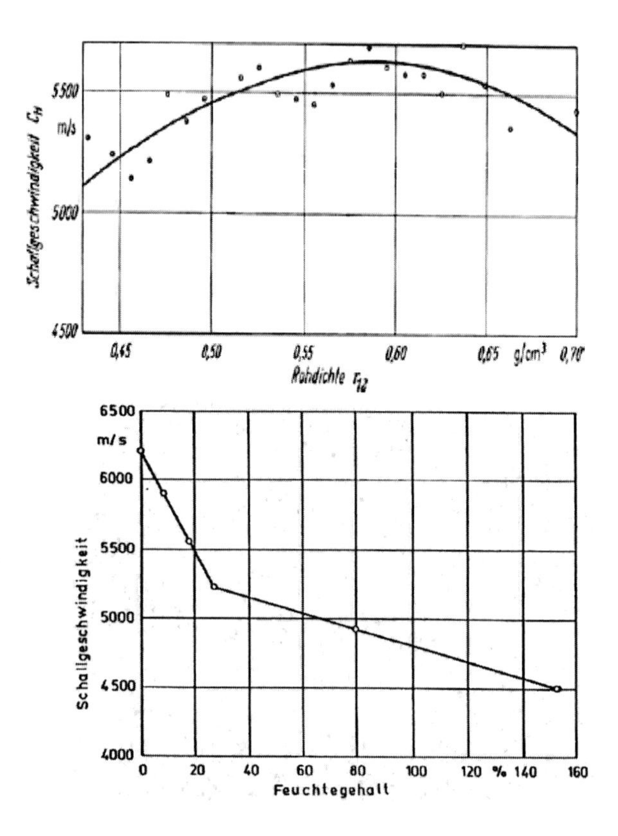

Bild 4-33 Abhängigkeit der Schallgeschwindigkeit von Rohdichte (oben) und Holzfeuchte (unten) bei Kiefer /BUR 1965/

Der Einfluss der Rohdichte auf die Schallgeschwindigkeit ist stark holzartenabhängig. Für einheimische Hölzer ist zunächst ein Anstieg zu verzeichnen, der sich oberhalb eines Scheitelpunkts umkehrt (s. Bild 4-22 oben). Im hygroskopischen Bereich nimmt die Schallgeschwindigkeit parallel zur Faser stark ab. Mit Erreichen des Fasersättigungsbereichs verläuft der Abfall weniger steil und nähert sich bei sehr großer Holzfeuchte asymptotisch dem Wert von Wasser (1435 m/s) an. In Faserrichtung ist die Schallausbreitung durch die Zellorientierung begünstigt. Senkrecht dazu erschwert der strukturelle Aufbau die Schallausbreitung.

Die Abhängigkeit der Schallgeschwindigkeit vom Faserverlauf lässt sich mit der im Abschnitt 4.2.3, S. 161 angegebenen Formel berechnen, wobei der Koeffizient n den Wert 1,7 annimmt. Langfaseriges Holz erlaubt höhere Schallgeschwindigkeiten, da deren langgestreckte Zellwände an den Verbindungsstellen nur geringe Richtungsabweichungen aufweisen /BUR 1965/.

4.2.6 Elektrische Eigenschaften

Stoffe sind dann elektrisch leitfähig, wenn sie über bewegliche Ladungsträger verfügen. So kann die Leitfähigkeit von reinem Wasser durch den Zusatz von Salzen, die in wässriger Lösung Ionen freisetzen, um ein Vielfaches erhöht werden. Nach einem solchen Ionenmechanismus wird elektrischer Strom im Holz geleitet. Die vorhandenen wasserlöslichen Mineralsalze dissoziieren und können so zum Träger elektrischen Stroms werden. Damit lässt sich die ***Leitfähigkeit*** von Holz mit folgender Formel ausdrücken:

$$\kappa = \sum_i e_i \cdot n_i \cdot k_i$$

Es bedeuten:
κ: elektrische Leitfähigkeit; e_i: elektrische Ladung; n_i: Dichte der freien Ladungsträger; k_i: Beweglichkeit der freien Ladungsträger

Die Leitfähigkeit erhöht sich damit zwangsläufig, wenn die Beweglichkeit der Moleküle und die chemischen Gruppen zunehmen, die die Dissoziation steigern. Bei zunehmender Temperatur und damit einhergehender größerer Molekülbeweglichkeit ist die Wahrscheinlichkeit des Zerfalls der Bindungen zwischen den Ionen größer (Bild 4-35). Wasser selbst verfügt über eine hohe relative Permittivität (80) und dissoziiert vorhandene Mineralsalze. Durch die Quellung kommt es zu Verschiebungen der Zellulosemoleküle und in der Folge zur Verlagerung elektrischer Ladungsträger. Im hygroskopischen Bereich besteht nach *STAMM* (zitiert in /WOJ 1981/) folgender linearer Zusammenhang:

$$\log \kappa = a \cdot \omega - C$$

Es bedeuten:
κ: elektrische Leitfähigkeit; ω: Holzfeuchte; a,C: Konstanten mit a=0,2 und C=11,5

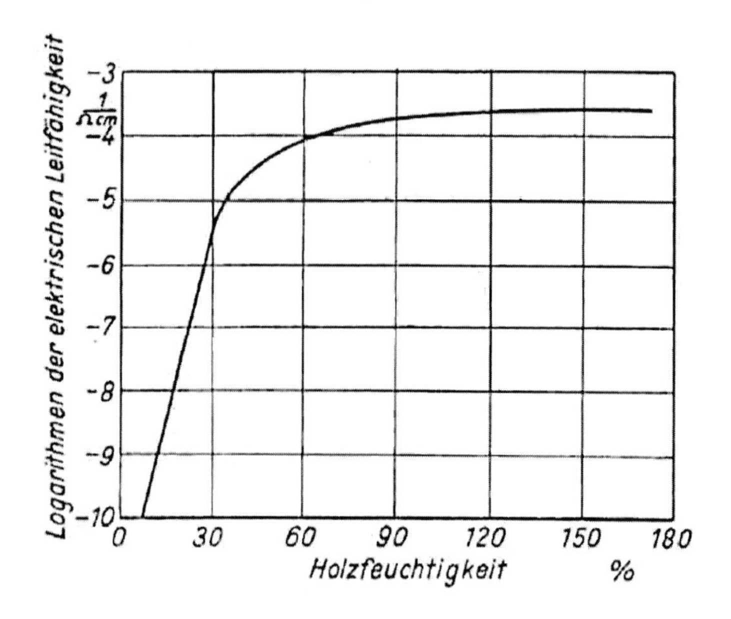

Bild 4-34 Abhängigkeit des elektrischen Leitwerts von der Holzfeuchte, nach *STAMM*

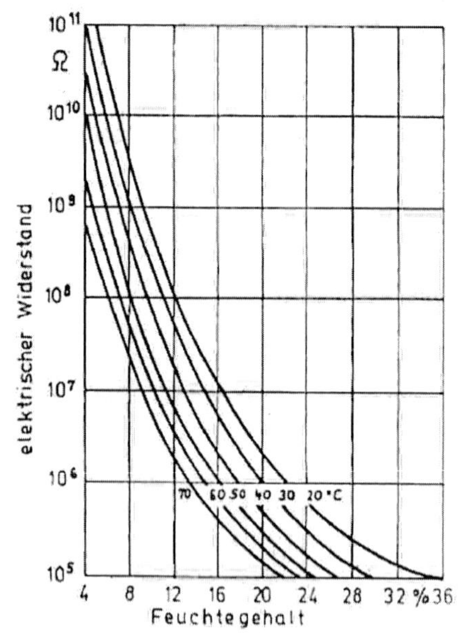

Vom darrtrockenen Zustand bis zum Fasersättigungsbereich wächst die elektrische Leitfähigkeit um das 10^8-Fache, von da bis zur Wassersättigung nur noch um das fünf- bis zwanzigfache. Allgemein ist die elektrische Leitfähigkeit parallel zur Faserrichtung etwa doppelt so groß wie senkrecht zu ihr. Porenraum, Rohdichte und Inhaltsstoffe beeinflussen die Leitfähigkeit ebenfalls. Durch Behand-

Bild 4-35 Einfluss von Feuchte und Temperatur auf den elektrischen Widerstand, nach *KEYLWERTH* /NIE 1993/

lung mit Chemikalien (z. B. Polystyren) kann die Leitfähigkeit deutlich beeinflusst werden.

In einem Feuchtebereich von 6 bis 18 % lässt sich für verschiedene Holzarten[114] bei einem Stromfluss senkrecht zur Faserrichtung der spezifische ***elektrische Widerstand*** nach *NUSSER* mit folgender Beziehung berechnen:

$$\log \rho = -0{,}32 \cdot \omega + 13{,}25 \text{ bzw. } \rho = 1{,}78 \cdot 10^{13} \cdot e^{-0{,}736 \cdot \omega}$$

Es bedeuten:
ρ: spezifischer elektrischer Widerstand in Ω·cm; ω: Holzfeuchte in %

Trockenes Holz verfügt über eine hohe Durchschlagfestigkeit,[115] die bei ca. 28 kV/5 mm liegt.

Die ***Permittivität*** von Holz erlaubt dessen rasche Erwärmung. Ausschlaggebend dafür sind die Frequenz des elektrischen Wechselfelds, die relative Permittivität sowie der Verlustwinkel. Wie aus Bild 4-36 ersichtlich, steigt die relative Permittivität von Holz mit der Rohdichte (ε_H der Zellwand≈4,5) und der Holzfeuchte. Sie ist quer zur Faserrichtung um etwa 70 bis 80 % höher als parallel zu ihr. Bei Holzfeuchten um 100 % nähert sich die relative Permittivität der von Wasser (81,6).

Tabelle 4-14: Relative Permittivität nach Schnittrichtung, nach *KRÖNER* /KOL1951/

Holzart	Relative Permittivität		
	längs	radial	tangential
Fichte	3,06	1,98	1,91
Buche	3,18	2,20	2,40
Eiche	2,86	2,30	2,46

Die Abhängigkeit der Permittivität von der Schnittrichtung zeigt Tabelle 4-13. Niedrigere Werte in radialer Richtung gegenüber der tangentialen Richtung erklären sich aus der Orientierung der Holzstrahlen. Der Unterschied der zwischen relativen Permittivität bei Früh- und Spätholz beträgt weniger als 1 %, die der Holzstrahlen ist gegenüber Holz um 7 bis 8 % niedriger.

[114] Eiche, Buche, Ahorn, Kirsche, Kastanie, Kiefer, Fichte, Tanne, Mahagoni.
[115] Die Durchschlagfestigkeit entspricht einer elektrischen Feldstärke, oberhalb derer es zu einem Spannungsdurchschlag (Lichtbogen) kommt.

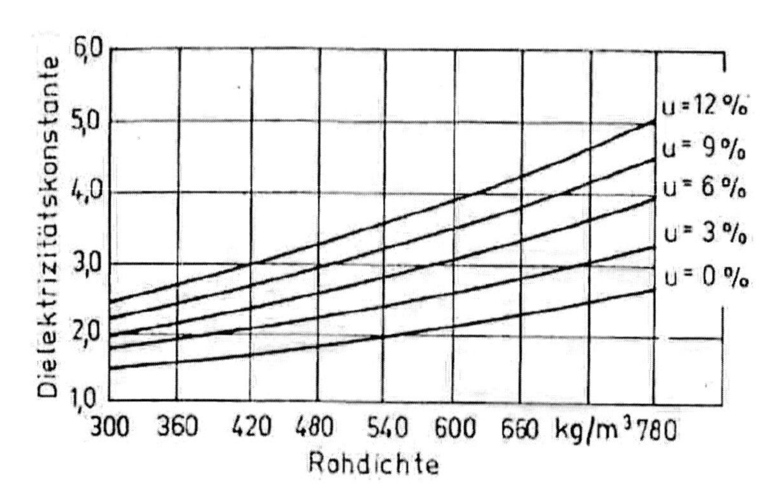

Bild 4-36 Einfluss von Feuchte und Rohdichte auf die relative Permittivität (Dielektrizitätskonstante), nach *UGOLEV* /NIE 1993/

Rechnerisch ist es möglich, den Grad der Wirksamkeit der einzelnen Einflussgrößen auf die dielektrischen Eigenschaften darrtrockenen Holzes im industriell genutzten Frequenzbereich zu berechnen. Dazu kann die komplexe Permittivität genutzt werden:

$$\varepsilon^* = \varepsilon^{|} - i \cdot \varepsilon^{||} = \varepsilon^{|} \cdot (1 - i \cdot \tan\delta)$$

Es bedeuten:
$\varepsilon^{|}$: realer Teil der komplexen Permittivität; $\varepsilon^{||}$:komplexer Teil der komplexen Permittivität (Verlustfaktor); tanδ: Verlustwinkel; $i = 3 \cdot \sqrt{-1}$

Unter Einbeziehung von Frequenz, Rohdichte[116] und Temperatur lassen sich die Zusammenhänge wie folgt beschreiben / TOR 1990/:

$$\varepsilon^{|} = \varepsilon^{|}_{20} \cdot \left[1 + k^{t}_{\varepsilon|} \cdot (T - 293)\right] \text{ bzw.}$$

$$\tan\delta = \tan\delta_{20} \cdot \left[1 + k^{t}_{\tan\delta} \cdot (T - 293)\right]$$

Es bedeuten:
$\varepsilon^{|}_{20}$: Permittivität bei 20° C; $k^{t}_{\varepsilon|}$: Temperaturkoeffizient (s. Tabelle 4-15); T: absolute Temperatur in K; $\tan\delta_{20}$: Tangens des Verlustwinkels bei 20° C; $k^{t}_{\tan\delta}$: Temperaturkoeffizient

---

[116] Für Hölzer der Rohdichte 0,7 g/cm³ sinkt die Permittivität bei 20° C von 3,0 annähernd linear über den Frequenzbereich von 1 ... 10^{12} Hz auf 2,0, bei 0,6 g/cm³ von 2,5 auf 1,9 und bei 0,5 g/cm³ von 2,25 auf 1,75 ab.

Tabelle 4-15: Mittelwerte der Temperaturkoeffizienten der relativen Permittivität, nach *TORGOVNIKOV*

Temperaturbereich	Koeffizient zur Faserrichtung	Maßeinheit	Frequenz in Hz		
			$10^2 \ldots 10^7$	$10^7 \ldots 3\cdot10^9$	$3\cdot10^9 \ldots 10^{11}$
-40 ... +20 °C	senkrecht	$10^{-3}\ K^{-1}$	1,5	1,0	1,0
	parallel		2,3	1,5	1,5
+20 ... +100°C	senkrecht		2,5	1,5	1,0
	parallel		3,8	2,2	1,5

Für Erwärmungsprozesse von Holz im hochfrequenten Wechselfeld sind seine dielektrischen Eigenschaften ausschlaggebend. Diese werden durch das Produkt $\varepsilon' \cdot \tan\delta$ charakterisiert, das einen möglichst hohen Wert annehmen sollte.

4.2.7 Emissionen

Die nachfolgenden Ausführungen beschränken sich auf die Formaldehyd-Abgabe, zu der in der Literatur zahlreiche Untersuchungen vorliegen. Sie ist je nach der Holzart (s. Tabelle 4-16) sowie den Verarbeitungsprozessen stark veränderlich. Sowohl die Schnittrichtung als auch das Vorhandensein von Kern- bzw. Splintholz bewirken Veränderungen im Vermögen, Formaldehyd abzugeben, was auf das Vorhandensein unterschiedlicher Extraktstoffe zurückgeführt wird /ROF 2013/.

Die Lagerung des Holzes reduziert die Emission deutlich. So konnte für Kiefer bei einer 29-wöchigen Lagerung von Hackschnitzeln eine Senkung auf ca. 15 % beobachtet werden /ROF 2011/. Eine Wärmebehandlung von Holz vergrößert die Menge abgegebenen Formaldehyds. Dies kann sowohl bei der Produktion von Thermoholz (TMT) als auch beim thermomechanischen Aufschluss mit steigender Holzaufschlusstemperatur beobachtet werden.

Tabelle 4-16: Formaldehyd-Abgabe verschiedener Hölzer, nach *MEYER* und *BOEHME*

Holzart	Feuchte in %	Prüfung in der 1-m³-Kammer		Gasanalyse-wert in µg HCHO/ (h m²)	Perforator-wert in µg HCHO/ 100g atro	Flaschenwert in µg HCHO/ 100g atro	
		Prüfdauer in h	Formaldehyd-konzentration in ppb[117]			3 h	24 h
Buche	53	360	2	114	359	2	22
	7	336	3	34	155	8	12
Douglasie	117	384	4	397	517	4	55
	9	240	5	82	207	6	75
Eiche	63	360	9	431	597	17	80
	8	360	4	51	188	6	44
Fichte	42	384	3	133	334	2	9
	7	336	4	71	277	19	132
Kiefer	134	240	3	195	217	2	18
	8	360	5	86	233	16	80

[117] 1 ppb = 0,1 ppm ≈1,25 µg/m³ bei 20° C und 1013 hPa.

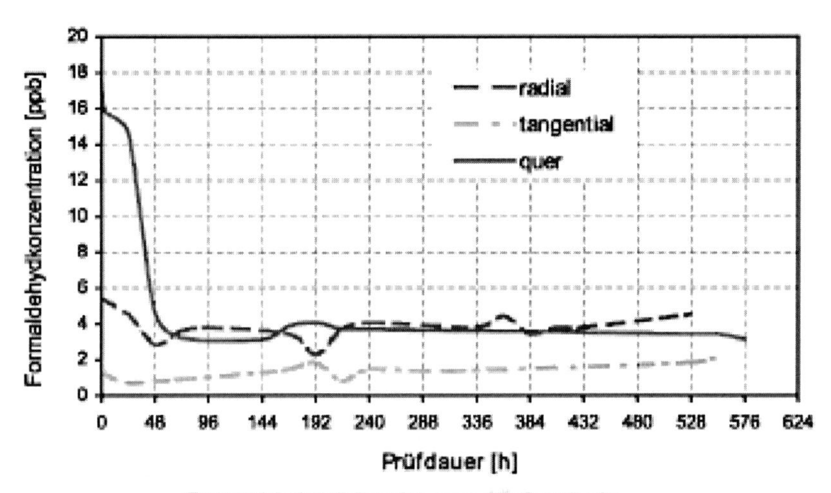

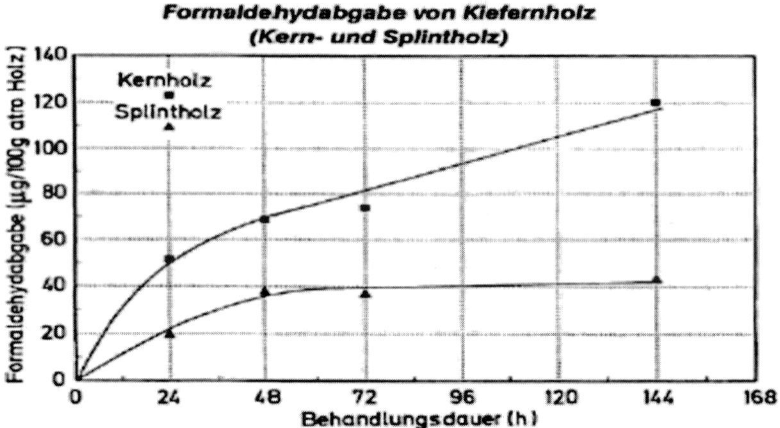

Roffael, E. 1975: Holz-Zentralblatt 101: 1403–1404

Bild 4-37 Einfluss der Schnittrichtung, nach *BOEHME, MEYER* und *ROFFAEL,* sowie von Kern- und Splintholz, nach *PRASETYA* /ROF2013/

4.3 Spezielle Anwendungen

4.3.1 Massivholzplatten

Massivholzplatten bestehen definitionsgemäß aus Holzstücken (Lamellen), die an ihren Schmalseiten und, falls mehrlagig, auch an den Breitseiten miteinander verklebt sind.[118] Die Lamellen (Lamellendicke: 3 ... 10 mm; Breite ≥ 25 mm) können über die ganze Plattenlänge ungeteilt (Typ NC) oder in der Länge gestoßen sein (Typ SC). In diesem Fall erfolgt die Verbindung über eine Verklebung bzw. Keilzinkung.

Als Klebstoffe werden für den Möbel- und Innenausbau (Trockenbereich) bevorzugt PVAc-Leime sowie Phenolharze und Melamin-Harnstoff-Formaldehydharze für den Feucht- und Außenbereich verwendet.[119] Neben den Klebstoffeigenschaften beeinflussen deren Abbindeverhalten und die Auftragsmenge sowohl die Feuchtebeständigkeit als auch die Bindefestigkeit der Verklebung.

Bild 4-38 Dreischichtige Massivholzplatte /AGH 2001/

Massivholzplatten können ein- oder mehrlagig (z. B. drei oder fünf Schichten) ausgeführt werden. Mehrlagige Platten weisen zwei in Faserrichtung parallel verlaufende Decklagen und mindestens eine zur Faserrichtung der Decklage um 90° versetzte Innenlage auf (s. Bild 4-38). Die Mittellage kann als Stabmittellage (Stabdicke <40 mm, Breite < 80 mm) oder Brettmittellage (Brettdicke: 10 mm ≤ Dicke < 40 mm; Breite > 80 mm) ausgebildet sein.

Die kreuzweise Anordnung und der schichtweise Aufbau erlauben eine Einstellung der Platteneigenschaften in weiten Grenzen. Dies führt zu geringerem Verzug (Formstabilität) und höheren Steifigkeiten. Aus dem

---

[118] DIN EN 12775 (2001) Massivholzplatten – Klassifizierung und Terminologie.

[119] In der Schweiz ist der Einsatz von polymeren Diisocyanat-Klebstoffen (PMDI) üblich.

Plattenaufbau und den Biegeelastizitätsmodulen der einzelnen Lagen kann der resultierende Gesamt-E-Modul der Platte vorausberechnet werden (s. Tabelle 4-17).

Tabelle 4-17: Berechnung von E-Modul und Biegefestigkeit dreischichtiger Massivholzplatten, nach *NIEMZ* /NIE 2010/ und *TOBISCH* /TOB 2007/

Parallel zur Faserrichtung der Deckschicht	Senkrecht zur Faserrichtung der Deckschicht
$E_{m,0} = E_0 \cdot \gamma_0$	$E_{m,90} = E_0 \cdot \gamma_{90}$
Modellansatz 1[120]: $\gamma_0 = \frac{h_{Pl}^3 - h_{Mi}^3}{h_{Pl}^3}$	$\gamma_{90} = \frac{h_{Mi}^3}{h_{Pl}^3}$
Modellansatz 2: $\gamma_0 = \frac{h_{Pl}^3 - \left(1-\frac{E_{90}}{E_0}\right) \cdot h_{Mi}^3}{h_{Pl}^3}$	$\gamma_0 = \frac{\frac{E_{90}}{E_0} \cdot h_{Pl}^3 + \left(1 - \frac{E_{90}}{E_0}\right) \cdot h_{Mi}^3}{h_{Pl}^3}$
$\sigma_{b,0} = \sigma_0 \cdot \left[1 - \left(1 - \frac{E_{90}}{E_0}\right) \cdot \frac{h_{Mi}^3}{h_{Pl}^3}\right]$	$\sigma_{b,90} = \sigma_0 \cdot \frac{h_{Pl}}{h_{Mi}} \cdot \left[\frac{E_{90}}{E_0} + \left(1 - \frac{E_{90}}{E_0}\right) \cdot \frac{h_{Mi}^3}{h_{Pl}^3}\right]$

Es bedeuten:
$h_{Pl; Mi}$: Dicke der Dreischichtplatte bzw. der Mittelschicht
$E_{0; 90}$: E-Modul einer Einzelschicht parallel bzw. senkrecht zur Faserrichtung
$E_{m,0; m,90}$: E-Modul eines Mehrschichtquerschnitts parallel bzw. senkrecht zur Faserrichtung
$\gamma_{0; 90}$: Faktor parallel bzw. senkrecht zur Faserrichtung der Deckschicht
$\sigma_{b\,0,90}$: Biegefestigkeit der Platte parallel bzw. senkrecht zur Faserrichtung

Die Festigkeitseigenschaften werden wesentlich vom Verhältnis der Dicke der Decklage zur Plattendicke bestimmt. Nach *KRUG* wird diese Kennziffer als Lamellenverhältnis bezeichnet.

$$R_L = \frac{2 \cdot h_{De}}{h_{Mi}}$$

Es bedeuten: R_L: Lamellenverhältnis; $h_{De,\,Mi}$: Dicke der Deck- bzw. Mittellage

Mit steigendem Lamellenverhältnis werden parallel zur Faserrichtung der Decklage (Hauptachse) höhere Werte der Biege-, Zug- und Druckfestigkeit erreicht. Ein steigender Anteil der Mittellage am Querschnitt führt zu sinkenden Biegefestigkeitswerten parallel zur Faserrichtung der Decklage und senkrecht dazu zu einer Erhöhung /TOB 2000/, /STE 2004/. Bei einem kritischen Lamellenverhältnis (0,43…0,5) kehren sich die Verhältnisse um und es wird senkrecht zur Faserorientierung der Decklage eine höhere Biegefestigkeit erreicht. Für die Lamellenbreite konnte kein Ein-

[120] Modellansatz 1: Sperrholzanalogie, Modellansatz 2: modifizierte Sperrholzanalogie, s. /NIE 2010/.

fluss auf die Festigkeit nachgewiesen werden. Mit abnehmendem Lamellenverhältnis steigt die Kriechzahl in der Hauptachse an.

Das Sorptionsverhalten von Massivholzplatten ist annähernd dem der eingesetzten Holzart. Die Quellung wird durch den Absperreffekt beeinflusst. So ist die Längsquellung in Plattenebene in Faserrichtung etwas höher als bei Vollholz und senkrecht zur Faserrichtung deutlich geringer.

Die Wärmeleitfähigkeit liegt senkrecht zur Faserrichtung annähernd im Bereich von Vollholz. Sie kann aus der Wärmeleitfähigkeit der einzelnen Schichten abgeschätzt werden:

$$\lambda_{Pl} = \frac{h_{Pl}}{\sum \frac{h_i}{\lambda_i}}$$

Es bedeuten: $\lambda_{Pl;\,i}$: Wärmeleitfähigkeit der Platte bzw. der Lage i; $h_{Pl;\,i}$: Dicke der Platte bzw. Lage i

Tabelle 4-18 gibt einen Überblick der Eigenschaftsbereiche.

Tabelle 4-18: Ausgewählte Eigenschaften dreilagiger Massivholzplatten

Rohdichte in kg/m³	Wärmeleitfähigkeit in W/(mK)	Differentielle Quellung in %/%		Biege-E-Modul senkr. zur Plattenebene in N/mm²	
		parallel zur Faser	senkrecht zur Faser	Hauptachse	Nebenachse
400...500	0,09...0,14	0,01...0,02	0,01...0,02	3.500... 11.000	800 ... 4.500

4.3.2 Thermoholz/TMT[121]

Definitionsgemäß handelt es sich bei thermisch modifiziertem Holz um Hölzer, die einer Behandlung bei hohen Temperaturen von i. d. R. über 160° C bei reduzierter Sauerstoffkonzentration unterzogen und bei denen wesentliche Eigenschaften über den gesamten Holzquerschnitt dauerhaft verändert werden.[122] Die dazu angewendeten Hauptverfahren sind in Tabelle 4-19 zusammengestellt (s. a. /SCW 2008/).

[121] TMT: Thermally Modified Timber.

[122] CEN/TS 15679 (2008): Thermisch modifiziertes Holz – Definitionen und Eigenschaften.

Die wesentlichen durch die Hitzebehandlung erreichten Eigenschaftsveränderungen bestehen in der Verringerung der Quellung bzw. Schwindung sowie der Gleichgewichtsfeuchte um bis zu 50 % (s. Bild 4-39), der Veränderung der mechanischen Eigenschaften (Verschlechterung von Biegefestigkeit und Bruchschlagarbeit), einer durchgehend dunklen Verfärbung,[123] der selektiven Erhöhung der Resistenz gegen holzzerstörende Pilze sowie einem Masseverlust und damit verbunden niedrigeren Rohdichten. Diese Wirkungen lassen sich mit chemischen Veränderungen im Holz, wie dem Abbau von Hemizellulosen (Reduktion der Anzahl der Hydroxylgruppen) und dem Umbau funktioneller Gruppen des Lignins begründen (s. z. B. /PFR 2007/).

Weiterhin führt die Hitzebehandlung zu strukturellen Veränderungen in der Porenverteilung (sinkender Anteil kleiner Poren und damit einhergehend Abnahme der inneren Oberfläche des Holzes) und zu Rissen in den Zellwänden. Die Farbänderung eignet sich als Weisermerkmal für die Intensität aller eintretenden Eigenschaftsänderungen, die mit zunehmender Verfärbung ausgeprägter werden.

Die durchgehende Modifizierung der Eigenschaften über den gesamten Querschnitt ist insbesondere für schwer zu tränkende Hölzer vorteilhaft. Die Ergebnisse der Behandlung werden durch die Holzart, die Holzfeuchte, die Art und die Effektivität der Sauerstoffreduktion in der Prozessatmosphäre sowie die Höhe der Temperatur bestimmt. Grundsätzlich nimmt die Dauerhaftigkeit mit der Expositionsdauer sowie der Höhe der Hochtemperaturphase zu, während sich die Festigkeitswerte tendenziell verringern. TMT verschiedener Hersteller verfügen deshalb über unterschiedliche Eigenschaftsportfolios.

Thermoholz ist wesentlich spröder als natives Holz. Dies führt zu den bereits beschriebenen Festigkeitsverlusten, die sich auch in veränderten Bruchbildern ausdrücken. Der Biegeelastizitätsmodul nimmt durch die Wärmebehandlung zunächst leicht ab, um ab einem Grenzwert weitgehend konstant zu bleiben.

[123] Die dunkle Färbung ist gegen UV-Einfluss nur wenig beständig.

Tabelle 4-19: Grundverfahren zur Herstellung von Thermoholz

Verfahrensgruppe	Verfahrensprinzip	Verfahrensbeispiel
Einstufiges Wasserdampfverfahren	Behandlung des Holzes unter Atmosphärendruck in einer Umgebung aus Wasserdampf und im Prozess freigesetzten Holzgasen 1. Trocknung in einer Aufheizphase 2. Absenkung des Sauerstoffgehalts der Luft auf < 3 % durch Einblasen von Wasserdampf 3. Hitzebehandlung bei 160 ... 250° C	ThermoWood-Verfahren, Perdure-Verfahren, Mahild-Verfahren, Stellac-Verfahren
Feuchte-Wärme-Druck-Verfahren	Erhitzen von feuchtem Holz unter Druck 1. Erhitzen und Plastifizierung bei 160...190° C in Sattdampfatmosphäre bei erhöhtem Druck (bis 1,6 MPa) im Autoklaven 2. Trocknung auf Holzfeuchte von ca. 10 % (3–4 Tage) 3. Hochtemperaturbehandlung bei 170 ... 190° C für 14 bis 16 Stunden	Plato-Verfahren[124], Bicos-Verfahren
Öl-Hitze-Behandlung	Erhitzen von trockenem Holz in einem Ölbad, das eine gleichmäßige Durchwärmung bei Ausschluss von Luftsauerstoff bewirkt. 1. Erhitzen in einem Pflanzenölbad auf 180 ... 240°C 2. 2 bis 4 Stunden Hochtemperaturbehandlung	Oil-Heat-Treatment OHT
Inertgas-Verfahren	Behandlung des Holzes in einer Inertgas-Atmosphäre (Stickstoff) unter erhöhtem Druck für 8 bis 10 Stunden 1. schrittweises Erhitzen auf 210...240° C 2. Durchwärmung des Holzquerschnitts nach der Trocknung (Stabilisierungsphase) 3. Erhitzen auf Vergütungstemperatur	Rectification, Baladur

Tabelle 4-20 Eigenschaften industriell wärmebehandelter Buche, nach *NIEMZ*

Behandlungsgrad	Rohdichte in g/cm³	Holzfeuchte in %	Biegefestigkeit in N/mm²	Biege-E-Modul in N/mm²	BRINELL-Härte (radial) in N/mm2
Unbehandelt	0,738	10,9	132,8	13.140	42,4
Stufe II	0,692	9,1	76,7	11.092	34,6
Stufe III	0,656	8,7	53,8	11.776	20,5

[124] Plato: Providing Lasting Advanced Timber Option.

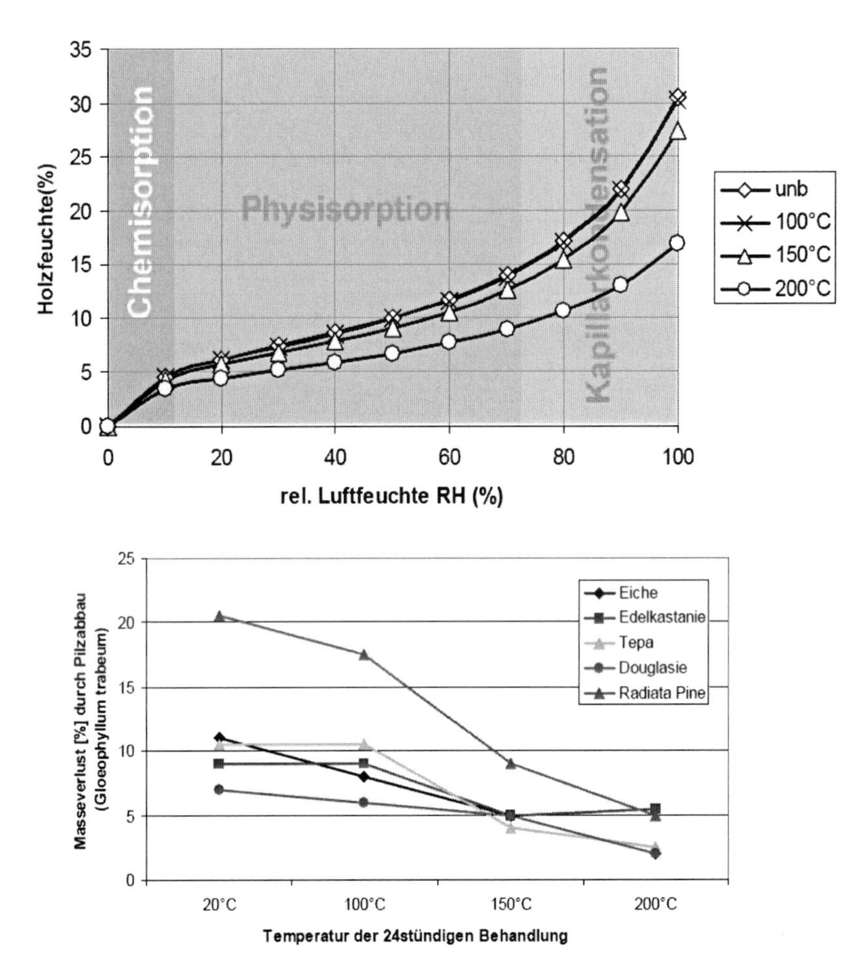

Bild 4-39 oben: Sorptionsisotherme von Pinus radiata bei unterschiedlichen Temperaturbehandlungen; unten: Verringerung des Pilzabbaus /NIE 2007/

Tabelle 4-21 Wärmeleitfähigkeit von thermisch behandeltem und unbehandeltem Holz /WET 2011/

Holzart/Behandlung	Wärmeleitfähigkeit in W/mK	Rohdichte in kg/m³	Holzfeuchte in %
Buche unbehandelt	0,158	713	10,9
Buche TMT	0,136	620	5,7
Esche unbehandelt	0,143	629	10,6
Esche TMT	0,120	574	5,2
Pappel	0,076	344	11,8
Pappel TMT	0,075	372	5,2

4.3.3 Weitere Holzmodifikationen

Pressen

Mit der Verdichtung der Holzstruktur durch Pressen geht eine Reduktion der Zellhohlräume einher. Dies führt zu einer Änderung der Holzeigenschaften (s. a. Abschn. 4.2.1). Primär sind davon Rohdichte, Festigkeit, Härte sowie Quellen und Schwinden betroffen. Ihre Werte erhöhen sich zum Teil um ein Mehrfaches gegenüber nicht modifiziertem Holz (s. Tabelle 4-22). Die technische Umsetzung erfolgt in einem Temperaturbereich von 130 bis 160° C und bei einem Druck von bis zu 30 MPa auf einen Verdichtungsgrad bis zu ca. 0,5.[125]

Die optimale Holzfeuchte liegt bei 10 %. Niedrigere Werte bewirken eine schlechte Durchwärmung, deutlich höhere Werte können zu Dampfexplosionen der Holzzellen führen. Dünnwandige Zellen werden stärker deformiert als dickwandige. Besonders geeignet sind Hölzer mit geringen Unterschieden zwischen Früh- und Spätholz, wie zerstreutporige Laubhölzer, aber auch Nadelhölzer. Feuchte-Einwirkung führt zu einer Umkehrung des Verdichtungsprozesses („spring-back effect“).

Die Quellung je Prozent Holzfeuchte-Änderung vergrößert sich deutlich. Die dielektrischen Eigenschaften (relative Permittivität, Verlustwinkel) steigen mit zunehmendem Verdichtungsgrad im Frequenzbereich von 5

[125] Verdichtungsgrad: Quotient von Ausgangsdicke abzüglich der Enddicke, bezogen auf die Ausgangsdicke.

bis 25 MHz linear an. Gleichzeitig wird ihre Anisotropie geringer. Bei Untersuchungen an Rotbuche verringerte sich die Anisotropie der relativen Permittivität bis zu einem Verdichtungsgrad von 0,5 kontinuierlich, was auf die abnehmende Wirksamkeit der Holzstrahlen zurückgeführt werden kann /RAF 1966/.

Tabelle 4-22 Eigenschaften von Pressvollholz */HAM 2010/*

	Rohdichte in g/cn³	Zugfestigkeit in N/mm²	Biegefestigkeit in N/mm²	Biege-E-Modul in N/mm²
Fichte Verdichtungsgrad: 0	0,39 ... 0,42	70	85	12.500
Fichte Verdichtungsgrad: 0,5	0,80 ... 0,90	180	170	20.300

Nach Verdichten senkrecht zur Faserrichtung bei ca. 140° C und 5 MPa um 30 % und anschließendem Verkleben der Lamellen kann Vollholz im Anschluss unter Wärme und Feuchteeinfluss in einer Formpresse unter Nutzung der durch den Verdichtungsprozess entstandenen Verformungsreserven geformt werden (s. Bild 4-40). Sowohl Nadel- als auch Laubholz sind für diesen Prozess geeignet.

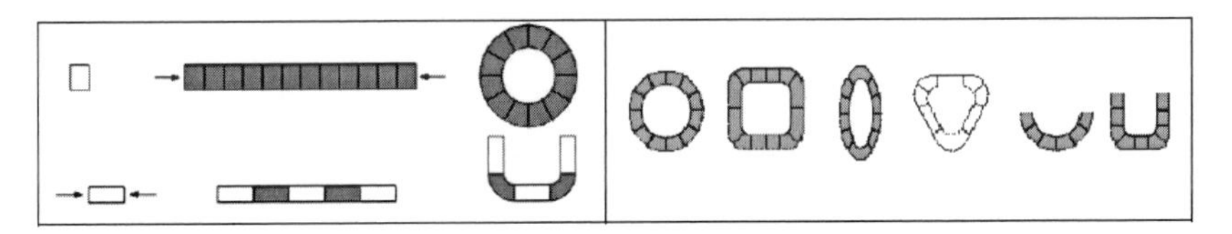

Bild 4-40 Schema der Formholzherstellung (links) und mögliche Querschnittformen /HAL 2010/

Stauchen

Die Herstellung erfolgt, indem das Holz, z. B. durch Dämpfen, plastifiziert und im Anschluss in Faserrichtung mit einer Kraft, die ca. 80 bis 90 % der Druckfestigkeit des Holzes entspricht, gestaucht wird. Zerstreutporige Laubhölzer eignen sich besser als ringporige, da letztere an der Jahrringgrenze Zonen geringerer Festigkeit aufweisen, die zu Rissen bei der Verformung führen können.

Mit der Methode ist eine Verringerung der Festigkeitseigenschaften verbunden. Für die Umsetzung ist eine Holzfeuchte oberhalb 15 % erforderlich, wobei das Werkstück unter Formzwang auf Feuchten unter 6 % getrocknet werden muss.

Tränken (Einlagerung von Substanzen mit chemischer und ohne chemische Reaktion)

Mit dieser Art der Holzmodifikation werden ein verändertes Sorptionsverhalten, eine Erhöhung der Dimensionsstabilität, höhere Beständigkeit gegenüber Pilzen und Insekten sowie eine Veränderung der mechanischen Eigenschaften angestrebt. Bild 4-41 gibt einen Überblick der möglichen Modifikationsarten.

Die Füllung der Zelllumina erfolgt zum einen mit Ölen, Wachsen oder Paraffinen, die das Holz wasserabweisender machen bzw. die Wasseraufnahme verzögern. Dadurch verringert sich u. a. die Rissneigung. Hydrophobierungseffekte werden zum anderen durch die Einlagerung von Kunststoffen (z. B. Polymethylacrylat) erzielt.

Die Wirkung basiert auf der Verringerung des Porenvolumens, wodurch sich die aufgenommene Wassermenge reduziert, ohne jedoch die hygroskopischen Eigenschaften der Holzbestandteile zu verändern. Die Modifikation bewirkt eine Erhöhung der Druckfestigkeit und der Oberflächenhärte /WAG 2007/. Durch die Imprägnierung mit Melaminharzen, die als emulgierte Vorkondensate in das Holz eingebracht werden und bei über 100° C zu Duroplasten vernetzen, ist ebenfalls eine Hydrophobierung erreichbar.

Füllung der Lumen	Füllung der Zellwand	Reaktion mit Hydroxyl-gruppen	Vernetzen von Hydroyl-gruppen	Zellwand-struktur ändern
		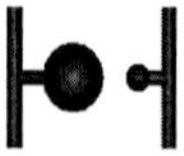	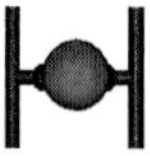	

Bild 4-41 Wirkprinzipien der Holzmodifikation /Mai 2007/

Eine Blockierung der Hydroxylgruppen kann durch Veresterung erfolgen. Technisch umgesetzt wird dies bei der sogenannten ***Acetylierung***. Diese beruht auf dem Einbringen von Essigsäure-Anhydrid in das Holz, der anschließenden Reaktion bei Temperaturen über 100° C und der darauf folgenden Entfernung der Essigsäure. Das Ergebnis ist eine Fixierung des Holzes im permanent gequollenen Zustand, wobei das Ausmaß der Eigenschaftsänderungen von der Behandlungsintensität abhängt. Deren Maß ist der Acetylgruppengehalt im Holz bzw. die Gewichtszunahme WPG.[126]

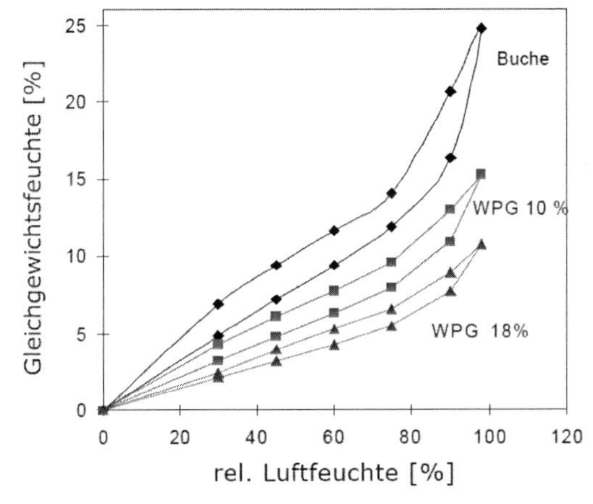

Bild 4-42 Änderung des Sorptionsverhaltens durch Acetylierung /MAI 2007/

Durch die Acetylierung werden die mechanischen Eigenschaften nur geringfügig verändert. Freie Essigsäure bewirkt einen Abfall des pH-Werts, was zu Korrosionserscheinungen beim Kontakt mit Metallen führen kann. Die Gleichgewichtsfeuchte von Holz wird mit steigendem WPG deutlich reduziert (Bild 4-42).

Die Imprägnierung von Holz mit ***DMDHEU***[127] bewirkt eine Fixierung der gequollenen Moleküle der Zellwände durch Polymerisation („bulking") bei gleichzeitiger Vernetzung der Polymere innerhalb der Zellwand /WAG 2007/. Die damit einhergehende Verringerung der Quellung verdeutlicht Bild 4-43. Härte und Druckfestigkeit von modifiziertem Holz erhöhen sich, Biegefestigkeit und Elastizitätsmodul bleiben annähernd unverändert, während sich die Zugfestigkeit bei zunehmender Versprödung reduziert.

---

[126] WPG: Weight Percent Gain.

[127] Dimethylol-Dihydroxy-Ethylen-Urea.

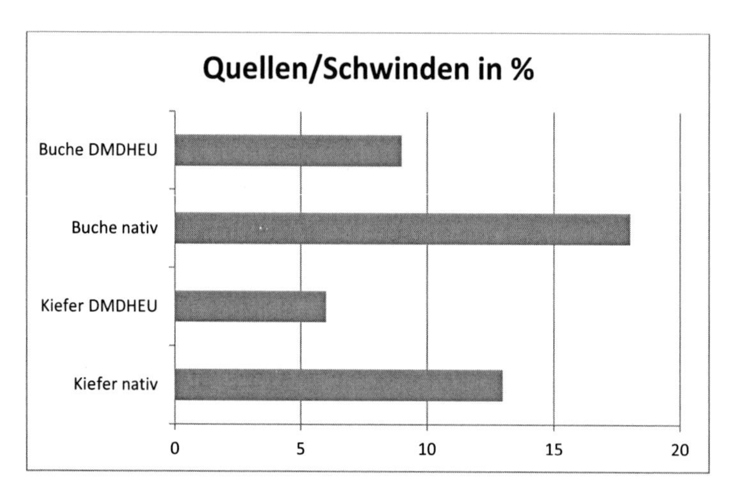

Bild 4-43 Änderung des Quell- und Schwindverhaltens durch Imprägnierung mit DMDHEU, nach *MAI*

Zu den etablierten Verfahren der Holzmodifikation gehört weiterhin die ***Furfurylierung***. Dabei dringt während des Imprägniervorgangs auf pflanzlicher Basis gewonnener Furfuryl-Alkohol in das Zellumen und in Folge seiner polaren Eigenschaften in die Zellwand ein, wo er polymerisiert. Mit zunehmender Beladung von Holz steigt dessen Rohdichte bei sinkender Gleichgewichtsfeuchte. Weitere Eigenschaftsänderungen zeigt Bild 4-44.

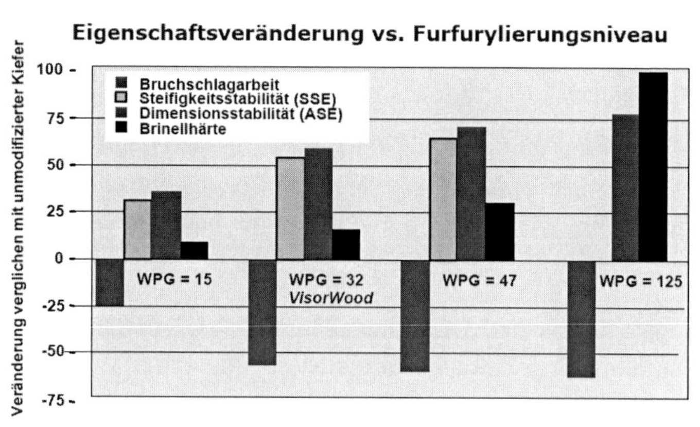

Bild 4-44 Änderung mechanischer Eigenschaften durch Furfurylierung /MAI 2007/

.3.4 Exkurs: Grundlagen der Holztrocknung

Ausgehend von den im Abschnitt 4.2.2 gewonnenen Erkenntnissen lassen sich die Trocknungsvorgänge im Holz beschreiben. Von praktischem Interesse ist dabei insbesondere das Abschätzen der notwendigen Zeit, um eine bestimmte End-Holzfeuchte zu erreichen. Dazu kann von der Anwendbarkeit des 2. *FICK*schen Gesetzes zum instationären Stofftransport ausgegangen werden.

Unter Berücksichtigung vereinfachender Annahmen und existierender Randbedingungen ergibt sich bei einer Lösung als FOURIER-Reihe daraus die mittlere Holzfeuchte eines zu trocknenden Bretts abhängig von der Trocknungszeit:

$$\overline{\omega}(t) = \omega_A \cdot \frac{8}{\pi^2} \cdot \sum_{n=1,3,5}^{\infty} \left(\frac{1}{n^2} \cdot e^{-D \cdot t \cdot \left(\frac{n \cdot \pi}{d}\right)^2} \right)$$

Für lange Trocknungszeiten kann die Gleichung vereinfacht werden, indem bei der Berechnung nur das erste Glied der Reihe berücksichtigt und weiterhin angenommen wird:

$\frac{8}{\pi^2} \approx 1 \text{ sowie } D \cdot \left(\frac{\pi}{d}\right)^2 = \alpha$

Damit ergibt sich:

$$\overline{\omega}(t) = \omega_A \cdot e^{-\alpha \cdot t}$$

und nach einer Umformung

$$t = \frac{1}{\alpha} \cdot (\ln(\omega_A) - \ln(\overline{\omega}(t))$$

Es bedeuten: $\overline{\omega}$: mittlere Holzfeuchte in %; ω_A: Holzfeuchte zu Beginn der Trocknung in %; D: Diffusionskoeffizient in m²/s; d: Brettdicke in m; α: Trocknungsbeiwert in 1/h; t: Zeit in h

Die Trocknungsdauer ist demzufolge von der Holzfeuchte zu Beginn und am Ende der Trocknung sowie dem Kehrwert eines Trocknungsbeiwerts α abhängig. Experimentelle Untersuchungen von *KOLLMANN* nehmen für den Trocknungsbeiwert von Nadelholz einen Wert von α_{NH}= 0,0477 (ρ_0= 0,45 g/cm³) bzw. von Laubholz von α_{LH}= 0,0265 (ρ_0= 0,65 g/cm³) an. Durch Einführung empirisch gewonnener Korrekturfaktoren, die eine Berücksichtigung der Brettdicke, Trocknungstemperatur und Rohdichte erlauben, ergibt sich folgende Gleichung, bei der die Unterschiede des Trocknungsbeiwerts zwischen Laub- und Nadelholz über die Rohdichte berücksichtigt werden:

$$t = \frac{1}{0{,}0265} \cdot \left(\ln(\omega_A) - \ln(\omega(t))\right) \cdot \left(\frac{d}{25}\right)^{1{,}5} \cdot \left(\frac{65}{T}\right) \cdot \left(\frac{\rho_0}{0{,}65}\right)^{1{,}5}$$

Es bedeuten: t: Trocknungszeit in h; ω_A: Holzfeuchte zu Beginn der Trocknung in %; $\omega(t)$: Holzfeuchte nach der Trocknungsdauer in %; d: Brettdicke in m; T: Temperatur in °C; ρ_O: Rohdichte (ω=o %) in g/cm³

Weiterhin können die Anwärmzeit über die Formel

$$t_{Anwärm} = 0{,}095 \cdot d + 0{,}147$$

und die Ausgleichszeit am Ende der Trocknung mit den Beziehungen

$$t_{Ausgl,NH} = 0{,}748 \cdot d - 4{,}883 \text{ bzw. } t_{Ausgl,LH} = 0{,}754 \cdot d + 7{,}971$$

berücksichtigt werden, wobei das Ergebnis der Regressionsgleichungen in Stunden vorliegt.[128] Der von *KOLLMANN* verwendete, über die Rohdichte korrigierte Trocknungsbeiwert führt gegenüber praktischen Versuchen zu kürzeren Trocknungszeiten. Dennoch lässt sich mit der Beziehung die Wirkung der verschiedenen Einflüsse orientierend bestimmen.

Für die Berechnung der erreichten Temperatur an einer beliebigen Stelle eines Holzquerschnitts kann – unter der Annahme, dass die Temperaturleitfähigkeit orts- und zeitunabhängig und die Temperaturänderung in ei-

[128] Weitere Korrekturen können nach *KOLLMANN* die Beschaffenheit des Holzes (Schnittwarenfaktor) berücksichtigen. Es gelten dafür folgende Rechenwerte: Bretter über 2 m Länge, überwiegend Tangentialschnitt =1,0; überwiegend Radialschnitt = 0,9; kurze Bohlen und Parkettstäbe = 0,75)

ner Querschnittebene unabhängig von der Wärmeleitung in Längsrichtung ist – folgende Beziehung verwendet werden:

$$T = T_1 + (T_0 - T_1) \cdot \frac{16}{\pi^2} \cdot e^{-\pi^2 \cdot t \cdot \left(\frac{a_r}{b^2} + \frac{a_t}{h^2}\right) \cdot 3600} \cdot \sin\frac{\pi \cdot x}{b} \cdot \sin\frac{\pi \cdot y}{h}$$

Es bedeuten:

T: Temperatur an der Stelle x (Breite) und y (Höhe) des Holzquerschnitts nach der Zeit t in °C; T_1: Oberflächentemperatur während der Erwärmung in °C; T_0: Anfangstemperatur des Holzes in °C; b: Breite des Holzes in m; h: Höhe des Holzes in m; $a_{r,t}$: radiale bzw. tangentiale Temperaturleitfähigkeit in m²/s

Eine scharfe Trocknung mit einem zu steilen Feuchtegradienten im Holz, der ggf. eine Behinderung der Diffusionsvorgänge bis zu deren Stillstand und zu hohe Trocknungsspannungen hervorruft, führt evtl. zur lokalen Überschreitung der Holzfestigkeit. Es kommt dabei zu einer Überdehnung der äußeren Bereiche des Trockenguts in Folge von Zugspannungen, die sich in Rissen manifestiert (äußere Verschalung). Sofern keine Korrektur des Trocknungsregimes vorgenommen wird, kommt es mit fortschreitender Trocknung zu einer Spannungsumkehr in den inneren Bereichen und auch dort zur Rissbildung (innere Verscha-

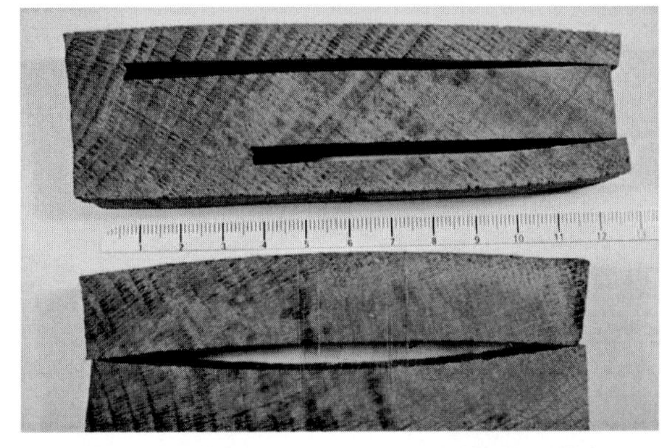

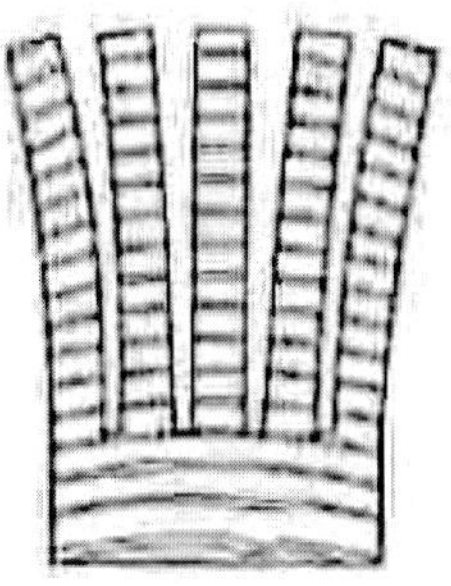

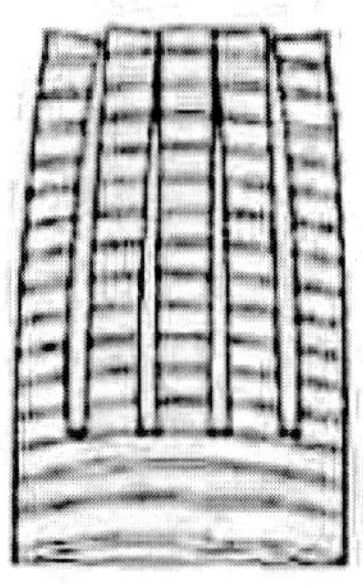

Bild 4-45 oben: Nachweis von Trockenspannungen bei Eiche /WEI 2009/; unten: Prinzipdarstellung des Verschalungs-Nachweises mittels Gabelprobe

lung). Die Trocknungsspannungen lassen sich mit Hilfe der Gabelprobe bzw. mit einem Mittenschnitttest[129] bestimmen. Die Verformung der Zinken bei der Gabelprobe identifiziert die Verschalungsarten eindeutig. In Folge der Spannungsverhältnisse biegen sich diese bei einer äußeren Verschalung nach außen und umgekehrt (s. Bild 4-45).

[129] Vgl. DIN CEN/TS 14464 (2010): Schnittholz – Verfahren zur Ermittlung der Verschalung.

4.4 Fragen und Übungsaufgaben

- Fragen

1. Nennen Sie die Unterschiede zwischen Kernholz-, Reifholz- und Splintholzbäumen.
2. Erläutern Sie die Einflüsse bzw. Wirkungen des submikroskopischen Aufbaus von Holz auf die Ausbildung von Zug- und Druckfestigkeit.
3. Wie lässt sich der Porenanteil von Holz in Abhängigkeit von der Darrrohdichte formulieren?
4. Beschreiben Sie den Zusammenhang zwischen Holzfeuchte und Volumenquellung.
5. Diskutieren Sie für Laub- und Nadelholz den Einfluss der Jahrringbreite auf die Rohdichte.
6. Was verstehen Sie unter dem Hysterese-Effekt in Zusammenhang mit der Änderung von Holzfeuchten?
7. Geben Sie den Fasersättigungsbereich von Holz an.
8. Welcher Zusammenhang besteht zwischen dem maximalen Wassergehalt von Holz und seiner Darrrohdichte?
9. Erläutern Sie die Vorgänge des Quellens und Schwindens bei Holz.
10. Welche Zusammenhänge bestehen zwischen dem Biege-E-Modul von Holz und dem Faser-Last-Winkel sowie der Rohdichte?
11. Wie beeinflusst die Holzfeuchte die Festigkeitseigenschaften von Holz?
12. Erläutern Sie das statische Langzeitverhalten von Holz anhand eines phänomenologischen Werkstoffmodells.
13. Diskutieren Sie die Einflüsse von Ästen und Wuchsfehlern auf die Biegefestigkeit von Holz.
14. Skizzieren Sie charakteristische Bruchbilder von sprödem und zähem Holz nach Zugbeanspruchung.
15. Wie verändert sich die Wärmeleitfähigkeit von Holz mit steigender Rohdichte? Begründen Sie Ihre Antwort.
16. Welche Größen beeinflussen die Wärmeausdehnung von Holz?
17. Warum ist die spezifische Wärmekapazität von Holz nur unwe-

sentlich von dessen Rohdichte abhängig?

18. Warum müssen die Einflüsse von Temperatur und Holzart bei der Holzfeuchtemessung mit elektrischen Widerstandsmessgeräten berücksichtigt werden?
19. Erläutern Sie die Art und Weise der Veränderung des Sorptionsverhaltens bei thermisch behandeltem Holz sowie die Ursache dafür.
20. Diskutieren Sie die Ausbildung von Spannungen im Holz während dessen Trocknung. Erklären Sie, wie sich mit Hilfe der Gabelprobe trocknungsbedingte Spannungen im Holz nachweisen lassen.

- Übungsaufgaben[/GUT 2000/]

1. Der Luftstrom in einer Trockenkammer enthält 100 g Wasserdampf je m³ Luft. Die Lufttemperatur beträgt 60° C. Welche Gleichgewichtsfeuchte stellt sich im Holz unter diesen Bedingungen ein?
2. Berechnen Sie den Bereich maximaler Holzfeuchte für Tanne unter folgenden Annahmen: Fasersättigungsbereich: 30...34 %; Rohdichte bei 12 % Holzfeuchte: 350 ... 750 kg/m³.
3. Ein Holzwürfel mit 50 mm Seitenlänge wiegt 66,25 g. Seine Feuchte beträgt 5 %. Berechnen Sie die auf das Darrvolumen bezogene Volumenquellung in % bei einer Feuchteaufnahme bis zu einer Holzfeuchte von 15 %.
4. Ein Holzwürfel mit der Seitenlänge 75 mm wiegt 161 g. Das Holz weist Normalfeuchte auf. Wie groß ist der Porenanteil der Holzprobe?
5. Bei einer Holzfeuchte von 40 % beträgt die Rohdichte 800 kg/m³. Wie groß ist die Darrrohdichte? Lösen Sie die Aufgabe grafisch unter Nutzung des KOLLMANN-Diagramms.
6. Eine Holzprobe wurde bei einer Temperatur von über 100° C bis zur Massekonstanz getrocknet. Im unmittelbaren Anschluss wurden die Masse mit 785 g sowie die Abmessungen mit: Länge 20,3 cm; Breite 9,7 cm; Höhe 8 cm ermittelt. Berechnen Sie die zu erwartende prozentuale Rohdichteänderung, wenn die Holzprobe eine Feuchte von 12 % annimmt.
7. Ermitteln Sie für die Holzarten Kiefer (ρ_{12}= 510 kg/m³) und Rotei-

che (ρ_{12}= 700 kg/m³) die zu erwartenden Rohdichten bei 0 % und 30 % Holzfeuchte.

8. Schätzen Sie rechnerisch die notwendige Trocknungszeit für eine Eichenbohle (Dicke: 40 mm; Holzfeuchte: 25 %) bei einer Temperatur von 50° C in der Trockenkammer bis zum Erreichen einer Holzfeuchte von 12 %.
9. Ein Holzbalken aus Kiefer weist im Mittel einen Winkel von 12° zwischen Stabachse und Faserrichtung auf. Berechnen Sie die zu erwartende Minderung der Zugfestigkeit in %. Gehen Sie dazu von einer Zugfestigkeit parallel zur Faserrichtung von 100 N/mm² aus.
10. Buche wurde einer Prüfung der Querdruckspannung nach DIN 52192 (1979) unterzogen. Der Versuch ist bei Erreichen der Stauchgrenze von 2 % beendet. An diesem Punkt betrug die gemessene Kraft 4000 N. Berechnen Sie die tangentiale Querdruckspannung im Holz. In welchem Bereich ist die radiale Querdruckspannung zu erwarten?
11. Bei einem Biegeversuch nach DIN 52186 an einem Kantholz der Abmessungen: Länge 7,5 m, Breite 0,12 m, Höhe 0,14 m wurde bei einer Holzfeuchte von 18 % eine Bruchkraft von 78,4 kN gemessen. Berechnen Sie zunächst die Biegefestigkeit des Kantholzes und weiterhin die bei einer Holzfeuchte von 12 % zu erwartende Biegefestigkeit.
12. Für ein Laubholz (ω=12%) wurden bei einem Schlagversuch folgende Rückschwinghöhen des Pendels nach dem Durchschlagen der Proben gemessen: (0,35; 0,29; 0,30; 0,32; 0,30; 0,31; 0,34; 0,35; 0,32) m. Das Pendel selbst besitzt eine Masse von 5 kg und wird zu Beginn des Versuchs jeweils auf eine Höhe von 1,5 m ausgelenkt. Berechnen Sie die mittlere Bruchschlagarbeit. In welchem Bereich ist die radiale Bruchschlagarbeit für dieses Holz zu erwarten? Wie hoch wird der Wert der Bruchschlagarbeit bei 20 % Holzfeuchte sein?
13. Eine Wand wird mit Fichte verkleidet (ρ_0= 450 kg/m³). Berechnen Sie die Wärmeleitfähigkeit dieses Holzes senkrecht zur Faserrichtung.

5 Holzwerkstoffe

5.1 Systematik der Holzwerkstoffe

Entsprechend den in den Werkstoffwissenschaften gültigen Definitionen handelt es sich bei Holzwerkstoffen – ergänzend zur Definition in Abschnitt 2.1 – um Verbundwerkstoffe. Das sind Werkstoffkombinationen, die abhängig von den stofflichen Eigenschaften und der geometrischen Anordnung der verschiedenen Werkstoffkomponenten bessere und/oder neue Eigenschaften gegenüber den Ausgangsmaterialien aufweisen. Um die gewünschten Effekte zu erreichen, müssen die Komponenten mechanisch und chemisch aufeinander abgestimmt, d. h. verträglich sein.

Im Holzwerkstoffbereich können folgende Modelle für Verbundwerkstoffe unterschieden und angewendet werden:

- Schichtverbundwerkstoffe:[130] bestehen aus zwei oder mehr miteinander verbundenen Schichten gleichen oder unterschiedlichen Materials (z. B. Wabenplatten, Sperrholz, mehrlagige Massivholzplatten)
- Faserverbundwerkstoffe: bestehen aus Fasern, die uni-, multidirektional oder statistisch regellos in eine organische oder anorganische Matrix eingebettet sind (z. B. Faserkunststoff-Verbunde, Stahlbeton, Wood Plastic Composites (WPC), naturfaserverstärkter Kunststoff (NFK), zementgebundene Spanplatte)
- Teilchenverbundwerkstoffe: bestehen aus einer Matrix, in die Partikel mit und ohne Vorzugsrichtung eingebettet sind (z. B. Spanplatte, MDF)

Teilchen- und Faserverbundwerkstoffe können außerdem zu Schichtverbundwerkstoffen kombiniert werden.

Mit dieser Unterteilung erhält der Stammbaum der Holzwerkstoffe eine weitere Systematik, die den Zugang zur physikalischen Modellierung zu erwartender Werkstoffeigenschaften erleichtert, indem vorhandene Berechnungsansätze adaptiert werden können. Eine Übersicht mit organischen Bindemitteln gebundener Holzwerkstoffe zeigt Bild 5-1.

[130] Schichtverbundwerkstoffe werden in der Literatur auch als Laminate bezeichnet.

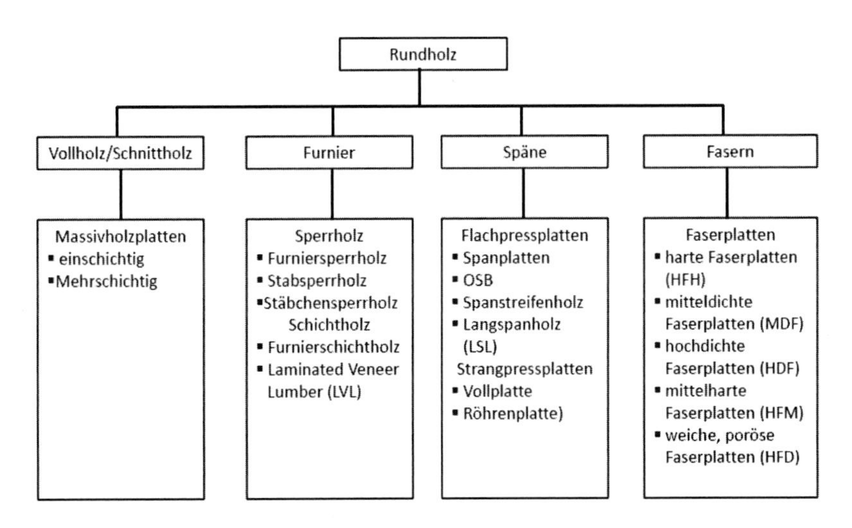

Bild 5-1 Übersicht kunstharzgebundener Holzwerkstoffe

5.2 Schichtverbundwerkstoffe

5.2.1 Werkstoffe mit schubweicher Mittellage

Werkstoffe mit schubweicher Mittellage (insbesondere Papierwaben) haben durch den Trend zum Leichtbau wieder an Bedeutung gewonnen. Es handelt sich dabei um sogenannte Sandwichplatten, die das Prinzip des Doppel-T-Trägers auf plattenförmige Werkstoffe übertragen (Bild 5-2). Dazu werden hochfeste dünne Deckschichten mit einem senkrecht zur Plattenebene druckfesten Stützstoff, der die Mittellage des Werkstoffs darstellt, schubfest – i. d. R. durch Klebstoff – verbunden.

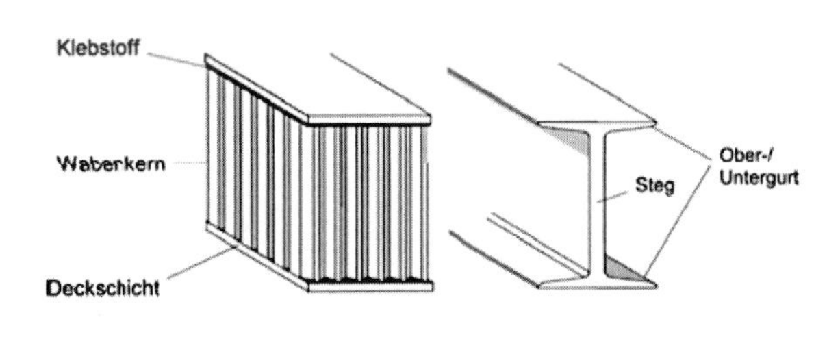

Bild 5-2 Prinzip einer Sandwichplatte /POP 2005/

Mit wachsendem Abstand zur Mittelachse steigt die Biegesteifigkeit bei geringem Materialaufwand exponentiell an. Gegenüber in ihren mechanischen Eigenschaften vergleichbaren Stoffen sind dadurch Masseeinsparungen von bis zu 80 % erreichbar. Als Mittelschicht eignen sich sowohl inhomogene, strukturierte (z. B. Papierwaben unterschiedlicher Ausführung (Bild 5-3)) als auch homogene, weitgehend isotrope Materialien (z. B. Schäume). Für die Deckschichten kommen u. a. Span- und Faserplatten oder GFK zum Einsatz.

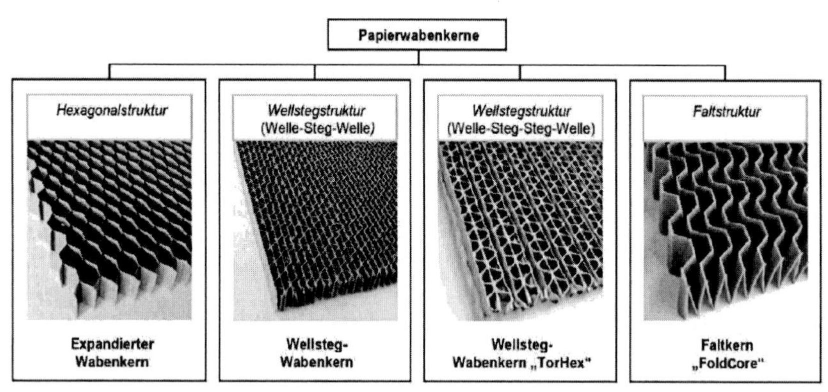

Bild 5-3 Arten von Papierwabenkernen /BRI 2013/

Die Festigkeit der Waben hängt von ihrer Dichte ab, die erhöht werden kann, wenn die Wabe nicht bis zu einem regelmäßigen Sechseck gereckt wird. In Abhängigkeit vom Wabeneckwinkel α (s. Bild 5-4) und der Wanddicke s_W lässt sich die Dichte der Wabe berechnen:

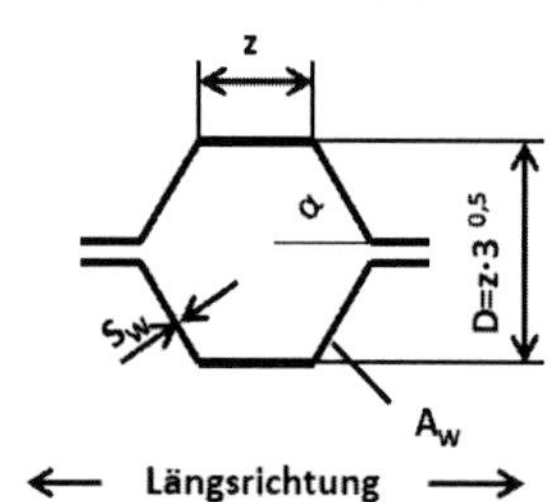

Bild 5-4 Abmessungen eines Wabenelements

$$\rho_K = \frac{2 \cdot s_W}{z \cdot (1 + \cos\alpha \cdot \sin\alpha)} \cdot \rho_W$$

Es bedeuten:

$\rho_{K;W}$: Dichte des Wandmaterials der Wabe bzw. des Wabenelements

Damit wird es möglich, aus den stofflichen und geometrischen Eigenschaften der Materialien die Eigenschaften der Wabenelemente zu bestimmen (vgl. /HIN 1972/):

$$\tau_{sBK,L} = \left(\frac{1+\cos\alpha}{2}\right) \cdot \frac{\rho_K}{\rho_W} \cdot \tau_{sBW} \quad \text{bzw.} \quad G_{K,L} = \left(\frac{1+\cos^2\alpha}{2}\right) \cdot \frac{\rho_K}{\rho_W} \cdot G_W$$

Es bedeuten:

$\tau_{sBK,L}$: Schubfestigkeit des Wabenelements in Längsrichtung; τ_{sBW}: Schubfestigkeit des Wabenmaterials; G: Schubmodul

Sandwichplatten mit extrem leichten Mittellagen zeigen bei einer Belastung durch Normalkräfte zur Plattenebene die in Bild 5-5 dargestellten Spannungsverläufe. Unter den Annahmen (s. /HÄN 1988/):

$$s_D << s_K \text{ und } E_D;\ G_D >> E_K;\ G_K$$

Es bedeuten:

$s_{D;K}$: Dicke der Deck- bzw. Mittel- oder Kernschicht; $E_{D;K}$: Biegeelastizitätsmodul der Deck- bzw. Mittelschicht; $G_{D;K}$: Schubmodul der Deck- bzw. Mittelschicht

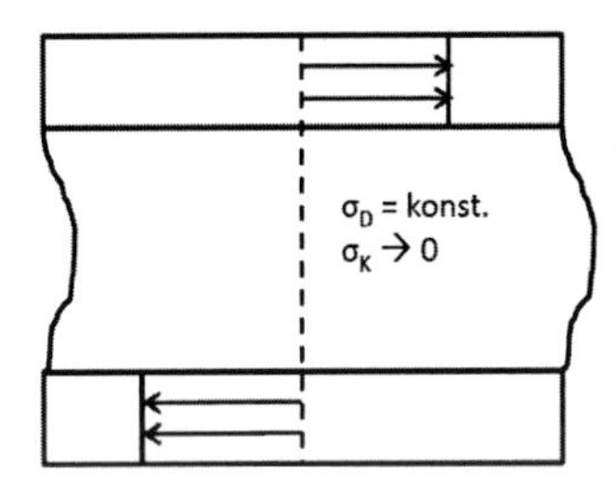

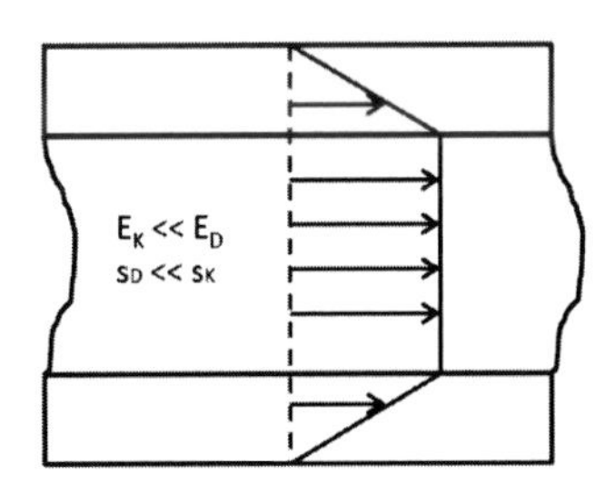

Bild 5-5 Spannungsverlauf einer durch Normalkräfte belasteten Sandwichplatte

vereinfachen sich die Berechnungen erheblich, da in den Deckschichten nur noch Zug- bzw. Druckspannungen und in der Mittelschicht nur Schubspannungen übertragen werden.

Entsprechend DIN 53293[131] erfolgt die Biegebeanspruchung im Vier-Schneiden-Versuch (s. Tabelle 3-9). Die auftretenden Querkräfte bewirken Biegemomente, die ein gegenseitiges Neigen der Querschnitte hervorrufen, sowie Schub, der ein Verschieben der Querschnitte bewirkt. Beide Anteile müssen für die Berechnung überlagert werden. Die maximale Schubspannung in der Mittelschicht und die in den Deckschichten wirkenden Zug- bzw. Druckspannungen berechnen sich unter diesen Voraussetzungen für dreischichtige, symmetrisch aufgebaute Werkstoffe unter Nutzung folgender Formeln:

[131] DIN 53293 (1982): Prüfung von Kernverbunden – Biegeversuch.

$$\tau_{S,K} = \frac{F \cdot a}{b \cdot s_m}$$

$$\sigma_{Z,D;max} = \pm \frac{F \cdot a}{b \cdot s_D \cdot s_m}$$

Es bedeuten:
$\tau_{S;K}$: Schubspannung in der Mittelschicht; F: äußere Belastung; b: Prüfkörperbreite; h_m: Rechenwert (= s_D + s_K); $\sigma_{D;K}$: Zug- bzw. Druckspannung in der Deckschicht; $E_{D;K}$: Biegeelastizitätsmodul; a: Abstand zwischen Auflager und der ihr nächstgelegenen Krafteinleitungsstelle

Der zu erwartende Biegeelastizitätsmodul des Verbunds kann unter Verwendung des Satzes von STEINER mit der nachstehenden Beziehung abgeschätzt werden:

$$E_V = \frac{6 \cdot E_D \cdot s_D \cdot s_m^2}{(2 \cdot s_D \cdot s_K)^2}$$

Es bedeuten:
$E_{V;K}$: Biegeelastizitätsmodul des Verbunds bzw. der Deckschicht

Damit ist es möglich, die Werkstoffe zu dimensionieren, da die Hauptversagensarten (Bruch durch Überschreiten der Normalspannungen der Deckschichten bzw. der Schubfestigkeit der Mittellage) berechnet werden können. Definitionen und Prüfverfahren für den Möbelbau sind in der Norm DIN CEN/TS 16526 beschrieben.[132]

5.2.2 Werkstoffe mit schubfester Mittellage

Zur Abschätzung der Eigenschaften dieser Materialarten wird davon ausgegangen, dass die Einflüsse der Schubverformung vernachlässigt werden können. Erfolgt eine Belastung auf Zug oder Druck in Plattenebene, stellt sich eine der wirkenden äußeren Kraft entsprechende Dehnung ε ein, die für alle Schichten gleich groß ist. Da die einzelnen Schichten jedoch unterschiedliche elastische Eigenschaften aufweisen, entstehen in ihnen entsprechend des HOOKEschen Gesetzes unterschiedliche Spannungen.

Allgemein kann dies mit der nachstehenden Formel beschrieben werden:

[132] DIN CEN/TS (2014): Sandwichplatten für Möbel – werkmäßig hergestellte Produkte – Definition, Klassifizierung und Prüfverfahren zur Bestimmung der Leistungseigenschaften.

$$\sigma_n = \sigma_{n-1} \cdot \frac{E_n}{E_{n-1}}$$

Es bedeuten:
$\sigma_{n;\,n-1}$: Zug- bzw. Druckfestigkeit einer Schicht n bzw. n-1; E: Zug- bzw. Druckelastizitätsmodul

Bruchauslösend ist die Schicht, deren jeweilige Festigkeit zuerst erreicht wird. Der entsprechende Festigkeitswert bzw. Elastizitätsmodul des Verbundstoffs berechnet sich dann aus:

$$\sigma_{BV} = \sum_{i=1}^{n} \sigma_i \cdot \frac{A_i}{A_V} \quad \text{bzw.} \quad E_V = \sum_{i=1}^{n} E_i \cdot \frac{A_i}{A_V}$$

Es bedeuten:
$\sigma_{i\ bzw.\ BV}$: Zug- bzw. Druckfestigkeit einer Schicht i bzw. des Verbundstoffs; $E_{i,\,V}$: Zug- bzw. Druckelastizitätsmodul einer Schicht i bzw. des Verbundstoffs; $A_{i,V}$: Querschnittfläche einer Schicht i bzw. des Verbundstoffs

Bei Biegebeanspruchung eines solchen Werkstoffs senkrecht zur Plattenebene kommt es in den oberen Schichten zu einer Druck- und in den unteren Schichten zu einer Zugbeanspruchung (s. Bild 3-20). Neben den stofflichen Eigenschaften ist die Anordnung der Schichten maßgeblich für die Abschätzung der Biegefestigkeit. Dabei wird davon ausgegangen, dass die Schubfestigkeit zwischen den einzelnen Schichten größer als die maximal auftretende Schubspannung ist.

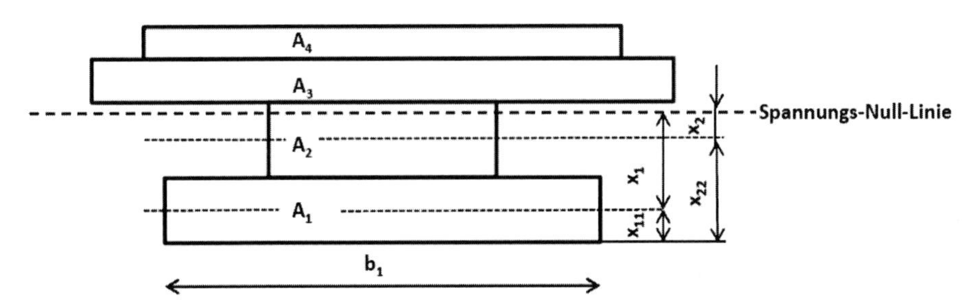

Bild 5-6 Transformierte Querschnittflächen verschiedener Schichten eines Verbundstoffs /GIB 1960/

Nach /GIB 1960/ werden zur Berechnung in einem ersten Schritt die Querschnittflächen der Schichten i = 2…n zu Flächen transformiert, die der Schicht 1 (das ist die äußere auf Zug belastete Schicht) elastisch gleichwertig sind (s. Bild 5-6):

$$A_i^q = A_i \cdot \frac{E_i}{E_1} \quad \text{bzw.} \quad b_i^q = \frac{A_i}{s_i} \cdot \frac{E_i}{E_1}$$

Es bedeuten:
A: Querschnittfläche; E: Elastizitätsmodul; s_i: Dicke der Schicht i

Zur Berechnung des Abstands der Spannungs-Null-Linie von der Bezugsachse kann nachstehende Gleichung verwendet werden:

$$x = \frac{\sum_{i=1}^{n}\left(A_i^q \cdot x_i\right)}{\sum_{i=1}^{n} A_i}$$

Unter Verwendung der in Bild 5-6 angegebenen geometrischen Verhältnisse können daraus das Trägheitsmoment des Verbundstoffs

$$I^q = \sum_{i=1}^{n}\left(\frac{b_i^q \cdot s_i^3}{12} + A_i^q \cdot x_i^2\right)$$

bzw. die Widerstandsmomente der einzelnen Schicht berechnet werden:

$$W_i = \frac{I^q}{\bar{x}_i} \cdot \frac{E_1}{E_i}$$

Es bedeuten:
$\bar{x}_i$: Abstand der äußersten Faser der Schicht i von der Spannungs-Null-Linie

Die Bruchmomente für die Biegefestigkeit berechnen sich aus der bekannten Beziehung:

$$M_i = \sigma_i \cdot W_i$$

Entsprechend der tatsächlich herrschenden Spannung ist für σ_i die Zug-, Druck- oder Biegefestigkeit zu verwenden. Die Biegefestigkeit des Verbunds wird durch die Schicht mit dem geringsten Bruchmoment bestimmt. Dieses kann nun mit folgender Beziehung berechnet werden:

$$\sigma_{bBV} = \frac{6 \cdot M_{i,min}}{b \cdot s^2}$$

Es bedeuten:
b: Breite; s: Dicke des Verbundstoffs

Die Nichtberücksichtigung plastischer Formänderungen während der Beanspruchung führt tendenziell zu niedrigeren Werten der auf diesem Weg abgeschätzten Kenngrößen.

Unter der Voraussetzung, dass sich die einzelnen Schichten des Verbunds genauso verhalten wie jede Schicht einzeln, können die mechanischen Eigenschaften auch über eine Mischungsregel berechnet werden:

$$X_V = \sum_{i=1}^{n} (X_i \cdot \frac{A_i}{A_V})$$

Es bedeuten:
X_V: mechanische Eigenschaften des Verbundstoffs; X_i :Eigenschaft der Schicht/Komponente i; A_i: Querschnittfläche der Schicht/Komponente i; A_V: Querschnittfläche des Verbundstoffs

5.2.3 Holzwerkstoffe auf Furnierbasis

5.2.3.1 Sperrholz

Die Terminologie und Klassifizierung von Sperrhölzern ist in den Normen DIN 313-1 und 2 dargelegt, die Berechnungsverfahren für mechanische Eigenschaften der Sperrhölzer in DIN EN 14272.[133] Demnach sind Sperrhölzer ein Verbund verklebter Lagen, wobei die Faserrichtungen benachbarter Lagen i. d. R. rechtwinklig zueinander verlaufen[134] (s. Bild 5-7).

Stabsperrholz ist durch eine Mittellage aus verklebten oder nicht verklebten, 7 bis 30 mm breiten Vollholzstreifen charakterisiert, Stäbchensperrholz durch maximal 7 mm breite, hochkant angeordnete und meist mit-

---

[133] DIN EN 313-1 (1996) Sperrholz – Klassifizierung und Terminologie – Teil 1 Klassifizierung; DIN EN 313-1 (1999) Sperrholz – Klassifizierung und Terminologie – Teil 2 Terminologie; DIN EN 14272 (2012) Sperrholz – Rechenverfahren für einige mechanische Eigenschaften; DIN EN 314-2 (1993) Sperrholz – Qualität der Verklebung, Teil 2: Anforderungen.

[134] Platten mit Dicken über 12 mm und mindestens 5 Lagen werden auch als „Multiplex" bezeichnet.

einander verklebte Schälfurnierstreifen in der Mittelschicht. Bei Verbundsperrholz besteht die Mittellage nicht aus Furnier oder Vollholz, auf jeder Seite der Mittellage existieren mindestens zwei kreuzweise angeordnete Lagen.

Eine Unterteilung erfolgt nach

- dem Plattenaufbau (Furniersperrholz, Mittellagensperrholz),
- dem Oberflächenzustand (nicht geschliffen, geschliffen, grundiert, beschichtet) und/oder
- der Dauerhaftigkeit (Trockenbereich, Feuchtbereich, Außenbereich).

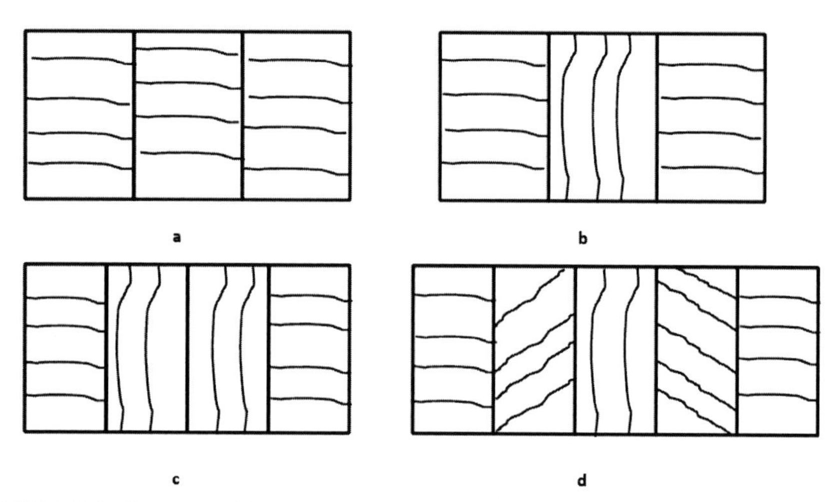

Bild 5-7 Aufbau verschiedener Sperrhölzer – Lage der Faserrichtung der Furnierlagen zueinander; a) Schichtholz, b) Sperrholz mit ungerader Lagenzahl, c) Sperrholz mit gerader Lagenzahl, d) Sternholz

Die Einteilung nach der Feuchtebeständigkeit ist von der Art der Verklebung abhängig.[135] Bezüglich der mechanischen Eigenschaften werden Sperrhölzer für tragende und für allgemeine Zwecke unterschieden. Bei Platten für allgemeine Zwecke müssen die Werte des 5-%-Quantils einzelner Grenzwerte überschritten werden, um die Platten in eine Biegefestigkeitsklasse (F3 bis F80) bzw. Biege-E-Modul-Klasse (E5 bis E140)

[135] S. DIN EN 636 (2010) Sperrholz – Anforderungen.

einzustufen. Die Klassenangabe hat jeweils in Plattenlänge und Plattenbreite zu erfolgen (z.B. F 10/20 E 30/40).

Durch die Anordnung der Faserrichtung der Lagen unter bestimmten Winkeln zueinander (s. Bild 5-7, d) lässt sich die Flächenisotropie erhöhen. Weiterhin erfolgt eine Klassifizierung nach dem optischen Erscheinungsbild der Oberfläche, differenziert für Laub- und Nadelhölzer[136] (s. Tabelle 5-1) durch römische Ziffern. Bei der Bezeichnung wird an erster Stelle die Güteklasse des Deckfurniers der Vorderseite und mit der zweiten Stelle die der Rückseite charakterisiert (z. B. Sperrholz Qualität II/III).

Tabelle 5-1: Klassifizierung von Sperrholz nach dem Aussehen

Erscheinungsklasse	Beschreibung
E	praktisch fehlerfrei: keine Äste, Risse, Harzgallen oder ähnliche Fehler
I	sehr gute Qualität: keine Risse, vereinzelte Punktäste zulässig, geeignet für farblose Lackierungen (Möbel)
II	gute Qualität: vereinzelt fest verwachsene Äste, leichte Verfärbungen, geeignet für deckende Farbanstriche
III	übliche Qualität: kleine ausgebesserte Oberflächenfehler, Fugen und Verfärbungen, geeignet für Konstruktionen
IV	mindere Qualität: zusätzlich zu III offene Risse und Astlöcher, geeignet für Objekte mit geringen Ansprüchen

Die Verdichtung der Furnierlagen beim Herstellungsprozess, die Anordnung des Faserverlaufs, die verwendete Holzart sowie Art und Menge des eingesetzten Klebstoffs nehmen Einfluss auf die Eigenschaften. Die Klebstoffart beeinflusst insbesondere die Beständigkeit gegenüber klimatischen Einflüssen. Die Anordnung der Faserrichtung der Furnierlagen zueinander bestimmt das hygroskopische Verhalten und die Festigkeit in der Plattenebene. Härte und Abnutzungswiderstand können durch die Wahl der Holzart der Außenlagen modifiziert werden. Mit steigender Schichtzahl nimmt die Gleichgewichtsfeuchte gegenüber Vollholz ab.

Sperrholz aus thermisch modifizierten Hölzern weist prinzipiell die gleichen Effekte auf, die von der thermischen Behandlung an Vollholz be-

[136] DIN EN 635 – 1 (1995): Sperrholz – Klassifizierung nach dem Aussehen der Oberfläche – Teil 1: Allgemeines; DIN EN 635 – 2 (1995): Sperrholz – Klassifizierung nach dem Aussehen der Oberfläche – Teil 2: Laubholz; DIN EN 635 – 3 (1995): Sperrholz – Klassifizierung nach dem Aussehen der Oberfläche – Teil 3: Nadelholz.

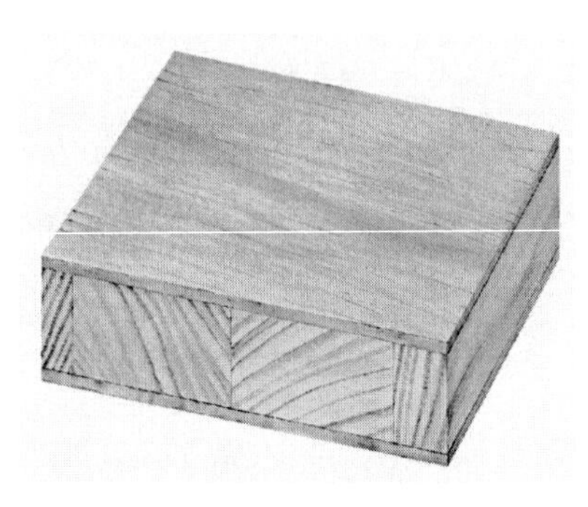

Bild 5-8 Stabsperrholz 3-fach mit Furnierdecklage /SPA 2014/

kannt sind. So kommt es zu schlechteren Verklebungsqualitäten, sinkenden Biegefestigkeitswerten sowie einem ansteigenden Biege-E-Modul /SCH 2012/.

Stab- bzw. Stäbchensperrholz[137] (Bild 5-8) unterscheidet sich von Furniersperrholz durch dickere Mittellagen. Hier können prinzipiell alle Holzarten Verwendung finden. Aus betriebswirtschaftlichen Gründen ist der Einsatz von Nadelholz geringer Qualität möglich. Innerhalb der Mittelschicht sollten keine unterschiedlichen Holzarten zur Anwendung kommen, da dies die Formstabilität negativ beeinflussen könnte. Im Idealfall werden für die Mittellage der Platte Stäbe mit stehenden Jahrringen verwendet, um die geringe Quellung des Holzes in radialer Schnittrichtung in die Richtung der Plattenbreite zu legen.

Als Absperrfurniere eignen sich Holzarten, die durch ihren anatomischen Aufbau sowie die chemische Zusammensetzung ein geringes Quellvermögen und gleichmäßige Oberflächen aufweisen. Neben der Kompensation der hygroskopischen Eigenschaften der Mittellagen ermöglichen Absperrfurniere auch einen Festigkeitsausgleich in der Plattenebene. Dies wird insbesondere bei nicht verklebten Stabmittellagen geringer Dicke (Absperrfurniere 2,4 mm) zur Verbesserung der Produktqualität angewendet.

5.2.3.2 Furnierschichtholz

Furnierschichtholz ist ebenfalls ein Lagenholz, bei dem allerdings der Faserverlauf immer parallel zur Längsrichtung der Platte ausgerichtet ist (s. Bild 5-7 a)). Für Verwendungszwecke, die eine hohe Zugfestigkeit verlangen, reicht die Festigkeit der im Kapitel 5.2.3.1 vorgestellten Sperrhölzer ggf. nicht aus. Insbesondere bei schmalen Bauteilen mindern Fehlstellen den Querschnitt und steigern an diesen Stellen die Bruchgefahr. Die Unterteilung einer Vollholzlage in viele Einzelschichten

[137] DIN 68705-2 (2003): Sperrholz – Teil 2: Stab- und Stäbchensperrholz für allgemeine Zwecke.

und das anschließende versetzte Fügen, so dass der Gesamtfehler nicht an einer Stelle des Querschnitts, sondern versetzt an mehreren Stellen auftritt, setzt die prozentuale Querschnittschwächung deutlich herab und homogenisiert das Material. Ein Beispiel zeigt Bild 5-9.

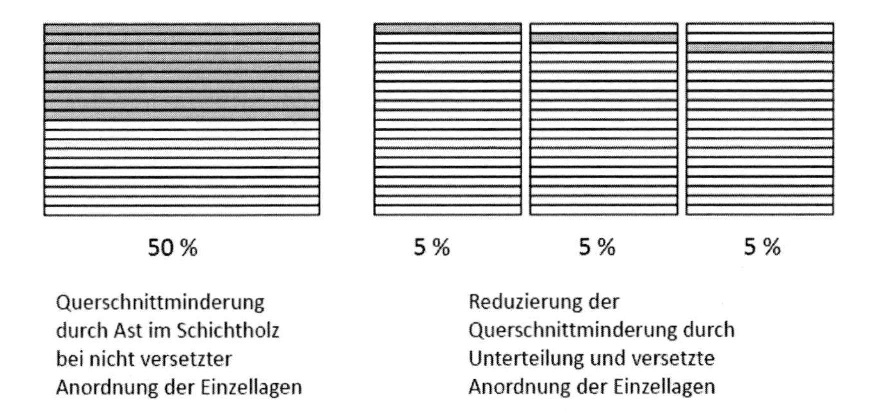

Bild 5-9 Verminderung der Wirkung einer Fehlstelle durch Unterteilung und versetzte Anordnung der Lagen in Anlehnung an *BRENNER* /BRE 1935/

Durch die parallelfaserige Anordnung der einzelnen Lagen wird in Folge der beschriebenen Homogenisierung des Materials eine Festigkeitserhöhung gegenüber Vollholz erreicht. Hinzu kommen der festigkeitssteigernde Einfluss des Klebstoffs sowie eine Verfestigung durch den aufgebrachten Pressdruck.

Abweichungen von der Faserrichtung führen zu Festigkeitsverlusten und sind nur in bestimmten Grenzen tolerabel. Eine Erhöhung der Schichtzahl, die mit einer Reduzierung der Furnierdicke verbunden ist, sowie die Erhöhung der Rohdichte steigern die Festigkeitswerte. Mit sinkender Dicke der Furnierlagen steigt die Anzahl der Klebstofffugen an. Ab einem bestimmten Grenzwert nimmt die Rohdichte gegenüber den Festigkeitswerten progressiv zu.

Bezieht man den Festigkeitswert auf die Rohdichte, lässt sich zeigen, dass ein Optimalwert im Bereich zwischen 10 und 25 Lagen je 10 mm Dicke des Verbundstoffs liegt. Schichtholz besteht i. d. R. aus einer einzigen Holzart, die Lagenzahl kann gerade oder ungerade sein. Die Herstellung erfolgt aus Schälfurnier.

Eine spezielle Form von Schichtholz zur Verwendung im Bauwesen ist ein als ***Laminated Veneer Lumber (LVL)*** bezeichneter Werkstoff, der nach denselben Prinzipien aufgebaut ist. Ausgangsmaterial sind ca. 3 mm starke Schälfurniere aus Nadelholz, die i. d. R. mit Phenolharzen verklebt werden.[138] Teilweise werden einige Furnierlagen im Faserverlauf um 90° versetzt gegenüber den anderen Lagen eingebaut, um die Querfestigkeit zu steigern oder um bestimmte Verarbeitungseigenschaften (Abweichen der Lagen bei hohen Temperaturen und Pressdrücken) zu vermeiden.

Bild 5-10 Furnierschichtholz /AGH 2001/

Tabelle 5-2: Eigenschaften von Furnierschichtholz, nach Kerto

Eigenschaft bzw. zulässige Spannungen und E-Modul	Faserverlauf der Furnierlagen in Plattenlängsrichtung (Kerto S)		Faserverlauf der Furnierlagen in Plattenlängs- und -querrichtung (Kerto Q)	
	in Längsrichtung	in Querrichtung	in Längsrichtung	in Querrichtung
differenzielle Quellung in Plattenebene /%/%/	0,01	0,03	0,01	0,032
Wärmeleitfähigkeit senkrecht zur Plattenebne/W/(mK)/	0,15			
Biegefestigkeit /N/mm2/	20-17	20	15	11-13
E-Modul ǁ	13.000	13.000	10.000	10.000
Zugfestigkeit ǁ zur Faser	16	16	8	8
Zugfestigkeit ⊥ zur Faser	0,2	0,2	2,5	2,5

138 Furnierschichtholz wird unter den Bezeichnungen Kerto oder Microllam (Furnierdicke: 2,5 bis 4,7 mm) vertrieben.

Nach DIN EN 14279[139] erfolgt die Einteilung in folgende Klassen:

- LVL: Verwendung im Trockenbereich für allgemeine Zwecke und Inneneinrichtungen
- LVL/1: Verwendung im Trockenbereich für tragende Zwecke
- LVL/2: Verwendung im Feuchtbereich für tragende Zwecke
- LVL/3: Verwendung im Außenbereich

Verschiedene klimatische Bedingungen verändern die Eigenschaften von LVL. Eine Absenkung der relativen Luftfeuchtigkeit erhöht die Biegefestigkeit und den Biege-E-Modul, der bei Laubhölzern stärker als bei Nadelhölzern ausgeprägt ist /ALT 2013/.

5.2.3.3 Verbundsperrholz

Definitionsgemäß handelt es sich dabei um Sperrholz, dessen Mittellage nicht aus Vollholz oder Furnier besteht. Auf beiden Seiten der Mittellage sind mindestens zwei gekreuzte Lagen angeordnet. In einer weiter gefassten Interpretation kann auch die umgekehrte Anordnung (Mittelschicht aus Vollholz oder Furnier) als Verbundsperrholz betrachtet werden.

Bei der Kombination der Materialien sind Beplankungsverhältnis, elastische Eigenschaften und Rohdichte aufeinander abzustimmen. Nach *KEYLWERTH* ergibt sich das Beplankungsverhältnis für eine symmetrisch aufgebaute dreischichtige Verbundplatte aus:

$$\lambda = \frac{2 \cdot s_B}{s_V}$$

Es bedeuten:
λ: Beplankungsverhältnis; s_B: Dicke des Beplankungsmaterials; s_V: Dicke der Verbundplatte

Unter Verwendung des gewonnenen Werts kann die Rohdichte der Verbundplatte berechnet werden:

[139] DIN EN 14279 (2009): Furnierschichtholz (LVL) – Definitionen, Klassifizierung und Spezifikationen

$$\rho_V = \rho_K + \lambda \cdot (\rho_D - \rho_K)$$

Es bedeuten:
$\rho_{V,K,D}$: Rohdichte der Verbundplatte bzw. der Mittellage bzw. des Beplankungsmaterials

Aufbauend auf den Ausführungen der vorangegangenen Kapitel lässt sich eine einfache Beziehung für die Berechnung des resultierenden Biegeelastizitätsmoduls des Verbunds herleiten, die auch für ähnlich aufgebaute Werkstoffe (z. B. nicht beplankte dreischichtige Spanplatten) anwendbar ist:

$$E_V = E_D \cdot \left[1 - \left(1 - \frac{E_K}{E_D}\right) \cdot (1 - \lambda)^3\right]$$

Zum Vergleich verschiedener Verbundplatten eignet sich weiterhin die Biegesteifigkeit als Produkt aus Biege-E-Modul und Flächenträgheitsmoment.

5.3 Faserverbundwerkstoffe

Faserverbundwerkstoffe bestehen aus organischen oder anorganischen Fasern, die gerichtet oder regellos in eine Matrix eingelagert werden (s. Abschn. 5.1). Die Stoffeigenschaften von Faserverbundwerkstoffen können durch die Wahl der einzelnen Komponenten gezielt eingestellt werden. Die erreichbaren mechanischen Eigenschaften sind dabei von folgenden Parametern abhängig:

- mechanische Fasereigenschaften
- Fasermorphologie
- Fasermenge
- Faseranordnung
- mechanische Matrixeigenschaften
- Verträglichkeit von Faser und Matrix

5.3.1 Berechnungsgrundlagen

Entsprechend der Morphologie und der Menge der eingebrachten Fasern können diese als Verstärkungsmaterial oder als Füllstoff (Streckmittel) dienen. Abhängig von den vorstehend aufgeführten Parametern kommt es zu unterschiedlichen Versagensarten im Verbund (s. Bild 5-11). Eine mathematische Beschreibung des Werkstoffverhaltens ist mit den Methoden der Verbundtheorie möglich.

Ziel der Werkstoffkonstruktion ist es, durch die Fasereinlagerung eine höhere Festigkeit bzw. Steifigkeit zu erzielen. Während der äußeren Belastung können folgende Phasen durchlaufen werden:

- elastische Verformung von Faser und Matrix
- elastische Verformung der Faser bei plastischer Verformung der Matrix
- plastische Verformung von Faser und Matrix

Für die Kraftübertragung eines Faserverbunds bei durchgehenden Fasern gilt zunächst, dass für eine rissfreie Verformung die Dehnungen von Verbund und Einzelkomponenten gleiche Werte aufweisen müssen ($\varepsilon_V = \varepsilon_F = \varepsilon_M$). Die Kraft selbst verteilt sich auf Fasern und Matrix entsprechend deren Volumenanteilen:

$$\sigma_V = \sigma_F \cdot V_F + \sigma_M \cdot V_M \text{ bzw. } \sigma_V = \sigma_F \cdot V_F + \sigma_M \cdot (1 - V_F)$$

Es bedeuten:
σ: Spannung; V: Volumenanteil; Indices: V,F,M: Verbund, Faser, Matrix

Im elastischen Verformungsbereich von Faser und Matrix lässt sich auch der Elastizitätsmodul des Verbunds mittels dieser Mischungsregel beschreiben:

$$E_{V,el} = E_F \cdot V_F + E_M \cdot V_M$$

Unter Nutzung der bekannten Beziehung $\sigma = \varepsilon \cdot E$ folgt daraus für Beanspruchungen im elastischen Bereich:

$$\sigma_V = E_F \cdot V_F + E_M \cdot (1 - V_F)$$

Die in Bild 5-11 gezeigten Brucharten sind durch folgende Bedingungen charakterisiert:

- Bruch der Fasern: $\varepsilon_V = \varepsilon_{B,F}$
- Bruch der Matrix: $\varepsilon_V = \varepsilon_{B,M}$
- Bruch von Faser und Matrix: $\varepsilon_V = \varepsilon_{B,F} = \varepsilon_{B,M}$

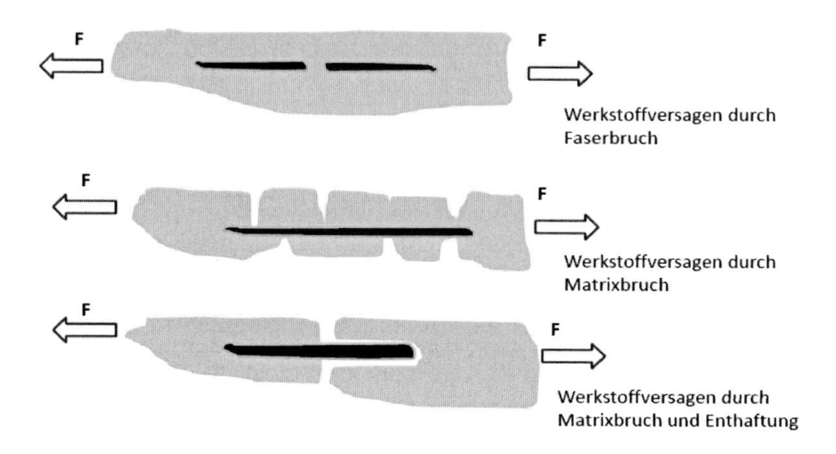

Bild 5-11 Typische Brucharten von Faserverbünden bei Zugbelastung

Beim Eintreten des Bruchs der Fasern ist der weitere Verlauf abhängig vom Volumenanteil der Fasern. Unterhalb eines bestimmten Volumenanteils $V_{F,min}$ tritt völliges Werkstoffversagen ein. Sind in der Matrix keine Fasern mehr wirksam, ist die Zugfestigkeit ausschließlich vom Matrixmaterial abhängig, d. h. nach dem Faserbruch wird die Spannung nur noch von der Matrix übertragen. Überschreitet die Spannung des Verbunds σ_V in diesem Fall die Bruchspannung der Matrix, kommt es zum spontanen Bruch.

Der minimale Volumenanteil berechnet sich aus folgender Beziehung /REI 2010/:

$$V_{F,min} = \frac{\sigma_{B,M} - \sigma_{M\epsilon F}}{\sigma_{B,F} + \sigma_{B,M} - \sigma_{M\epsilon F}}$$

Es bedeuten:

$V_{F,min}$: minimaler Faservolumenanteil; σ: Spannung; Indices B, F,M und εF: Bruch, Faser, Matrix und Dehnung im Moment des Faserbruchs

Daraus ergibt sich die Schlussfolgerung, dass oberhalb von $V_{F,min}$ eine höhere Festigkeit des Verbunds erreicht würde, wenn keine Fasern eingelagert wären. Um eine Verstärkungswirkung zu erzielen, muss demzufolge die von den Fasern aufzunehmende Spannung $\sigma_{B,F} \cdot V_F$ größer sein, als durch einen Ersatz mit Matrixmaterial ($\sigma_{M\varepsilon F} \cdot V_F$) erreichbar wäre.

Der kritische Volumenanteil, dessen Überschreiten eine Verstärkungswirkung hervorruft, ergibt sich damit aus:

$$V_{F,krit.} = \frac{\sigma_{B,M} - \sigma_{M\epsilon F}}{\sigma_{B,F} - \sigma_{M\epsilon F}}$$

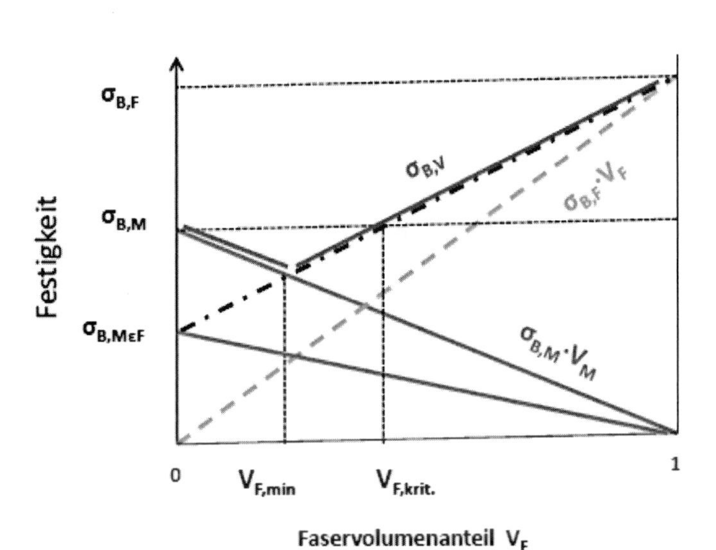

Bild 5-11: Zusammenhang zwischen Festigkeit und Faservolumenanteil bei Faserverbundstoffen, in Anlehnung an /REI 2010/

Die geschilderten Zusammenhänge sind in Bild 5-11 dargestellt. Für diskontinuierliche Fasern spielt weiterhin die Faserlänge eine bedeutende Rolle, um eine optimale Verstärkungswirkung zu erzielen. Die Kraftübertragung von der Matrix auf die Faser erfolgt durch die Wirkung von Schubspannungen, die an den Faserenden einen Maximalwert erreichen und zur Mitte der Faser gegen Null gehen. Abhängig von der Faserlänge steigt die Zugspannung in der Faser linear an. Damit ist eine kritische Faserlänge erforderlich, um die Zugfestigkeit des Fasermaterials zu erreichen (s. Bild 5-12 b)). Die Zugspannungsverteilung über die Faserlänge berechnet sich aus /HOL 1966/:

$$\sigma_F = \frac{2 \cdot \tau_M \cdot \left(\frac{l}{2} - z\right)}{r_F}$$

Es bedeuten:
σ_F: Zugspannung der Faser; τ_M: Schubspannung; l: Faserlänge; r_F: Radius der Faser; z: Abstand von der Mitte der Faser

Zur Ermittlung der kritischen Faserlänge l_c kann folgende Gleichung genutzt werden:

$$l_c = \frac{\sigma_{B,F} \cdot r}{\tau_M}$$

Für Faserlängen mit l >> lc ergibt sich damit eine Leistungsfähigkeit analog der von durchgehenden Fasern. Zwangsläufig kann eine Faser damit aber auch nicht über ihre Gesamtlänge zur Verstärkung beitragen und es folgt:

$$\sigma_{B,V} = \sigma_{B,F} \cdot \left(\frac{2 \cdot l - l_c}{2 \cdot l}\right) \cdot V_F + \sigma_{B,M\epsilon F} \cdot (1 - V_F)$$

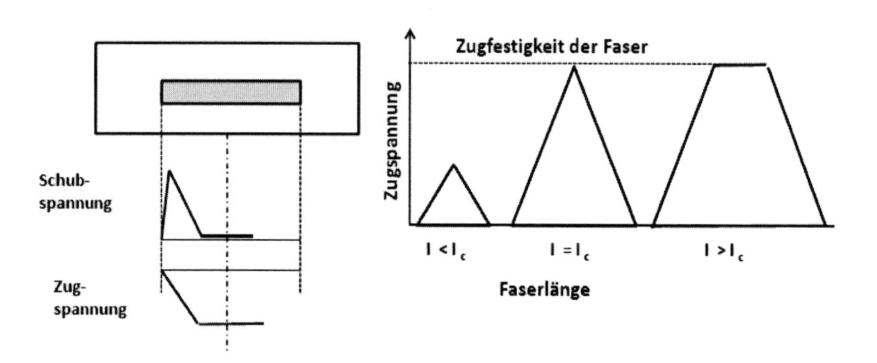

Bild 5-12: Zusammenhang zwischen Faserlänge und übertragbaren Spannungen bei Faserverbundstoffen

5.3.2 Werkstoffe mit Kunststoffmatrix (WPC)

WPC (Wood Plastic Composites) bestehen aus thermoplastisch verarbeitbaren Polymeren (Matrix) sowie lignozellulosehaltigen Partikeln und Additiven, die in einem Formungsprozess zu einem Verbundstoff verarbeitet werden.[140] Der Anteil an auf Lignozellulose basierendem Material liegt in einem Bereich von ca. 25 bis 90 %. Vorrangig kommt jedoch Holz (Hackschnitzel, Späne, Holzmehl) zum Einsatz. Abhängig vom Holzgehalt entstehen unterschiedliche Eigenschaftsbilder (s. Tabelle 5-3).

Als Matrix werden synthetische und Biopolymere mit Schmelz- und Verarbeitungstemperaturen unter 200° C eingesetzt, um thermische Schädigungen des Holzes weitgehend zu vermeiden.[141] Es handelt sich dabei v. a. um Polyethylen, Polypropylen und Polyvinylchlorid. Prinzipiell ist auch der Einsatz von Duroplasten möglich.

Tabelle 5-3: Erscheinungsbild von WPC nach Holzgehalt /SEH 2003/

Holzgehalt in %	Erscheinungsbild	Bevorzugte Anwendung	Besonderheiten
70 ... 90	holzartig	Innenanwendungen, Konstruktionen, die nicht direkt Witterungseinflüssen ausgesetzt sind	hohe Steifigkeit, geringe Schlagzähigkeit, begrenzte Wasserbeständigkeit
40 ... 70	holzähnlich	Außenbereich	gute Wasserbeständigkeit
5 ... 40	kunststoffähnlich	Profile, die durch Holz etwas verstärkt werden	

Die Partikelmorphologie, der Volumenanteil des Holzes und die Holzart beeinflussen die optischen und mechanischen Eigenschaften von WPC deutlich. Bild 5-13 verdeutlicht den Einfluss der Holzart auf verschiedene Werkstoffkenngrößen, die durch bei einem höheren Harzgehalt (Lärche) auftretende Haftungsprobleme zwischen Matrix und Faser erklärbar sind.

Der Einfluss der Partikelmorphologie konnte beim Vergleich von verarbeiteten Holzfasern und Pellets gezeigt werden. Beim Prozess des Pelletierens eintretende Faserkürzungen und Schädigungen bewirken eine deutliche Verschlechterung aller mechanischen Eigenschaften /STA

[140] S. Normenreihe DIN EN bzw. DIN CEN/TS 15534 Holz-Polymer-Werkstoffe (WPC).

[141] Mittels UV-Mikroskopie konnte von *STADELBAUER* et al. eine Veränderung des Absorptionsspektrums im Wellenlängenbereich kleiner 300 nm nachgewiesen werden, was auf chemische Veränderungen der Zellwand (Lignin) hinweist.

2006/. Eine Erhöhung des Masseanteils an Holzpartikeln führt zu einer deutlichen Steigerung des Biege-E-Moduls (ca. 25 % je 10 % Masseanteil Holz) und einem leichten Anstieg der Biegefestigkeit (ca. 3 %), die oberhalb eines Grenzwerts wieder abnimmt. Die Schlagfestigkeit sowie das Wasseraufnahmevermögen werden von einem steigenden Holzanteil negativ beeinflusst.

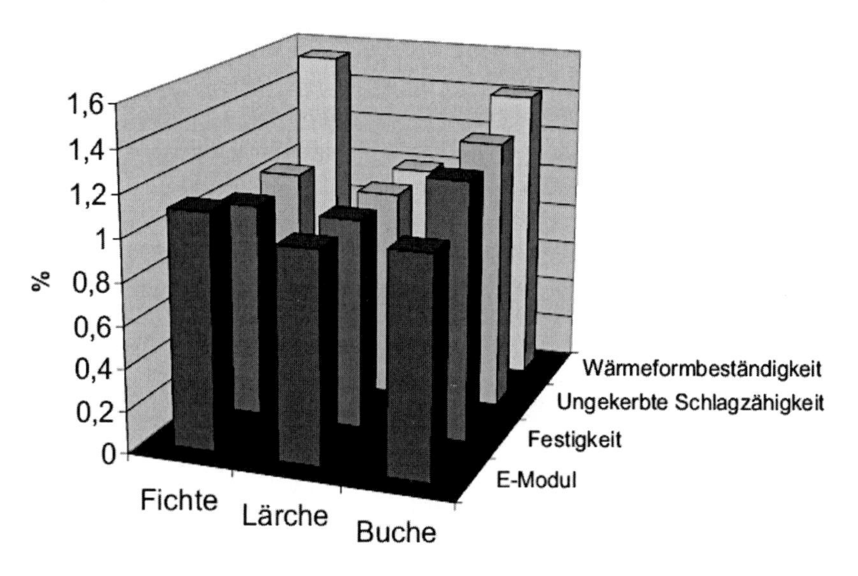

Bild 5-13: Einfluss der Holzart auf verschiedene Werkstoffeigenschaften von WPC (Holzgehalt: 70 %) /STA 2006/

Die Zugabe von Haftvermittlern (Maleinsäure-Anhydrid MAH u. a.) beeinflusst die mechanischen Eigenschaften von WPC ebenfalls deutlich. Für verschiedene Rezepturen von MAH konnte ein Optimum im Bereich von 4 % nachgewiesen werden. Der nachfolgende Festigkeitsabfall ist auf eine Reduktion der Molmasse des Polypropylens in Folge des Aufpfropfens von MAH auf die Polymerketten zurückzuführen. Bei höheren Anteilen führen diese niedermolekularen Ketten zu einer Schwächung der Matrix /STA 2006/. Weiterhin reduziert der Einsatz von Haftvermittlern die Wasseraufnahme und führt zu glatteren Oberflächen.

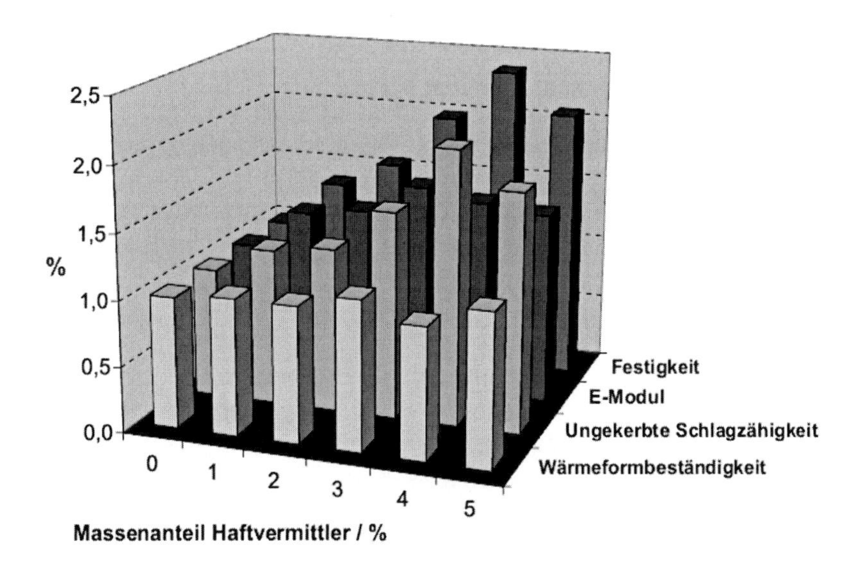

Bild 5-14: Einfluss von Haftvermittler auf ausgewählte Eigenschaften von WPC (Holzanteil: 70 %) [/STA 2006/]

Für die Verwendung verschiedener natürlicher Fasern (Jute, Sisal, Hanf u. a.) ist die Ausbildung der Faser-Matrix-Bindung von großer Bedeutung. Geeignete Vorbehandlungen der Faseroberflächen können die Stoffeigenschaften verbessern. Tabelle 5-4 gibt einen Überblick verschiedener Möglichkeiten.

Tabelle 5-4: Mögliche Verfahren zur Verbesserung der Faser-Matrix-Bindung

Wirkprinzipien		
physikalisch	physikalisch-chemisch	chemisch
- thermische Behandlung	- Plasma-Behandlung	- Haftvermittler
- UV-Bestrahlung	- Corona-Behandlung	- Hydrophobisierung
- Ultraschall		- Mercerisierung[142]

[142] Eigenschaftsänderung von Zellulose durch Behandlung mit Natronlauge.

5.3.3 Werkstoffe mit mineralischer Matrix

Zu dieser Kategorie von Werkstoffen gehören mit Zement oder Gips gebundene Platten. Zementgebundene Spanplatten[143] bestehen i. d. R. zu ca. 20 % aus Holzspänen, 60 % aus Zement und 20 % aus Wasser. Als Ausgangsmaterialien werden Nadelholz (insbesondere Fichte und Kiefer), Portland- oder Magnesiazement[144] sowie Abbinderegler (Aluminiumsulfat oder Kalziumkarbonat) verwendet.

Die Aushärtung des Zements erfolgt durch Hydratation. Dabei handelt es sich um eine chemisch-physikalische Reaktion des Zements mit Wasser, bei der es zur Bildung kristallwasserhaltiger Verbindungen kommt.[145] Mit fortschreitender Hydratation steigt die Festigkeit des Zementsteins degressiv an. Die Prozessgeschwindigkeit ist vom Mahlgrad abhängig, wobei feingemahlene Zemente schneller hydratisieren. Portland-Zement besteht chemisch aus Kalziumoxid, Siliziumdioxid, Aluminiumoxid und Eisenoxid.

Der Verlauf der Hydratation ist auch unter technologischem Aspekt von Bedeutung, da die Mischung von Zement und Spänen in einem folgenden Arbeitsschritt zu einem Vlies geformt werden muss, bevor sie verpresst wird, und es im Anschluss zur Festigkeitsausbildung in einem Aushärtekanal kommt.

Die im Holz enthaltenen wasserlöslichen Kohlehydrate führen zu einer Inhibierung des Hydratationsprozesses. Modellhaft wird dabei von der Bildung einer Schutzhaut auf den Klinkerphasen des Zements ausgegangen.[146] Abhängig von den Reaktionen der einzelnen Klinkerphasen kommt es bei der Hydration zu zwei Perioden beschleunigter chemischer Reaktionen, die sich kalorimetrisch nachweisen lassen, und einer dazwischen befindlichen Ruhephase. Die Reaktivität des Zements steigt, je

[143] S. DIN EN 634 (Teil 1 und 2): Zementgebundene Spanplatten – Anforderungen.
[144] S. DIN EN 633 (1993): Zementgebundene Spanplatten – Definition und Klassifizierung.
[145] Kristallwasser ist in kristallinen Festkörpern gebundenes Wasser.
[146] Besonders geeignet sind Holzarten mit alkalistabilen Hemizellulosen (Fichte, Kiefer). Eine Minimierung der Holzzucker kann durch einen Einschlag kurz vor dem Austrieb erreicht werden. Abbinderegler bewirken eine Reduzierung bzw. Vereinheitlichung der holzartenspezifischen Einflüsse (vgl. /SCW 1990/.

kürzer die Ruhephase und je steiler der Temperaturanstieg ausgeprägt sind.

Mathematisch lässt sich die inhibierende Wirkung der Hölzer über einen Index quantifizieren /HOF 1984/. Je größer der Index, umso stärker ist die inhibierende Wirkung der Holzart auf den Zement. Laubholz weist eine deutlich stärker inhibierende Wirkung auf als Nadelholz /SCH 1990/.

$$I = 100 \cdot \left[\left(\frac{t_m - t_z}{t_z}\right) \cdot \left(\frac{Q_z - Q_m}{Q_z}\right) \cdot \left(\frac{S_z - S_m}{S_z}\right)\right]$$

Es bedeuten:
t: Zeit bis zum Auftreten des 2. Maximums der Hydratationswärme; Q: Höhe des 2. Hydratationsmaximums; S: $=\Delta Q/\Delta t$ bis zum 2. Maximum der Hydratationswärme; Indices: z: Zement; m: Holz/Zementmischung

Die Eigenschaften der Zementspanplatten können durch stoffliche und technologische Parameter beeinflusst werden. Eine Vergrößerung der Spanlänge wirkt sich positiv auf die erreichbare Biegefestigkeit aus, die Querzugfestigkeit steigt bei kürzeren Spänen an /DUB 2008/. Eine höhere Rohdichte hat höhere Querzug- und Biegefestigkeiten zur Folge.

Die Aushärtezeit des Zements beträgt 28 Tage. Danach sind ca. 90 % der Endfestigkeit der Platte erreicht. Mit steigender Zementfestigkeitsklasse[147] nimmt die Biegefestigkeit zu, der Biege-E-Modul sowie Dickenquellung und Längendehnung nehmen ab /SIM 1993/. Zementtypen mit schnelleren Reifezeiten führen zu einer Reduktion der erreichbaren Endfestigkeit.

Bei gipsgebundenen Holzwerkstoffen werden Gipskartonplatten,[148] Gipsfaserplatten und Gipsspanplatten unterschieden. Ihre Verwendung erfolgt im Innenbereich. Gipskartonplatten bestehen aus einem mit Karton ummantelten Gipskern, der als Verstärkungsmaterial wirkt. Gipsfaserplatten werden durch Zugabe von ca. 20 % Papierfasern verstärkt. Gipsgebundene Spanplatten weisen einen Holzanteil von 15... (18) ... 20 % auf. Prinzipiell ist auch der Einsatz von Einjahrespflanzen möglich /THO 1992/. Bei der Verwendung von Hölzern höherer Rohdichte ist der gerin-

[147] Zementfestigkeitsklassen nach DIN 197-1: 32,5, 42,5 und 52,5. Kennzahl der Festigkeitsklasse ist die Mindestdruckfestigkeit nach 28 Tagen.
[148] DIN EN 520 Gipsplatten.

gere Holzanteil im Verbund durch eine Erhöhung der Plattenrohdichte zu kompensieren, um die mechanischen Eigenschaften zu erhalten. Technologisch kommt es zu einer spontanen Reaktion des Gipses beim Kontakt mit Wasser. Die notwendige Verarbeitungsdauer wird durch Zugabe eines Verzögerers erreicht (z. B. Ca-Salz einer Polyoximethylen-Amininsäure, Albumin). Inhaltsstoffe beeinflussen auch die Hydratation des Gipses und sind zu beachten. Eine Übersicht ausgewählter mechanischer Eigenschaften zeigt Tabelle 5-5.

Tabelle 5-5 Ausgewählte Eigenschaften mineralisch gebundener Spanplatten

Werkstoffeigenschaft	DIN EN 634-2	Zementgebundene Spanplatte	Gipsgebundene Spanplatte
Rohdichte in kg/m³	1000	1000...1600	1100...1400
Biegefestigkeit in N/mm²	9	9 ... 20	4 ... 10
Biege-E-Modul in N/mm²	Klasse 1: 4500 Klasse 2: 4000	4000 ... 6000	2000 ... 3500

5.4 Teilchenverbundwerkstoffe

Unter Teilchenverbundwerkstoffen sollen – ergänzend zu den im Abschnitt 5.1 getroffenen Beschreibungen – Werkstoffe verstanden werden, deren Zusammenhalt durch Klebstoffe erreicht wird, die flächige oder punktförmige Kontaktstellen zwischen den Teilchen ausbilden. Insofern umfasst der Begriff Teilchen nachfolgend sowohl spanförmige als auch faserige Partikel.

5.4.1 Aufbau und Modellvorstellungen

Die Eigenschaften dieser Werkstoffklasse werden durch einzelne Komponenten wie die Partikelart (z. B. Späne, Fasern, Strands), Bindemittel (z. B. Harnstoff-Formaldehyd-Harz, PMDI) und deren Anordnung sowohl in der Plattenebene als auch senkrecht dazu beeinflusst. Deren konkrete Ausbildung ist häufig von der Prozessführung abhängig (z. B. Rohdichteprofil, Partikelgrößenverteilung senkrecht zur Plattenebene). Eine Übersicht zeigt Bild 5-15. Die Einflüsse der Partikelmorphologie wurden von verschiedenen Autoren in Modellen erfasst (s. z. B. /FLE 1962/, /RAC 1963/, /POT 1982/) und untersucht. Durch Freischneiden der in Bild 5-16 (oben) fett dargestellten Partikel aus dem idealisierten Verbund und unter Annahme

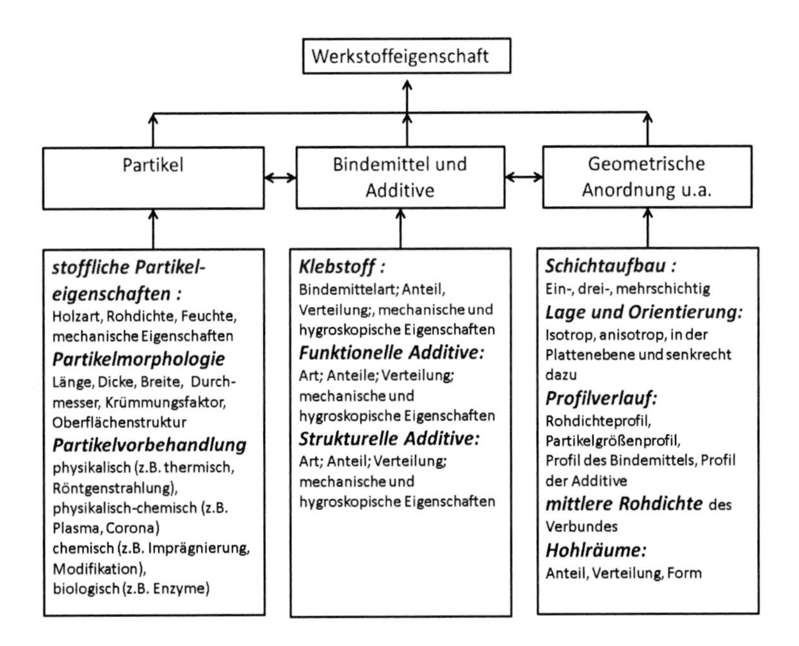

Bild 5-15: Systematik der Stoffkomponenten bei Teilchenverbünden

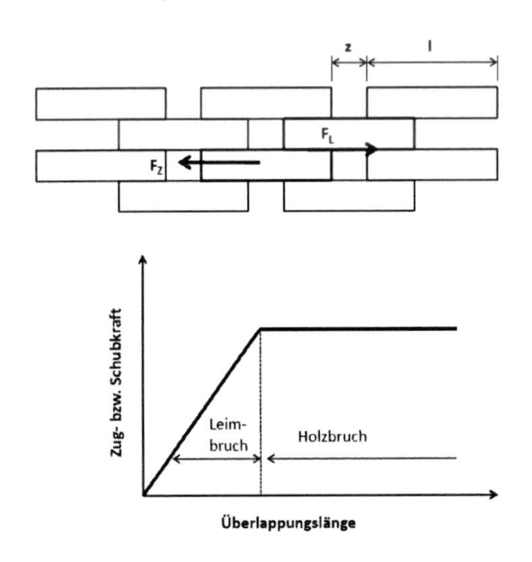

Bild 5-16: Spanmodell und Festigkeit in Abhängigkeit der Spanlänge /RAC 1963/

einer flächigen Verleimung ergibt sich für $F_z = F_L$:

$$\sigma_Z \cdot b \cdot d = \tau_L \cdot l_ü \cdot d$$

Es bedeuten:
F: Zugkraft bzw. Schubkraft; σ: Zugspannung; τ: Schubspannung; l: Spanlänge; $l_ü$: Überlappungslänge; d: Spandicke; b: Spanbreite; Indices: z: Zug, L: Schub in der Leimfuge

Die Festigkeit der Verklebung zwischen den Spänen steigt demzufolge linear mit der Leimfläche an (Bild 5-16 unten), um mit Erreichen der Holzfestigkeit einen Maximalwert zu erreichen. Tatsächlich kann dieser Zusammenhang experimentell nachgewiesen werden, wie Bild 5-17 zeigt. Durch Umformen erhält man aus der vorstehenden Gleichung /RAC 1963/:

$$\frac{l_{\ddot{u},opt}}{d} = \frac{1}{2} \cdot \frac{\sigma_{zH}}{\tau_L}$$

Optimale Zugfestigkeit verlangt dementsprechend ein optimales Verhältnis von Spanlänge zu -dicke, was als Schlankheit bezeichnet wird. In Folge der statistisch regellosen Lage der Späne in einer Platte muss die optimale Überlappungslänge mit dem Faktor 9 multipliziert werden, der sich aus statistischen Überlegungen ergibt /FLE 1962/.

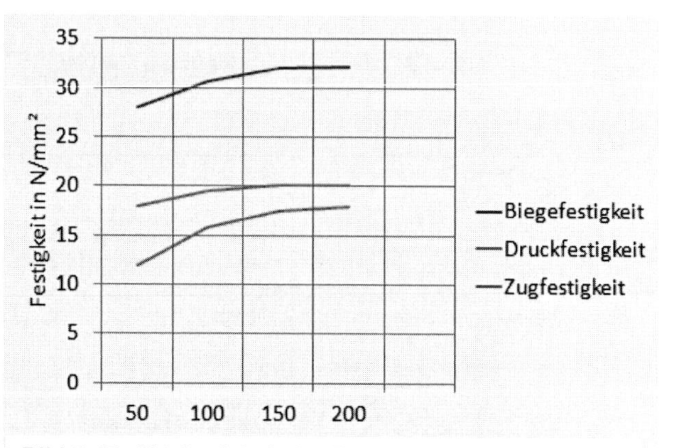

Bild 5-17: Abhängigkeit der Zug- und Druckfestigkeit in Plattenebene und der Biegefestigkeit von der Schlankheit, nach *RACKWITZ* /RAC 1963/

Für die Querzugfestigkeit ergibt sich aus dem Modell folgende Beziehung:

$$\sigma_{z\perp B} = \tau_{L\perp} \cdot \frac{1}{1 + \frac{z}{l}}$$

Nach diesen Modellüberlegungen steigen die Zug- und Druckfestigkeit in Plattenebene und damit auch die Biegefestigkeit mit wachsender Spanlänge sowie abnehmender Spandicke an. Die Querzugfestigkeit nimmt mit größer werdenden interpartikulären Hohlräumen und kleiner werdender Spanlänge ab. Kürzere, gedrungene Späne führen damit zur Verbesserung dieser Kenngröße.

Potasov /POT 1982/ führt in sein Modell das Verhältnis der Plattenrohdichte zur Rohdichte der eingesetzten Holzarten ein. Danach steigen die Festigkeitswerte mit wachsender Plattenrohdichte und sinken mit zunehmender Rohdichte der eingesetzten Holzarten, was zahlreiche experimentelle Untersuchungen bestätigen.

Holzpartikel verfügen über eine sehr große Oberfläche. Nach *KLAUDITZ* kann diese mit nachstehender Beziehung abgeschätzt werden:

$$A_{spez.} = \frac{0,2}{\rho_0 \cdot d}$$

Es bedeuten:
$A_{spez.}$: spezifische Oberfläche von 100 g darrtrockenem Holz in m²/100g; ρ_0: Darrrohdichte in g/cm³; d: Spandicke in mm

Das eingesetzte Bindemittel[149] reicht daher nicht aus, um die gesamte Partikeloberfläche zu benetzen. Es kommt vielmehr zur Ausbildung von Leimbrücken. Mit wachsendem Bindemittelanteil und der damit einhergehenden verbesserten Verklebung müssen sich nach den vorstehenden Ausführungen auch die mechanischen Eigenschaften verbessern.

Sofern keine großflächigen Partikel verarbeitet werden, spielen plastische Verformungen für die Biegefestigkeit während der Belastung eine Rolle, die letztendlich dafür verantwortlich sind, dass die Biegefestigkeitswerte über denen der Druck- und Zugfestigkeit liegen /BOD 1982, HÄK 1988/.

[149] Bei Harnstoff-Formaldehydharz-Leimen kommen bei stranggepressten Platten 4 bis 7 % und bei flachgepressten dreischichtigen Platten 8 bis 12 % in der Deckschicht und in der Mittelschicht 6 bis 9 % Festharz, bezogen auf die darrtrockene Holzmasse, zum Einsatz.

5.4.2 Spanplatten

Spanplatten bestehen im Wesentlichen aus Holzspänen oder Spänen anderer verholzter Rohstoffe. Mit Hilfe von Klebstoff und unter Einwirkung von Wärme und Druck werden die Späne miteinander verpresst. Ihre Eigenschaften werden von den im vorhergehenden Abschnitt beschriebenen Einflussgrößen bestimmt. Die Einteilung der Spanplatten nach DIN EN 309[150] ist in Tabelle 5-6 zusammengefasst.

Tabelle 5-6 Einteilung von Spanplatten nach DIN EN 309

Hauptkriterium	Ausführung
Herstellverfahren	flach- oder stranggepresst (mit oder ohne Röhren)
Oberflächenbeschaffenheit	roh (ungeschliffen), geschliffen oder gehobelt, flüssigbeschichtet, pressbeschichtet mit festem Material
Form	flach, mit profilierter Oberfläche, mit profilierten Schmalflächen
Größe und Form der Teilchen	z. B. Holzspanplatte, Platte aus anderen Spänen
Plattenaufbau	einschichtig, mehrschichtig, mit stetigem Strukturübergang, stranggepresste Platte mit Röhren
Verwendungsart	allgemeine Zwecke im Trockenbereich, Inneneinrichtungen im Trockenbereich, nicht tragende Zwecke im Feuchtbereich, tragende Zwecke im Trockenbereich, tragende Zwecke im Feuchtbereich, hochbelastbare Platten für tragende Zwecke im Trocken- bzw. Feuchtbereich

Die Rohdichte von Spanplatten resultiert aus den Eigenschaften der Späne (Holzart, Sortiment, Spanmorphologie), dem eingesetzten Bindemittel und dem Verdichtungsgrad beim Heißpressen des Spanvlieses. Die Verfahrenstechnik (kontinuierliche Presse oder Taktpresse), die Verteilung der Spangrößen über den Querschnitt sowie der Holzfeuchte führen in Kombination mit den Pressparametern und dem Abschliff der Presshaut zu einem mehr oder weniger ausgeprägten Rohdichteprofil (s. Bild 5-18).

Unsymmetrische Rohdichteprofile können verschiedene Ursachen haben. So ruft unterschiedlich hohe Feuchte in den Deckschichten Abweichungen im Plastifizierungsverhalten hervor, die ungleiche Verdichtungen des Spanvlieses nach sich ziehen. Beim Flachpressen liegen die Späne vorwiegend parallel zur Plattenebene. Dies wird durch Streuen der beleimten Späne auf eine Streuebene und anschließendes Pressen senkrecht zur Plattenebene erreicht.

---

[150] DIN EN 309 (2005): Spanplatten – Definition und Klassifizierung.

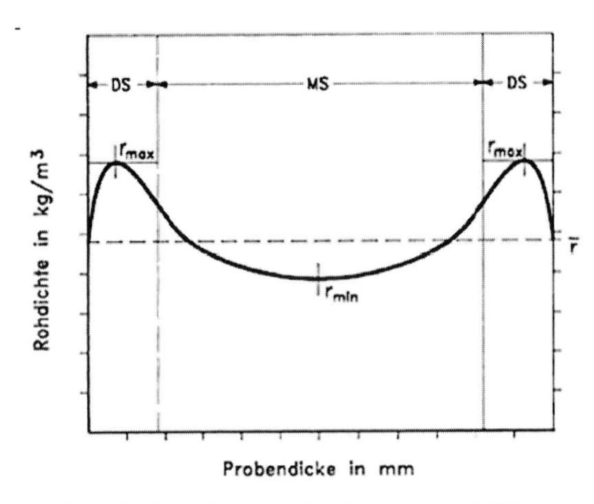

Bild 5-18: Rohdichteprofil einer ungeschliffenen Spanplatte /BOE 1992/ r: Rohdichte; DS: Deckschicht; MS: Mittelschicht

Dem Trend nach leichten Materialien folgend, fehlt es nicht an Versuchen, die Rohdichteverteilung über den Plattenquerschnitt mit dem Ziel der Materialeinsparung zu optimieren. Durch Zugabe von expandierenden Polystyrol-Kügelchen (Rheinspan ® AirMaxx) in die Mittelschicht ist eine Reduzierung der Plattenrohdichte um rund 30 % erreichbar (s. Bild 5-19). Die Biegefestigkeit reduziert sich parallel dazu, während der Abfall der Querzugfestigkeit geringer ausfällt.

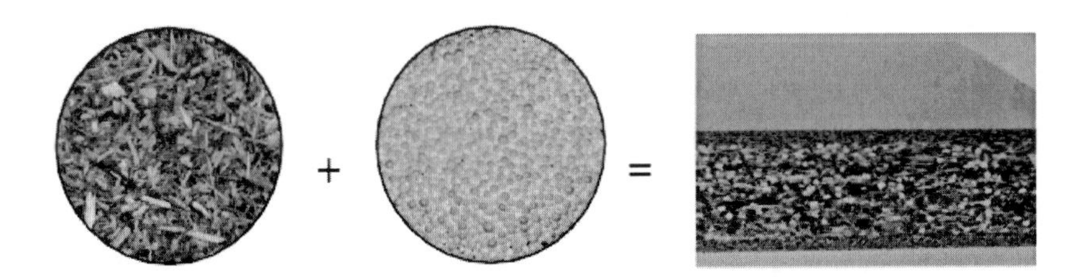

Bild 5-19: Aufbau einer in der Mittelschicht mit Polystyrol gewichtsreduzierten Spanplatte /ANO 2009/

Der Ersatz von Holzspänen durch Einjahrespflanzen (z.B. Bagasse, Hanf u. a.) kann je nach Masseanteil eine Herstellung normgerechter Platten erlauben, wobei die Querzugfestigkeit bereits bei geringen Anteilen stark abfällt (s. Bild 5-20).

Eine beanspruchungsgerechte Verteilung der Rohdichte in der Plattenebene und senkrecht dazu wird in Platten nach der *DASACNOVA* Technology realisiert. Ausreichende Rohdichten an durch die Konstruktion bzw. Verarbeitung vorgegebenen Positionen führt zu verbesserten Leistungsparametern gegenüber Standardprodukten (s. Bild 5-21).

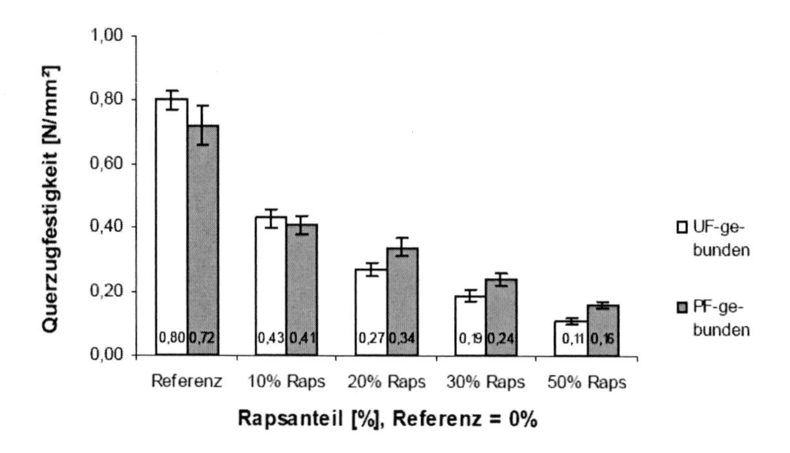

Bild 5-20 Querzugfestigkeit von Spanplatten abhängig vom Anteil an Rapsstroh sowie dem Bindemittel /ANN 2009/

Beim Strangpressverfahren[151] werden Späne in die Strangpresse gestopft, was zu ihrer Ausrichtung zur Plattenebene führt. Sofern im Presskanal der Strangpresse spezielle Heizrohre eingebracht sind, entstehen sogenannte Röhrenspanplatten (s. Bild 5-22). Als Klebstoffe kommen je nach Verwendungszweck Harnstoff–Formaldehyd-Harze (UF), Phenol-Formaldehyd-Harze (PF), Harnstoff-Melamin-Mischkondensat (MUF), Harnstoff-Melamin-Phenol-Mischkondensat (MUPF), Polymeres Diphenylmethan-Diisocyanat (PMDI) oder pflanzliche Leime zum Einsatz (s. Tabelle 5-7).

Die Aushärtung von Harnstoff-Formaldehyd-Harzen ist ein pH-gesteuerter Vorgang, der unter Wärme und dem Zusatz von Härtern abläuft. Die Härtungsreaktion kann deshalb von den chemischen Inhaltsstoffen des Holzes beeinflusst werden. Entsprechend der Pufferkapazität der Holzmischung ist die Härtermenge zu dosieren.[152] Zur Reduzierung der Formaldehyd-Emission eignen sich nach *DIX* /DIX 2014/ v. a. fol-

---

[151] S. DIN EN 14755 (2006): Strangpressplatten – Anforderungen.

[152] pH-Wert >5: z. B. Birke, Rotbuche, Erle, Pappel; pH-Wert < 5: z. B. Eiche, Kiefer.

gende Verfahren, die auch für den Bereich der Faserplatten Gültigkeit besitzen:

- Formaldehyd-arme oder -freie Leime (z. B. pMDI, Misch-Copolymerisate)
- Formaldehyd-arme Harnstoff-Formaldehyd-Leime (Mol-Verhältnis U:F = 1:1 bzw. 1 : <1)
- Zugabe von Formaldehyd-Fängern
- Nutzung Formaldehyd-reaktiver Stoffe im Holz
- Optimierung der Herstellungsprozesse sowie der Klebstoffauswahl
- Nachbehandlung (z. B. Tempern)
- Oberflächenbehandlung (z. B. Beschichtung)

Die Absenkung des Mol-Verhältnisses von Harnstoff zu Formaldehyd führt zu Produktivitätseinbußen in Folge längerer Presszeiten.

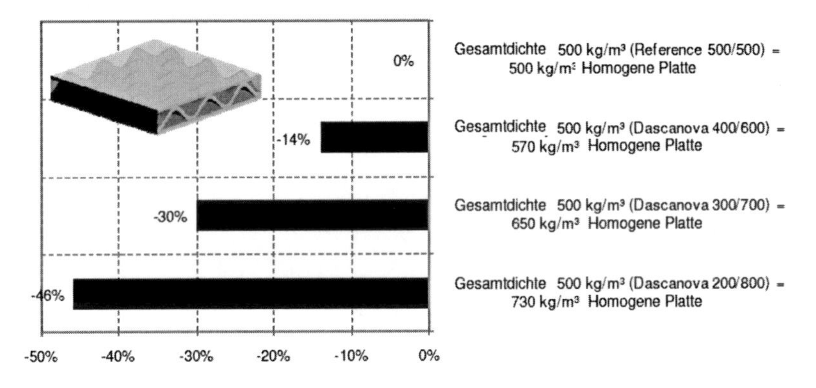

Bild 5-21 Materialeinsparung bei gleicher Biegesteifigkeit *DASCANOVA*-Platte vs. Spanplatte /JOS 2013/

Der Zusatz von Hydrophobierungsmitteln reduziert bei Holz-Teilchen-Verbundwerkstoffen (Spanplatte, MDF) die Dickenquellung und die Geschwindigkeit der Wasseraufnahme (s. Bild 5-23).[153] Die Aufnahme von Wasser aus der dampfförmigen Phase kann nur unwesentlich behindert werden. Weiterhin lassen sich durch Zugabe fungizider, insektizider oder

[153] FTP: Fischer-Tropsch-Wachse, nach einem speziellen Syntheseverfahren hergestelltes Paraffin, überwiegend aus gesättigten, geradkettigen Kohlenwasserstoffen bestehend.

feuerhemmender Wirkstoffe Spanplatten für spezielle Anwendungsgebiete ertüchtigen.

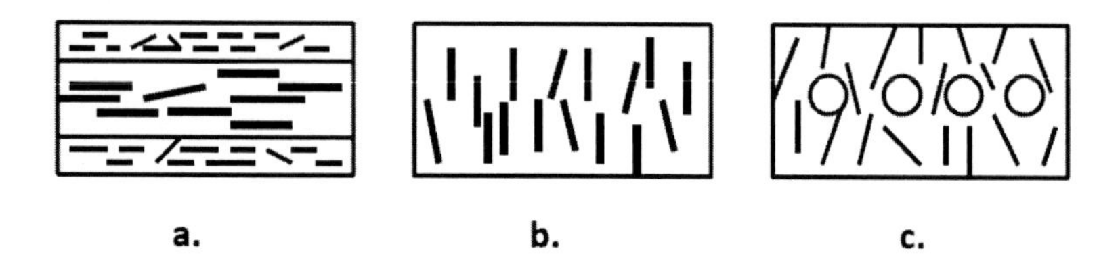

a. b. c.

Bild 5-22: Spanplatten mit unterschiedlicher Spananordnung zur Plattenebene (a) dreischichtig, flachgepresst; b) stranggepresst; c) Röhrenplatte, stranggepresst)

Tabelle 5-7 Bindemittel auf natürlicher, organischer Basis, nach *KEHR* und *SIRCH*

Proteine		Stärke	Tannine	Lignine
tierische	pflanzliche			
Bindegewebe, Knochen, Glutin, Gelatine	Soja	chemisch modifiziert (säurehydrolysiert)	kondensierte Tannine (u. a. Mimosa-Rinde, Quebracho-Holz, Pinus-radiata-Rinde)	Sulfit-Ablaugen
Milcheiweiß 80 %, Kasein 20 %, Molkerei-Eiweiß	Mais	enzymatisch abgebaut	hydrolysierbare Tannine	Sulfat-Ablaugen
Albumin (wasserlöslich, z. B. Blut oder Eiweißalbumin)	Weizen	Native Kartoffelstärke-Fasersubstrate		Organosolf-Lignin
	Raps, Lupine			

Diese Stoffe können bei der Spanbeleimung, durch Tränken der Späne oder durch einen Anstrich der Plattenoberfläche eingebracht werden. Die Zusatzstoffe für feuerhemmende Produkte unterscheiden sich in anorganische, stickstoffbasierte, phosphorisierte oder halogenisierte Flammschutzmittel.[154] Neuere Entwicklungen modifizieren auch Biopolymere /FIS 2014/.

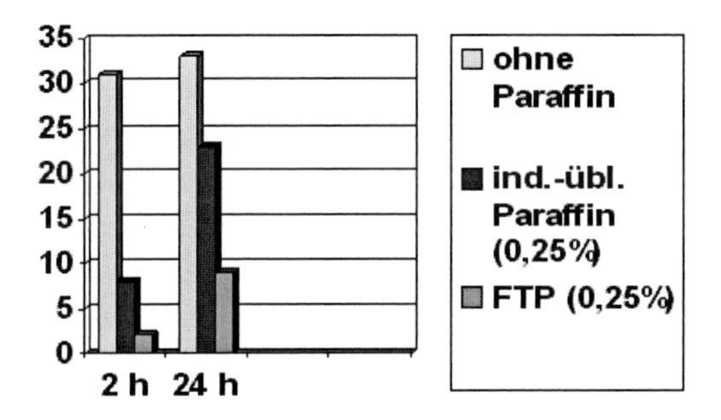

Bild 5-23 Wirkung von Hydrophobierungsmitteln auf die Dickenquellung von MDF /PRÜ 2008/

Struktur und Eigenschaften

Mit wachsender Spanlänge nehmen in Folge der damit einhergehenden interpartikulären Kontaktflächen Biegefestigkeit und Biege-E-Modul zu. Ebenso kommt es zu einem Anstieg der Rauheit der Plattenoberfläche und der Dickenquellung. Ein Anstieg der Spandicke führt hingegen tendenziell zu sinkenden Biegefestigkeiten, während die Querzugfestigkeit bis zu einem Optimum bei ca. 1,1 mm ansteigt. Die Ursache dafür wird in einer Erhöhung der spezifischen Klebstoffauftragsmenge und einer Verschlechterung des Verformungsverhaltens oberhalb des Grenzwerts gesehen.

Die in der Literatur vorliegenden Untersuchungen kommen bezüglich der Querzugfestigkeit jedoch nicht zu einheitlichen Ergebnissen, was vermutlich auf Wechselwirkungen mit anderen Einflussgrößen zurückzuführen ist. Die Oberflächenqualität und die Dickenquellung verschlechtern sich mit zunehmender Spandicke.

Die Rohdichte bestimmt die Ausbildung der meisten physikalisch-mechanischen Eigenschaften von Spanplatten. Übereinstimmende Untersuchungen zahlreicher Autoren verweisen auf einen Anstieg der Bie-

[154] Die Wirkprinzipien bestehen in der Umwandlung flüchtiger Stoffe in nicht brennbare Gase, der Bildung einer Dämmschicht oder der Reduzierung freier Radikalen in der Gasphase.

gefestigkeit, des Biege-E-Moduls sowie der Querzugfestigkeit mit wachsender Rohdichte (Bild 5-24).

Als Richtwert kann – für industriell hergestellte Platten – von einer Erhöhung der Querzugfestigkeit um 0,2 N/mm² je 100 kg/m³ ausgegangen werden. Die Beschaffenheit der Spanoberfläche wirkt sich unmittelbar auf die Güte der Verklebung aus. Rauere Späne (z. B. Schlag- statt Schneidspäne) führen zu deutlichen Verschlechterungen der mechanischen Kenngrößen. Der Einsatz von industriellen Resten wie Hobel- und Frässpänen, Gattersägespänen oder Spanplattenresten führt tendenziell zur Verschlechterung der mechanischen Eigenschaften sowie der Dickenquellung. Gattersägespäne können durch ihre Morphologie die Querzugfestigkeit positiv beeinflussen.

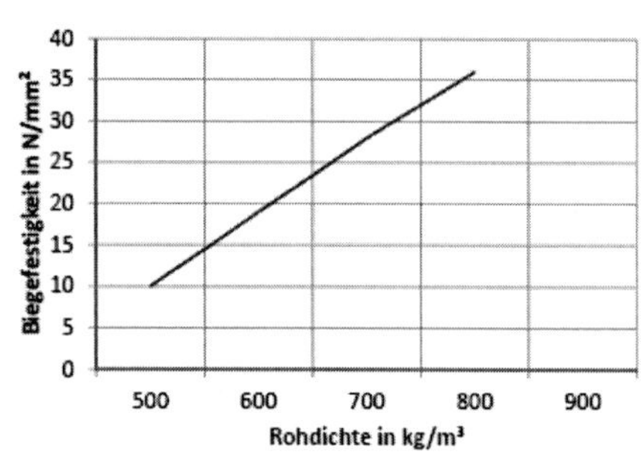

Bild 5-24: Abhängigkeit der Biegefestigkeit von der Rohdichte bei einschichtigen Spanplatten

Die Oberflächenbeschaffenheit von Spanplatten ist bei gleicher Holzart umgekehrt proportional zur Spandicke. Sie verbessert sich demzufolge ebenso mit wachsendem Feingutanteil im Deckschichtmaterial, der sich auch positiv auf die Verringerung der Dickenquellung auswirkt. Eine Vergrößerung der Spanlänge von 5 mm auf 12 bis 15 mm führt zu einem Anwachsen der Rautiefe um über 30 %. Eine Erhöhung des Festharzanteils der Deckschicht um 1 % senkt die Rautiefe um ca. 10 µm. Die Oberflächenbeschaffenheit ist in der DIN EN 312 nicht berücksichtigt.

Tabelle 5-8 Ausgewählte Eigenschaften kunstharzgebundener Spanplatten[155]

Rohdichte in kg/m³	Biegefestigkeit in N/mm2	Querzugfestigkeit in N/mm2	Abhebefestigkeit in N/mm2	Wärmeleitfähigkeit in W/(mK)
575 ... 800	8 ... > 20	0,2 ... > 0,8	0,7 ... > 1,0	0,07 ... 0,20

[155] Die Anforderungen an Spanplatten sind in folgenden Normen beschrieben: Din EN 312 (2010) Spanplatten – Anforderungen; Din EN 16368 (2012) Leichte Spanplatten – Anforderungen; DIN EN 15197 (2007) Flachsspanplatten - Anforderungen

5.4.3 Oriented Strand Board (OSB)

Bild 5-25 Oriented Strand Board (OSB) /AGH 2001/

OSB ist ein Holzwerkstoff aus langen, schlanken Spänen, die als „strands“ bezeichnet werden. Ihre Abmessungen liegen in folgenden Bereichen: Länge 80 bis 150 mm, Dicke 0,6 bis 1,0 mm und Breite 5 bis 25 mm. Als Klebstoffe werden v. a. Phenol-Formaldehyd-Harze, mit Phenolharz modifizierte Melamin-Formaldehyd-Klebstoffe und für die Mittelschichten PMDI eingesetzt. OSB gehört zu den sogenannten „engineered wood products“ und ist in seinen Eigenschaften mit Sperrholz vergleichbar. Der Absperreffekt wird durch eine dreischichtige Ausführung erreicht, wobei eine Kreuzorientierung der Mittellage-Strands oder deren regellose Anordnung üblich ist. Bei der Herstellung von OSB ist eine Entrindung des Holzes erforderlich, da der Verbleib der Rinde die mechanischen und die Quelleigenschaften verschlechtern würde.

Entsprechend der Anwendung unterteilt man OSB in vier Klassen:[156]

- OSB/1: Platten für allgemeine Zwecke und Inneneinrichtungen; Trockenbereich
- OSB/2: Platten für tragende Zwecke, Trockenbereich
- OSB/3: Platten für tragende Zwecke, Feuchtbereich
- OSB/4: hochbelastbare Platten für tragende Zwecke, Feuchtbereich

Die unterschiedlichen Anforderungen für OSB der Klasse 1 sind in Tabelle 5-9 zusammengestellt.

Bei Biegefestigkeit und Biege-E-Modul ist die Auswirkung des Plattenaufbaus gut zu erkennen. Weitere technische Daten für die Verwendung

---

[156] DIN EN 300 (2006): Platten aus langen, flachen, ausgerichteten Spänen (OSB) – Definitionen, Klassifizierung, Anforderungen.

im Bauwesen sind in den Normen DIN EN 13986 und DIN EN V 20000[157] zusammengestellt. Das Quell- und Schwindmaß liegt bei 0,035 %, die Wärmeleitfähigkeit bei 0,13 W/(mK). Exakte Angaben zu den Eigenschaften spezieller Produkte sind in den jeweiligen bauaufsichtlichen Zulassungen enthalten.

Die Güte der Orientierung kann mit Hilfe der folgenden Gleichung quantifiziert werden:

$$\text{Orientierungsgüte} = \frac{\sigma_{bB\parallel OR}}{\sigma_{bB\perp OR}}$$

Durch die Spanorientierung wird der Biege-E-Modul stärker als die Biegefestigkeit beeinflusst. Letztere ist vom Streuwinkel annähernd wie nachstehend dargestellt abhängig:

Tabelle 5-9 Anforderungen an OSB/1 nach DIN EN 300

Eigenschaft	Prüfnorm	Anforderung		
		Plattendicke in mm		
		6 ... 10	>10 ... <18	18 ... 25
Biegefestigkeit – Hauptachse in N/mm²	DIN EN 310	20	18	16
Biegefestigkeit – Nebenachse in N/mm²	DIN EN 310	10	9	8
Biege-E-Modul – Hauptachse in N/mm²	DIN EN 310	2500	2500	2500
Biege-E-Modul – Nebenachse in N/mm²	DIN EN 310	1200	1200	1200
Querzugfestigkeit in N/mm²	DIN EN 319	0,30	0,28	0,26
Dickenquellung 24 in %	DIN EN 317	25	25	25

Tabelle 5-10 Abhängigkeit der Biegefestigkeit vom Streuwinkel

Streuwinkel	0	5	10	15	30
Biegefestigkeit in %	100	97	92	86	67

[157] DIN EN 13986 – Holzwerkstoffe zur Verwendung im Bauwesen; DIN 20000-1 (2012) Anwendung von Bauprodukten in Bauwerken, Teil 1: Holzwerkstoffe.

5.4.4 Langspanholz (LSL)

Langspanholz („laminated strand lumber“, LSL, s. Bild 5-26)[158] wird aus Spänen der Pappel mit den Abmessungen Länge: 300 mm, Dicke: 0,8 mm und Breite: 25 mm hergestellt. Als Bindemittel kommt ein PMDI-Klebstoff zum Einsatz. Der Bindemittelgehalt beträgt ca. 2,5 %, bezogen auf die darrtrockene Holzmasse. Die Dicke von Langspanholz liegt in einem Bereich von 40 bis 140 mm.

Über die Spanorientierung können unterschiedliche Festigkeitsklassen erzeugt werden. Bei der Klasse „S“ sind die Langspäne in Längsrichtung orientiert, bei der Klasse „P“ liegen Langspäne auch quer dazu. Dies wirkt sich sowohl auf die Biegeeigenschaften als auch auf die Querzugfestigkeit aus. Die Biegefestigkeit liegt in einem Bereich von 40 bis 50 N/mm², der Biege-E-Modul bei 10000 bis 12000 N/mm², die Querzugfestigkeit bei >0,1 bis >0,2 N/mm². Für die Rohdichte gilt ein Mindestwert von 600 kg/m³.

Bild 5-26 Langspanholz /AGH 2001/

[158] Handelsnamen von LSL sind u. a. Intrallam, TimberStrand®.

5.4.5 Holzfaserplatten

Holzfaserplatten weisen eine Nenndicke von mindestens 1,5 mm auf und bestehen aus Lignozellulosefasern, die unter Anwendung von Druck und/oder Hitze verpresst werden.[159] Die Faser-Faser-Bindung entsteht durch Zugabe von Klebstoffen und/oder Verfilzen sowie die Reaktivierung holzeigener Bindekräfte.

Hauptklassifizierungsmerkmal von Faserplatten sind die Herstellungsverfahren, die sich nach dem Feuchtegehalt im Prozessschritt der Vliesbildung unterscheiden. Bei Feuchten oberhalb 20 % handelt es sich um ein Nass-, darunter um ein Trockenverfahren. Nach dem Trockenverfahren hergestellte Platten werden als MDF[160] bezeichnet. Weitere Unterscheidungsmerkmale sind:

- Anwendungsbedingungen (Trocken-, Feucht-, Außenbereich) und
- Verwendungszweck (allgemeine oder tragende Verwendung)

Bild 5-27 ordnet bestimmte Plattentypen den Klassifizierungskriterien zu.

Wichtigster Ausgangsstoff für die Herstellung der Lignozellulosefasern ist Holz, wobei bei einem hohen Anteil an Festigungsgewebe (Laubholz: Libriformfasern, Nadelholz: Spätholztracheiden – s. Abschn. 4.1) die Faserstoffausbeute ansteigt /LAM 1966/. Prinzipiell ist auch der Einsatz von Einjahrespflanzen oder Sekundärrohstoffen möglich, deren Verarbeitung technisch-technologische Modifizierungen erfordert.

Die verwendeten Klebstoffe sind dieselben wie bei der Spanplattenproduktion. Phenolharze werden v. a. im Nassverfahren in geringen Mengen eingesetzt und ergänzen die durch Verfilzung und holzeigene Bindestoffe entstehende Festigkeitsausbildung. Für MDF werden ca. 8 bis 12 % Harnstoff-Formaldehyd-Harz, bezogen auf die darrtrockene Holzmasse, verwendet, bei Polyurethan-Verleimungen 2 bis 6 %.

Dem Einsatz von Phenolharzen in MDF stehen bei verschiedenen Vorteilen (minimale Formaldehyd-Emission, hohe Stabilität gegen Hydrolyse, bessere Leitfähigkeit durch den Alkaligehalt) deutliche technologi-

[159] S. DIN EN 316 (2009): Holzfaserplatten – Definition, Klassifizierung und Kurzzeichen; DIN EN 622-5 (2010)Faserplatten-Anforderungen – Teil 5: Anforderungen an Platten nach dem Trockenverfahren.
[160] Ursprünglich ist MDF die Abkürzung für „Mitteldichte Faserplatte" („medium density fiberboard").

sche Nachteile gegenüber: etwa eine verlängerte Presszeit, Leimflecken und eine dunklere Farbe.

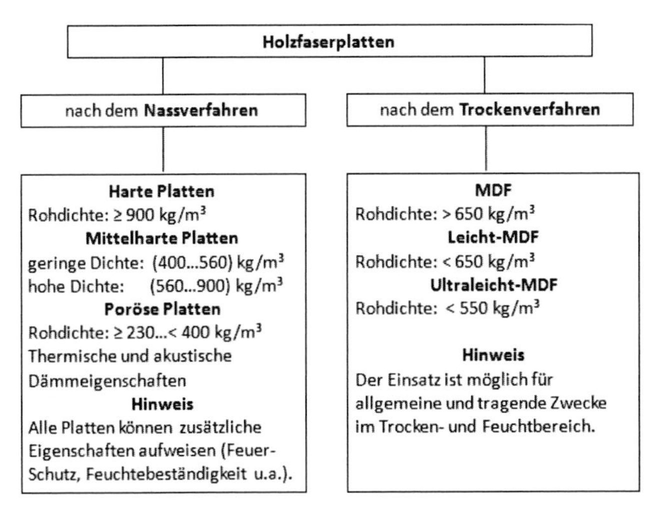

Bild 5-27 Klassifikation von Faserplatten, nach DIN EN 316 und DIN EN 622-5

Struktur und Eigenschaften:

a) Nassverfahren

Die Eigenschaften werden maßgeblich durch die Rohdichte der Platte bestimmt, die wiederum von der Holzart, der Plattendicke, dem Mahlgrad[161] und anderen Einflussgrößen abhängig ist. Mit zunehmender Rohdichte nehmen Biegefestigkeit, Biege-E-Modul und Querzugfestigkeit linear zu. Mit der Erhöhung des Mahlgrads steigt die Biegefestigkeit bis auf ein Optimum und reduziert sich darüber leicht /LAM 1966/.

Das Maximum der Biegefestigkeit liegt bei einer Holzfeuchte von ca. 8 % und sinkt von da steil und ab 25 bis 28 % nur deutlich langsamer, auf Werte von unter 50 % des Maximalwerts ab. Ein ähnliches Verhalten ist für die BRINELL-Härte bei harten Faserplatten zu beobachten. Auch

[161] Der Mahlgrad ist eine Kennziffer für den Aufschluss des Holzes zur Faser. Seine Bestimmung erfolgt z. B. über die Entwässerung einer Fasersuspension nach *SCHOPPER-RIEGLER* (vgl. DIN EN ISO 5267 (2000): Faserstoffe – Bestimmung des Entwässerungsverhaltens – Teil 1: Schopper-Riegler-Verfahren).

durch das Verfahren der Fasererzeugung können die Festigkeitseigenschaften beeinflusst werden, was insbesondere auf die entstehende Fasermorphologie und -fibrillierung zurückzuführen ist. Die Gleichgewichtsfeuchte harter Platten ist neben den physikalischen Umgebungsbedingungen (Temperatur, relative Luftfeuchte) vom Faseraufschlussgrad sowie der Zugabe von Additiven abhängig.

Tabelle 5-11 zeigt die Abhängigkeit von der relativen Luftfeuchte. Qualitativ sind ausgewählte Zusammenhänge zwischen Strukturparametern und Eigenschaften in Bild 5-23 dargestellt.

Tabelle 5-11 Gleichgewichtsfeuchte harter Platten /LAM 1966/

Relative Luftfeuchte in %	Gleichgewichtsfeuchte in %
40	4 … 5
60	6 … 7
80	ca. 10

b) Trockenverfahren – MDF

Die bekannten Zusammenhänge zwischen Strukturparametern und Werkstoffeigenschaften sind auch für MDF gültig (s. Bild 5-28). So steigen mit zunehmender Rohdichte und wachsendem Festharzgehalt die Biege- und Querzugfestigkeit sowie der Biege-E-Modul an. Ein ausgeprägtes Rohdichteprofil verbessert die Werte der Biegebeanspruchung bzw. des Quellverhaltens, verringert aber die Querzugfestigkeiten. Eine höhere mittlere Rohdichte und ein ausgeprägtes Rohdichteprofil reduzieren

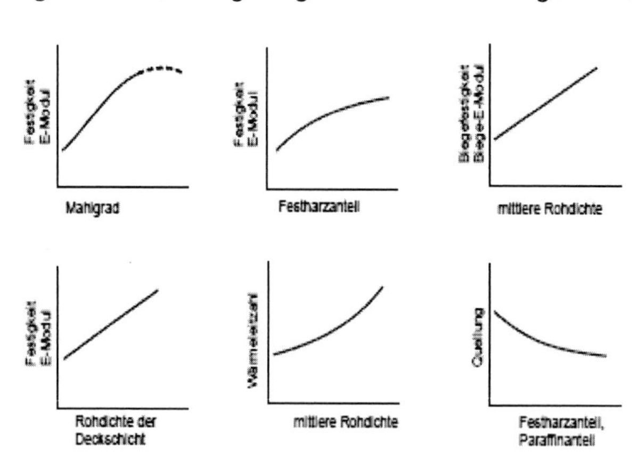

Bild 5-28 Qualitative Darstellung der Wirkung ausgewählter Strukturparameter auf die Eigenschaften von Faserplatten, nach Hänsel et al. /HÄN 1988/

die Formaldehyd-Emission von MDF (/MAR 1992/, /KRU 2010/). Ebenso verbessert ein ausgeprägtes Rohdichteprofil das Kriechverhalten von MDF und die Formstabilität nach Differenzklimalagerung.

Die Oberflächeneigenschaften der Holzfasern haben ebenfalls Einfluss auf die erreichbaren physikalisch-mechanischen Eigenschaften. Die Verknüpfung ihrer Wirkung, bezogen auf einzelne Schritte des Herstellungsverfahrens, zeigt Bild 5-29.

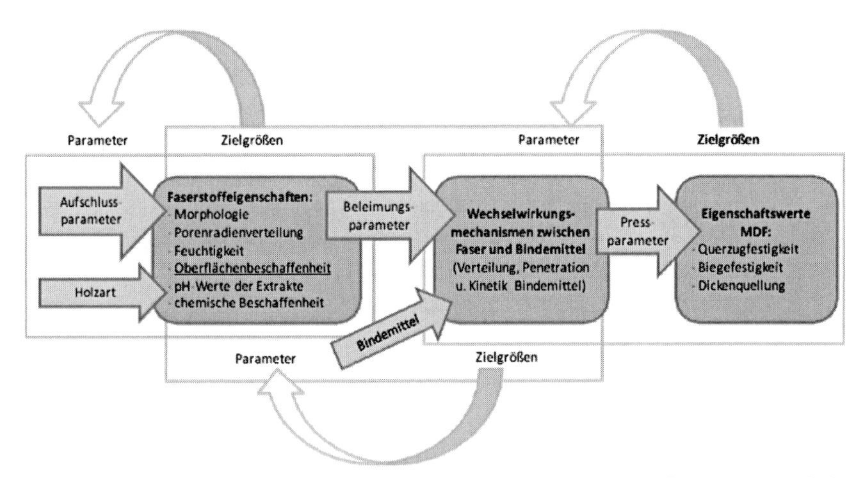

Bild 5-29 Beziehungen zwischen Fasereigenschaft und Zielgrößen bei der MDF-Herstellung, nach *HESSE*

Mit zunehmender Rauheit der Faseroberfläche nehmen Biege- und Querzugfestigkeit von MDF tendenziell ab. Bei Dickenquellung (24 Stunden) und Biegeelastizitätsmodul wird die Wirkung von der eingesetzten Holzart überlagert, da sich in Abhängigkeit von den Bedingungen der Faserherstellung (Faseraufschluss) unterschiedliche Effekte zwischen Faser und Bindemittel sowie der Fasermorphologie ergeben (/CYR 2008/, /KRD 2010/, /WEN2013/). Wärmedämmstoffe können sowohl nach dem Nass- wie nach dem Trockenverfahren hergestellt werden. Für flexible Faserdämmstoffe werden statt üblicher Bindemittel synthetische Fasern durch hohe Temperaturen erweicht und mit den Holzfasern verbunden.[162]

[162] Für weitere Informationen: s. /MOS 2012/ und DIN EN 13171 (2012): Wärmedämmstoffe für Gebäude – Werkmäßig hergestellte Produkte aus Holzfasern (WF) - Spezifikation

5.5 Fragen

1. Charakterisieren Sie die Denkmodelle verschiedener Werkstofftypen im Holzwerkstoffbereich. Ordnen Sie den Modellen Werkstoffe zu und begründen Sie Ihre Entscheidung.
2. Erläutern Sie das Grundprinzip des Aufbaus von Wabenverbundplatten hinsichtlich des Materialeinsatzes und der Biegeeigenschaften.
3. Skizzieren Sie den Aufbau verschiedener Lagenhölzer und diskutieren Sie die Auswirkung auf deren physikalische und mechanische Eigenschaften.
4. Nennen und erläutern Sie die stofflichen Einflüsse auf die mechanischen Eigenschaften eines Faserverbundstoffs.
5. Stellen Sie den Zusammenhang zwischen Volumenanteil der Fasern und Festigkeit bei einem Faserverbundstoff grafisch dar. Erläutern Sie das Schaubild.
6. Leiten Sie den Zusammenhang zwischen Spanschlankheit und Zugfestigkeit bei Spanplatten her und stellen Sie ihn grafisch dar.
7. Welche Hauptkriterien dienen zur Einteilung von Spanplatten nach DIN EN 309?
8. Was verstehen Sie unter OSB? Wie kommt es zur Verbesserung der Biegeeigenschaften gegenüber herkömmlichen Spanplatten nach DIN EN 312?
9. Erläutern Sie die Kriterien der Klassifikation von Holzfaserplatten.
10. Erläutern Sie den Einfluss des Rohdichteprofils auf die Ausprägung der Festigkeitseigenschaften sowie der Formaldehyd-Emission bei MDF.
11. Erläutern Sie für eine dreischichtige Spanplatte, welche Schichten nachstehende Eigenschaften spürbar beeinflussen: Biegefestigkeit, Biege-E-Modul, Querzugfestigkeit, Dickenquellung. Welche Schlussfolgerungen ergeben sich daraus für das Rohdichteprofil sowie die Spanmorphologie und die Festharzanteile in den einzelnen Schichten?

5.6 Ausblick

Holz stellt ein im Laufe der Evolution bezüglich seiner Aufgaben am Organismus Baum optimiertes Material dar. Die in der technischen Anwendung damit einhergehenden problematischen Eigenschaften können durch gezielte Maßnahmen kompensiert bzw. verbessert werden.

Dabei ist es möglich, Holzwerkstoffe sowohl als Konstruktions- als auch als Funktionswerkstoffe zu konzipieren. Letztere weisen besondere Effekte (z. B. biologisch-chemisch, mechanisch usw.) auf, die eine Änderung spezieller Eigenschaften während der Nutzung erlauben.[163] Hauptlinien der Werkstoffentwicklung sind in Bild 5-30 dargestellt.

Neben den in Massenmärkten eingesetzten Materialien (z. B. Spanplatten) wird sich die Entwicklung an den spezifischen Anforderungen von Nischenmärkten (z. B. Schiffsinnenausbau) orientieren, wobei eine Beschreibung der Anforderungen wichtiger Ausgangspunkt gezielter Werkstoffentwicklung ist. Die Prognose zu erwartender Eigenschaften auf Basis physikalischer und/oder empirischer Modelle ist für die technische Anwendbarkeit eine notwendige Voraussetzung. Mögliche Kombinationen verschiedener Strukturparameter wurden bereits in Tabelle 2-1 dargestellt.

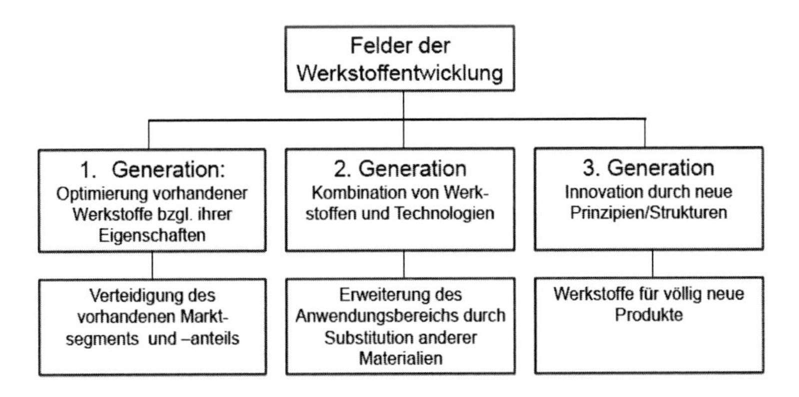

Bild 5-30 Grundrichtungen der Neu- und Weiterentwicklung von Holzwerkstoffen

[163] Ein Beispiel dafür sind Phasenwechselmaterialien, die überschüssige Wärme aufnehmen, speichern und wieder abgeben können (Outlast®-Technologie).

Für innovative Holzwerkstoffe der dritten Generation (s. Bild 5-30) werden auch neue Strukturkombinationen, die sich an der Natur orientieren, systematisch untersucht und/oder man nutzt die Möglichkeiten interdisziplinärer Ansätze (Bild 5-31). Die Nutzung biologischer Vorbilder bzw. das Verstehen dieser Systeme schafft die Voraussetzung für neue technische Lösungen (s.a. /NAC 1998/. Tabelle 5-12 gibt einen Überblick möglicher Ansatzpunkte für biologisch inspirierte Entwicklungen.

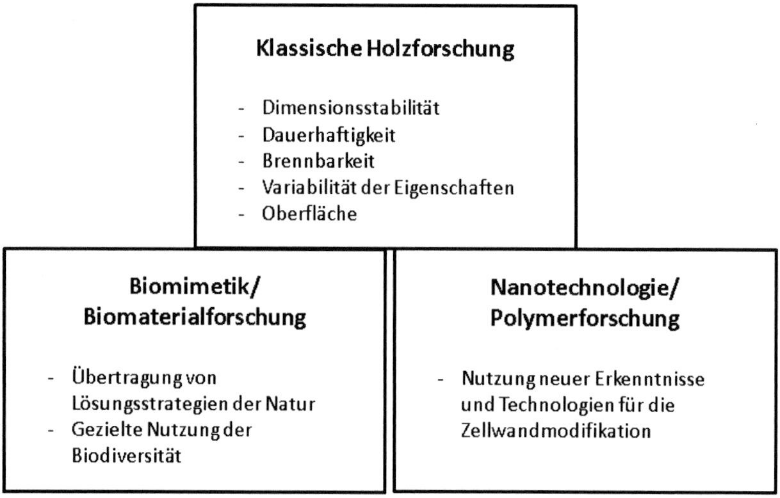

Klassische Holzforschung

- Dimensionsstabilität
- Dauerhaftigkeit
- Brennbarkeit
- Variabilität der Eigenschaften
- Oberfläche

Biomimetik/ Biomaterialforschung

- Übertragung von Lösungsstrategien der Natur
- Gezielte Nutzung der Biodiversität

Nanotechnologie/ Polymerforschung

- Nutzung neuer Erkenntnisse und Technologien für die Zellwandmodifikation

Bild 5-31 Bausteine der Entwicklung von Holzwerkstoffen [/BUR 2013/]

Herausforderungen für die Werkstoffforschung, insbesondere im Wettbewerb mit der chemischen und energetischen Holznutzung, liegen in folgenden Bereichen (s. / RIC 2013/):

- Verbesserung der Leistungsparameter des Naturstoffs Holz gegenüber technischen Materialien
- Integration technischer Funktionen
- möglichst geringe Veränderung der ökologischen Eigenschaften von Holz durch Transformations- und Modifikationsprozesse
- Sicherstellung einer Materialtrennung am Ende des Lebenszyklus
- selektive Modifikation von Funktions- und Grenzschichten unter Maximierung des Anteils nativen Holzes im Produkt

Tabelle 5-12 Grundprinzipien des Aufbaus natürlicher Stoffe und deren technische Anwendung

Prinzip	Wirkung	Vorkommen in der Natur	Technische Umsetzung
Schraubenstruktur	Stabilisierung von Gerüstkonstruktionen	α-Helix von Proteinen, Amylase, Tracheiden	Rohre
Überlappung	Verlängerung kurzer Strukturelemente	Mizellarstruktur im Holz, Tracheiden	Spanplatte, Faserplatte
Verkreuzung	Homogenisierung der Eigenschaften in verschiedenen Richtungen, verschlechterte Spaltbarkeit	Fibrillen, Holzstrahlen, Chitinpanzer der Kerbtiere	faserverstärkte Kunststoffe
Bündelung	Festigkeitserhöhung	Verbindung von Zellulose-Makromolekülen zu einer Elementarfibrille	Schichtholz
Klemmung	Erhöhung der Festigkeit von Faser-Faser-Bindungen	Zellulose-Mikrofibrillen	Filz
Verbund	Verbindung labiler Werkstoffelemente zu standfesten Gebilden	Getreidehalme, Samenschalen, Zellwände bei Tracheiden, Kieselalgen	Sandwich-Bauweise
Zellstruktur	hohe Steifigkeit bei geringem Materialeinsatz	Gräser, Bambus, Kork	Wabenplatten, Lampenmasten
Inkrustationen	Erhöhung der Druck- und Verschiebefestigkeit	Verholzung, Verkalkung	Inserts bei Leichtbauwerkstoffen
Quellungsbewegung	Bewegungen durch Feuchteänderung	Verformung der Schuppen an Zapfen von Nadelbäumen	-
Epidermale Oberflächen	Selbstreinigung	Blattoberflächen (Lotuseffekt)	schmutzabweisende Beschichtungen
Selbstreparatur	Verlängerung der Lebensdauer	Knochenheilung	Faserbeton, der beim Bruch Klebstoffe freisetzt

Anhang

Anhang 1: Tabelle t-Werte nach DIN 1319-3 (1996)

Anzahl der Messwerte	t für 1-seitigen Vertrauensbereich 1-α/2			
	95	97,5	99,5	99,75
2	6,31	12,71	63,66	127,32
3	2,92	4,30	9,92	14,09
4	2,35	3,18	5,82	7,45
5	2,13	2,78	4,60	5,60
6	2,02	2,57	4,03	4,77
7	1,94	2,45	3,71	4,32
8	1,89	2,36	3,50	4,03
9	1,86	2,31	3,36	3,83
10	1,83	2,26	3,25	3,69
11	1,81	2,23	3,17	3,58
12	1,80	2,20	3,11	3,50
13	1,78	2,18	3,05	3,43
20	1,73	2,09	2,86	3,17
30	1,70	2,05	2,76	3,04
50	1,68	2,01	2,68	2,94
80	1,66	1,99	2,64	2,89
100	1,66	1,98	2,63	2,87
125	1,66	1,98	2,62	2,86
200	1,65	1,97	2,60	2,84
>200	1,65	1,96	2,58	2,81
Die Werte für t > 200 werden auch als t_{∞} bezeichnet.				

Anhang 2: Schaubild Sättigungsfeuchte von Luft, **nach Institut für Bauforschung IFB**

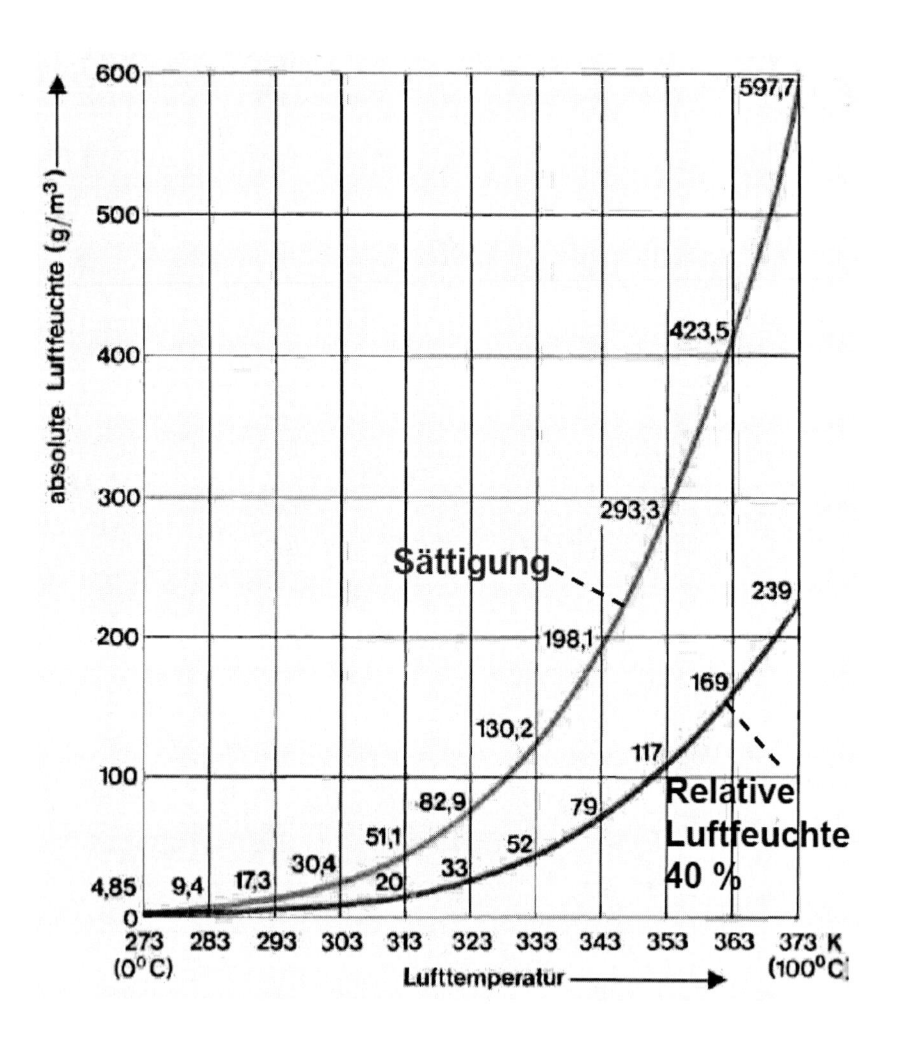

Anhang 3: Übersicht über Anforderungen an Spanplatten für Inneneinrichtungen (einschließlich Möbeln) zur Verwendung im Trockenbereich

Nach DIN EN 312 (2010): Spanplatten – Anforderungen

Eigenschaft	Plattendicke in mm								
	<3	>3...4	>4...6	>6...13	>13... 20	>20... 25	>25... 32	>32... 40	>40
Biegefestigkeit in N/mm²	13	13	12	11	11	10,5	9,5	8,5	7
Biege-E-Modul in N/mm²	1800	1800	1950	1800	1600	1500	1350	1200	1050
Querzugfestigkeit in N/mm²	0,45	0,45	0,45	0,40	0,35	0,30	0,25	0,20	0,20
Abhebefestigkeit in N/mm²	0,8	0,8	0,8	0,8	0,8	0,8	0,8	0,8	0,8

Hinweis:

Die Anforderungen müssen vom 5-%-Quantilwert erfüllt werden, der aus den Mittelwerten einzelner Platten berechnet wird (s. DIN EN 326-1: Holzwerkstoffe – Probenahme, Zuschnitt und Überwachung – Teil 1: Probenahme und Zuschnitt der Prüfkörper sowie Angabe der Prüfergebnisse).

Literaturverzeichnis

AEH 2012 Aehlig, K. 2012: Flüchtige organische Verbindungen und andere Schadstoffe in Produkten aus Holz und Holzwerkstoffen, Vortrag EPH-Servicetage 8,/9.11.2012, Dresden

AGH 2001 Arbeitsgemeinschaft Holz e.V. (2001): Holzbau Handbuch – Reihe 4: Baustoffe – Teil4: Holzwerkstoffe – Folge 1: Konstruktive Holzwerkstoffe, Düsseldorf, 2001

AIC 1993 Aicher, S.; Reinhardt, H.W. (1993): Einfluss der Bauteilgröße in der linearen und nichtlinearen (Holz-)Bruchmechanik, Holz als Roh- und Werkstoff 51(1993)6, S. 215-220

ALT 2013 Altunok, M.; Percin, O,; Wetzig, M. (2013): Untersuchung des strukturellen Verhaltens von Furnierschichtholz (LVL) unter verschiedenen klimatischen Bedingungen, Holztechnologie, Dresden 54(2013)6, S. 23-28

ANN 2009 Anonymus (2009): Untersuchungen zur Verbesserung der technologischen und ökonomischen Voraussetzungen für den Einsatz von Einjahrespflanzen als Rohstoff für die Holzwerkstoffindustrie, Fa. Lud. Kuntz GmbH, Schlussbericht, FKZ: 22020006 (06NR200), 2009

ANO 2008 Anonymus (2008): Technisches Merkblatt – Elektrostatische Ableitfähigkeit von dekorativen Schichtstoffplatten (HPL), Fachgruppe Dekorative Schichtstoffplatten, Frankfurt am Main, 2008

ANO 2009 Anonymus (2009):Informations- und Verarbeitungshandbuch Rheinspan ® AirMaxx, Nolte Holzwerkstoff GmbH & Co. KG, Germersheim, 2009

ANO 2010 Anonymus (2010): Schallemissionsprüfung: Grundlagen – Gerätetechnik – Anwendungen, Firmenschrift, Vallen – Systeme – GmbH, 2010

AMB 2005 Ambrozy, H.-G.; Giertlova,Z. (2005): Planungshandbuch Holzwerkstoffe, Springer, Wien und New York, 2005

AUG 2004 Augustin, M. (2004): Eine zusammenfassende Darstellung der Sortierung von Schnittholz, Diplomarbeit, TU Graz, 2004

AUT 2003 Autorenkollektiv (2003): Taschenbuch der Holztechnik, Carl Hanser Verlag, München, 2003

BAR 2001 Bariska, M. et al. (2001): Holzchemie, Skript, ETH Zürich, Departement Forstwissenschaften, Professur Holzwissenschaften, 2001

BAR 2009 Baron, T. (2009): Untersuchungen an ungeschädigten und durch Pilzbefall geschädigten Nadelholzbauteilen mit ausgewählten Prüfverfahren, Dissertation, Fakultät für Maschinenwesen der TU Dresden, 2009

BOD 1982 Bodig, J.; Jayne, B.A. (1982): Mechanics of Wood and Wood Composites, VNR, New York u. a. 1982

BOE 1992 Boehme, C. (1992): Die Bedeutung des Rohdichteprofils für MDF, Holz als Roh- und Werkstoff, Berlin. 50(1992), S, 18-24

BOR 2002 Borth, O. (2002): Abschätzung der Tragfähigkeit von Queranschlüssen an Trägern aus Voll- und Brettschichtholz im Rahmen der linear- elastischen Bruchmechanik, Weimar, Bauhaus Universität Weimar, 2002

BOS 1956 Bosshard, H.H. (1956): Über die Anisotropie der Holzschwindung, Holz als Roh- und Werkstoff, Berlin 14(1956), S. 286-295

BOW 2003 Bowyer, J.L. et al. (2003): Forest Products and Wood Science, Iowa State Press, Iowa, 2003

BRE 1935 Brenner, P.; Kraemer, O. (1935): Holzvergütung durch Kunstharzverleimung, Fachausschuss für Holzfragen, Heft 12, VDI, 1935

BRI 2013 Britzke, M. u.a. (2013): Entwicklung einer 3D-formabren Wabenstruktur zur Fertigung leichter Sandwichelemente, Vortrag, 10. Holzwerkstoffkolloquium, Dresden, 12./13.12.2013

BUC 1991 Buchanan, A.H. (1991): Building Materials and the Greenhouse Effect, New Zealand Journal of Timber Construction, 7(1991)1

BUR 1965 Burmester, A. (1965): Zusammenhang zwischen Schallgeschwindigkeit und morphologischen, physikalischen und mechanischen Eigenschaften von Holz, Holz als Roh- und Werkstoff, 23(1965), S. 227-236

BUR 2013 Burgert, I. (2013): Bio-inspirierte Materialien in der Holzforschung, Vortrag, 10. Holzwerkstoffkolloquium, Dresden, 12./13.12.2013

CAI 2005 Cai, I. (2005): Determination of diffusion coefficients for sub-alpine fir, Wood Sience and Technology 39(2005) S. 153-162

CHR 2011 Christoph,R.; Neumann, H.-J. (2011): Röntgentomografie in der industriellen Messtechnik, Verlag Moderne Industrie, München, 2011

CUD 1987 Cudinov, B.S. (1987): Gesetzmäßigkeiten der Quellung von idealisiertem Holz, Holztechnologie, Leipzig 28(1987), S. 83-85

CYR 2008 Cyr, P.-L.; Riedl, B.; Wang, X.-M. (2008): Investigation of Urea-Melamine-Formaldehyde (UMF) resin penetration in Medium-Density-Fibreboard (MDF) by High resolution Confocal Laser Scanning Microscopy, Holz als Roh- und Werkstoff, Berlin 66(2008), S. 129-134

DEP 2000 Deppe, H.-J.; Ernst, K. (2000): Taschenbuch der Spanplattentechnik, 4. Überarbeitete und erweiterte Auflage, DRW, Leinfelden-Echterdingen, 2000

DEP 1996 Deppe, H.-J.; Ernst, K. (1996): MDF-Mitteldichte Faserplatten, DRW, Leinfelden-Echterdingen, 1996

DIE 2005 Dietrich, E.; Schulze, A.; Conrad, St. (2005): Eignungsnachweis von Messsystemen, 2. akt. Aufl., Hanser, München und Wien, 2005

DIX 2014 Dix, B. (2014): Formaldehydarme Holzwerkstoffe mit Aminoplastharzen als Bindemittel, Holztechnologie, Dresden, 55(2014), S. 11-18

DUB 2008 Dube, H.; Scherfke, R. (2008): Untersuchungen ausgewählter Einflussgrößen auf die Herstellung zementgebundener Spanplatten im Heißpressverfahren, Holztechnologie, Dresden (49(2008), S. 11-16

EIC 1970 Eichler, H. (1970): Holzkunde, Lehrwerk für das Ingenieur-Fernstudium, Institut für Fachschulwesen, Karl-Marx-Stadt, 1970

ENG 2007 Engström, B. (2007): Online measurement of formaldehyde in the wood-based Industry, Vortrag 2.Fachtagung Holztechnologie, Göttingen 6./7.11.2007

FAI 2008 Faix, O. (2008): Chemie des Holzes, in Wagenführ, A./Scholz, F.: Taschenbuch der Holztechnik, Carl Hanser Verlag, München, 2003

FEN 2003 Fengel, D.; Wegener,G. (2003): Wood. Chemistry, Ultrastructure, Reactions, De Gruyter, Berlin, 2003

FIS 2014 Fischer, St. et al. (2014): Biobasierte Brandschutzmittel für Holzwerkstoffe und Dämmstoffe, Vortrag, 16. Holztechnologische Kolloquium, Dresden, 3./4.4.2014

FLE 1957 Flemming, H. (1957): Die Bestimmung der Oberflächengüte an schwierigem Material, Zeitschrift für wirtschaftliche Fertigung, Leipzig 56(1957) S. 67-72

FLE 1962 Flemming, H. (1961): Gesetzmäßigkeiten der Bildung und Eigenschaften von Faserstrukturkörpern, Holztechnologie, Leipzig, Teil 1: 3(1962), S. 7-18; Teil 2: 3(1962), S. 105-110

FOR 2003 Fortuin, G. (2003): Anwendung mathematischer Modelle zur Beschreibung der technischen Konvektionstrocknung von Schnittholz, Diss., Universität Hamburg, Fachbereich Biologie, 2003

FOR 2010 Forest Products Laboratory 2010: Wood handbook, Madison, WI: U.S. Department of Agriculture, Forest Service, Forest Products Laboratory, 2010

GEI 1980 Geier, K. (1980): Berücksichtigung der Schubverformung bei der Ermittlung des Elastizitätsmoduls von Holz im statischen Biegeversuch, Holztechnologie, Leipzig, 21(1980)2, S. 102-106

GIB 1960 Gibbs & Cox Inc. (1960): Marine Design Manuel for Fiberglass Reinforced Plastics, New York, MvGraw-Hill Book Company, 1960

GÖH 1954 Göhre, K. (1954): Werkstoff Holz, Verlag Technik, Berlin, 1954

GÖL 1976 Göldner, H.; Holzweißig, F. (1976): Leitfaden der Technischen Mechanik, 5. neubearbeitete Aufl., Fachbuchverlag, Leipzig, 1976

GÖR 1984 Görlacher,R. (1984): Ein neues Meßverfahren zur Bestimmung des Elastizitätsmoduls von Holz, Holz als Roh- und Werkstoff, Berlin 42(1984), S. 219-222

GRI 1999 Grimsel, M. (1999): Mechanisches Verhalten von Holz, w.e.b. Universitätsverlag, Dresden, 1999

GUT 2000 Gutwasser, Frank (2000): Übungsaufgaben Holzphysik, FH Eberswalde, Fachbereich Holztechnik, 2000

HAA 2006 Haaben,C.; Sander,C.; Hapla,F. (2006): Untersuchungen der Stammqualität verschiedener Laubholzarten mittels Schallimpulstomografie Holztechnologie, Dresden 47(2006) S. 5-12

HAI 1946 Hailwood, A.J.; Horrobin, s. (1946): Absorption of water by polymers: analysis in terms of a simple model, Transactions of the Faraday Society, London, 42(1946), S. 84-102

HAL 2010 Hamann, Lemke (2010): Merkblatt- Hochleistungsholztragwerke-Formholz, Institut für angewandte Forschung im Bauwesen e.V., Berlin 2010

HAM 2010 Hamann, Birk (2010): Merkblatt- Hochleistungsholztragwerke - verdichtetes Holz, Institut für angewandte Forschung im Bauwesen e.V., Berlin 2010

HÄK 1988 Hänsel, A.; Kühne, G. (1988): Untersuchungen zur Mechanik der Spanplatte, Holzforschung und Holzverwertung, Wien, 40(1988), S, 1-5

HÄN 1987 Hänsel, A. (1987): Grundlegende Untersuchungen zur Optimierung der Struktur von Spanplatten, Dissertation A, TU Dresden, 1987

HÄN 1988 Hänsel, A.; Niemz, P.; Wagenführ, R. (1988): Beziehungen zwischen Struktur und Eigenschaften von Vollholz und Holzwerkstoffen. Teil 3, Holztechnologie, Leipzig 29(1988)3, S. 125- 130

HÄN 1989 Hänsel, A.; Niemz, P.(1989): Untersuchungen zur Schallemission von Holzwerkstoffen bei Biegebeanspruchung, Holztechnologie, Leipzig, 30(1989)2, S. 92-95

HÄN 1990 Hänsel, A. (1990): Wege zur Weiterentwicklung von Gestaltung, Herstellung und Verarbeitung von Holzwerkstoffen, Dissertation B, TU Dresden, 1990

HÄN 2012 Hänsel, A. (2012): Einführung in die Methoden zur Beschreibung und Verbesserung von Produkten und Prozessen in Hänsel, A.; Linde, H.-P. (Hrsg.) Grundwissen für Holzingenieure Band 1, Berlin, LOGOS, 2012

HER 2012 Hering, St. (2012): Charakterisierung und Modellierung der Materialeigenschaften von Rotbuchenholz zur Simulation von Holzverklebungen, Dissertation ETH Zürich, 2012

HER 2013 Herold, J. et al. (2013): Möbelkonstruktion in Leichtbauweise optimieren – Teil 3: Neue Prüfmethoden zur Bewertung lokaler Eigenschaften von Sandwichplatten, Holz- Zentralblatt, 139(2013), S. 205-206

HIN 1972 Hintersdorf, G. (1972): Tragwerke aus Plaste, Verlag für Bauwesen, Berlin, 1972

HOF 1984 Hofstrand, A.D.; Moslemi, A.A.; Garcia, J.F. (1984): Curing characteristics of wood particles from nine northern Rocky Mountains species mixed with Portland cement, Forest Prod. Journal, 34 (1984), S. 57-61

HOL 1966 Holister, G.S.; Thomas, C. (1966): Fiber Reinforced Materials, Elsevier Publishing Co. Ltd.; Amsterdam, London, New York, 1966

JAN 1990 Jann, O.; Deppe, H.-J. (1990): Zur Berücksichtigung der Materialfeuchte bei der Formaldehydmessung von Spanplatten, Holz als Roh- und Werkstoff 48(1990) S. 365-369

JOS 2013 Joscak, T. (2013): Dreidimensionale Modifikation der Matte bei Holzwerkstoffplatten, Vortrag GreCon Holzwerkstoffsymposium, Magdeburg, 20.9.2013

JUN 2010	Jung, S. (2010): Oberflächenbeurteilung, Universität Stuttgart, Institut für Maschinenelemente, Lehrmaterial 2010
KAI 1950	Kaiser, J. (1950): Untersuchungen über das Auftreten von Geräuschen beim Zugversuch Dissertation, TH München, 1950
KOL 1951	Kollmann,F. (1951): Technologie des Holzes und der Holzwerkstoffe Bd.1; 2. Aufl., Springer, Berlin u. a. 1951
KOL 1967	Kollmann, F. (1967): Verformungen und Bruchgeschehen bei Holz als einem anisotropen, inhomogenen, porigen Festkörper, VD I- Forschungsheft 520, VDI-Verlag, Düsseldorf, 1967
KOL 1968	Kollmann, F.; Cote, W.A. (1968): Principles of Wood Science and Technology, Springer, Berlin u. a. 1968
KRD 2010	Krug, D. (2010): Einfluss der Faserstoffaufschlussbedingungen und des Bindemittels auf die Eigenschaften von mitteldichten Faserplatten (MDF) für eine Verwendung im Feucht- und Außenbereich, Dissertation, Universität Hamburg, Department Biologie, 2010
KRU 2010	Krug, D. et al. (2010): Dauerstandverhalten und Formstabilität von MDF mit ausgeprägtem und ausgeglichenem Rohdichteprofil bei anwendungs- und festigkeitsbezogener Belastung, Holztechnologie, Dresden, 51(2010), S. 11-15
KUC 1998	Kucera, L.J. u.a. (1998): Vergleichende Messungen zur Ermittlung der Eigenschaften von Fichtenholz mittels Eigenfrequenz und Schallgeschwindigkeit, Holzforschung und Holzverwertung, Wien, 41(1998), S. 96-98
KUP 1997	Kupfer, K. u.a. (1997): Materialfeuchtemessung, Bd. 513, Expert, Renningen, 1997
Lam 1966	Lampert, H. (1966): Faserplatten, Fachbuchverlag Leipzig, 1966
LOH 2010	Lohmeyer, G.C.O.; Post, M.; Bergmann, H. (2010): Praktische Bauphysik, Vieweg+Teubner, 7. Aufl., Wiesbaden 2010
MAI 2007	Mai, C. (2007): Chemische Modifizierung von Holz, 2. Fachtagung Holztechnologie, 6./7.11. 2007
MAR 1992	Marutzky, R.; Flentge, A.; Boehme,C. (1992): Abhängigkeit der Formaldehydabgabe von MDF vom Rohdichteprofil, Holz als Roh- und Werkstoff, Berlin 50(1992), s: 239-240
MAU 2008	Mauk, P.J. u.a. (2008): Schwingfestigkeit im Wöhlerversuch, Universität Duisburg-Essen, Institut für Produkt Engineering, Skriptum, 2008
MAT 2010	Mattheck, C. (2010): Denkwerkzeuge nach der Natur, 1. Aufl., Karlsruher Institut für Technologie, 2010
MEH 1986	Mehlhorn, L. (1986): Normierungsverfahren für die Formaldehydabgabe von Spanplatten, Adhäsion, (1986)6, S. 27-33
MEY 1994	Meyer, B.; Boehme, C. (1994): Formaldehydabgabe von natürlich gewachsenem Holz, Holz-Zentralblatt 120(1994) S. 1969, 1971,1972

MEY 2012 Meyer, B. et al. (2012): Messung erforderlich oder Umrechnung möglich? Holz-Zentralblatt, Leinfelden-Echterdingen 138(2012) S. 779-780

MOM 1993 Mombäcker, R.; Augustin, H.(1993): Holzlexikon, DRW, Stuttgart 1993

MOS 2012 Mosch, M.; Wiegand, T. (2012): Holzfaserdämmstoffe: Eigeenschaften - Anforderungen – Anwendungen. Holzbau Handbuch, Reihe 4, Teil 5, Folge 2, Verband Holzfaserdämmstoffe e.V., Wuppertal, 2012

MPA 2012 http://www.mpanrw.eu/downloads/informationsmaterial/ (4.4.2014)

NAC 1998 Nachtigall, W. (1998): Bionik – Grundlagen und Beispiele für Ingenieure und Naturwissenschaftler, Springer, Berlin u.a., 1998

NEU 1982 Neusser, H. (1982): Die Oberfläche von Spanplatten –Eigenschaften und Ursachen, Vortrag Mobil-Oil Symposium für die Spanplattenindustrie, Timmendorfer Strand, 16.6.1982

NIE 1987 Niemz, P.; Hänsel, A. (1987): Zur Anwendung der Schallemissionsanalyse in der Holzwerkstoffforschung, Holztechnologie, Leipzig, 28(1987)6, S. 293-297

NIE 1993 Niemz, P. (1993): Physik des Holzes und der Holzwerkstoffe, DRW, Leinfelden-Echterdingen, 1993

NIE 1998 Niemz, P. u.a. (1998): Vergleichende Untersuchungen zur Bestimmung des dynamischen E-Moduls mittels-Schall-Laufzeit und Resonanzfrequenzmessung, Holzforschung und Holzverwertung, Wien 41(1998), S. 91-93

NIE 2001 Niemz, P. (2001): Innere Defekte von Holz mit Schall bestimmt, Holz-Zentralblatt, Leinfelden-Echterdingen, 127(2001)12, S. 169-171

NIE 2007 Niemz, P. (2007): Thermoholz – Stand der Kenntnisse und Verwendung, 2. Fachtagung Holztechnologie, 6./7.11. 2007

NIE 2010 Niemz, P.; Gereke, Th.; Sonderegger, W. (2010): Verwendung von Massivholzplatten im Bauwesen, Holz-Zentralblatt (2010)22 S. 544-545

NIE 2011 Niemz, P.; Sonderegger, W. (2011): Untersuchungen zur Wärmeleitung von Vollholz und Werkstoffen auf Vollholzbasis, wesentliche Einflussfaktoren, Bauphysik , Berlin 137(2011), S. 299-305

OZY 2013 Ozyhar, T.; Hering, St.; Niemz, P. (2013): Moisture-dependent orthotropic tension-compression asymmetrie of wood, Holzforschung, Berlin, New York 67(2013)4, S. 395-404

PAU 1986 Paulitsch, M. (1986): Methoden der Spanplattenuntersuchung, Springer, Berlin u.a., 1986

PAB 2007 Pabel, T.; Golser, M.; Neumüller, A. (2007): Computertomographie bei Holz, Holzforschung Austria, Wien 5(2007), S. 8-9

PFR 2007 Pfriem, A. (2007): Untersuchungen zum Materialverhalten thermisch modifizierter Hölzer für deren Verwendung im Musikinstrumentenbau, Dissertation, Fakultät für Maschinenwesen der TU Dresden, 2007

PIL 2004 Pilz, E. (2004): Restfeuchtemessung zur Qualitätssicherung, P&A Kompendium 2004 (Beitrag aus more@click 29.6.2012)

POL 1982 Pozgaj, A. (1982): Verformung von Holz bei Dauerstand - Biegebelastung im Außenklima, Holztechnologie, Leipzig 23(1982)1, S. 36-40

POP 2005 Poppensieker, J.; Thömen, H. (2005): Wabenplatten für den Möbelbau, Bundesforschungsanstalt für Holzwirtschaft und Universität Hamburg Zentrum Holzwirtschaft, 2005

POT 1982 Potasev, O. C.; Lapsin, J.G. (1982): Mechanika drevesnych plit, Lesnaja Promyslenost, Moskau, 1982

PRÜ 2008 Prüsmann, M. (2008): Kleine Mittel – Große Wirkung: Synthetische Hydrophobierungsmittel in der Holzwerkstoffindustrie, Vortrag, 3. Fachtagung Holztechnologie, 26./27.11.2088 Göttingen

RAC 1963 Rackwitz, G. (1963): Einfluss der Spanabmessungen auf einige Eigenschaften von Holzspanplatten, Holz als Roh- und Werkstoff, Berlin, 21(1963), S. 200-209

RAF 1966 Rafalski, J. (1966): Dielektrische Eigenschaften verdichteten Rotbuchenholzes, Holztechnologie, Leipzig 7(1966) 2, S. 118-122

RAP 2011 Rapp, A.O.; Sudhoff, P.; Pittich, D. (2011): Schäden an Holzfußböden, Stuttgart, Fraunhofer IRB Verlag, 2011

RAS 1973 Rusche, H. (1973): Einfluss von Einspannung und Probenform auf die Spannungsverteilung von Zugstäben aus Holz, Holz als Roh- und Werkstoff, Berlin 31(1973), S. 348-351

REC 1958 Recknagel, A. (1958): Physik – Schwingungen und Wellen - Wärmelehre, 5. Aufl., Verlag Technik, Berlin 1958

REI 1978 Reiter, L., Gfeller, B.; (1978):Die Saugfähigkeit von Spanplattenoberflächen, Holz-Zentralblatt 104(1978) S. 1709-1711

REI 2010 Reissner, J. (2010): Werkstoffkunde für Bachelors, Hanser Verlag, München und Wien, 2010

REY 2005 Reynolds, M.S. (2005): Hydro-thermal stabilization of wood-based materials, Master-Thesis, Blacksburg, Virginia, 2005

RIC 2013 Richter, K. (2013): Holz als neuer Werkstoff – Herausforderungen und Trends aus der Sicht der Forschung und Entwicklung, Vortrag, Kooperationsforum Holz als neuer Werkstoff, Regensburg, 6.11.2013

RIE 1989 Rietz, G. (1989): Zur Brandgefährlichkeit von Holz, Holztechnologie, Leipzig 30(1989)5, S. 236-239

RIN 2012 Rinn, F. (2012): Basics of micro-resistance drilling for timber inspection, Holztechnologie, Dresden 3(2012), S. 24-29

RIS 2007 Risholm-Sundman, M. et al. (2007): Formaldehyde emission – Comparison of different standard methods, Atmospheric Environment, Amsterdam, 41(2007), S. 3193-3202

ROF 2011 Roffale, E.; Uhde, M. (2011): Lagerung reduziert Formaldehydemission aus Spänen, Holz-Zentralblatt 137 (2011) S. 272-273

ROF 2013 Roffael, E. (2013): Formaldehydabgabe von Holz ist eine variable Größe, Holz-Zentralblatt 138(2013) S. 1248- 1250

ROS 1965 Rose, G. (1965): Das mechanische Verhalten des Kiefernholzes bei dynamischer Beanspruchung in Abhängigkeit von Belastungsart, Belastungsgröße und Temperatur, Holz als Roh- und Werkstoff, Berlin 23(1965)7, S.271-284

ROS 2012 Rosenthal, M.; Bäucker, E. (2012): Der Zellwandbau von Nadelholztracheiden, Holz-Zentralblatt 138(2012), S. 10-11

RUG 2011 Rug, W. u.a. (2011): Vergleichende Festigkeitsuntersuchungen an Holz mit dem Dynstat-Verfahren, Holztechnologie, Dresden 52(2011)6, S. 34-40

SCH 1988 Schönfelder, C.; Kollert, R. (1988): Beziehungen zwischen den Ergebnissen von Biege- und Schlagbiegefestigkeitsprüfungen, Holztechnologie, Leipzig 29(1988)3, S. 135-137

SCH 1990 Schubert, B.; Wienhaus, O.; Bloßfeld, O. (1990): Untersuchungen zum System Holz-Zement – Einfluss unterschiedlicher Zementarten, Holz als Roh- und Werkstoff, Berlin 48(1990). S. 185-189

SCH 2008 Schlemm, U. et al. (2008): Feuchtemessung in Weizen mit der Mikrowellen-Resonanzmethode, Mühle + Mischfutter 145 (2008)23, S. 786-789

SCH 2011 Schulze Johann,Chr. 2011; Einführung einer automatisierten Gasanalysemesstechnik zur Produktionsüberwachung von Spanplatten unterhalb der Emissionsklasse E1, Abschlussarbeit, BA Melle, 2011

SCH 2012 Schulz, T.; Scheiding, W.; Fischer, M. (2012): Sperrholz und Sperrholzformteile aus thermisch modifizierten Hölzern, Holztechnologie, Dresden, 53(2012)4, S. 18-24

SCW 1990 Schubert, B.; Wienhaus, O.; Bloßfeld,O. (1990): Untersuchungen zum System Holz-Zement- Einfluss unterschiedlicher Holzarten, Holz als Roh- und Werkstoff, Berlin, 48(1990), S. 423-428

SCW 2008 Scheiding, W. (2008): Verfahren zur Herstellung von TMT, Merkblatt, Sonderdruck des IHD Dresden, 2008

SEH 2003 Sehnal, E. (2003): Extrusion of Natural Fibre Materials – a Field with New Opportunities, Wood Fibre Polymer Composites Symposium – Applications and Trends, Bordeaux, 2003

SIM 1973 Simpson, W.T. (1973): Equilibrium moisture content prediction of wood, Forest Product Journal, Madison, 21(1971)1, S. 41-48

SIM1993 Simatupang, M. H.; Neubauer, A: (1993): Fertigung und Eigenschaften von schnell abbindenden, zementgebundenen Spanplatten, hergestellt durch Begasung mit Kohlendioxid, Holz als Roh- und Werkstoff, Berlin, 51(1993), S. 309-311

SKA 1972 Skaar, Ch. (1972): Water in Wood, Syracuse Univ. Press; Syracuse, New York, 1972

SKA 1980 Skaar, Ch. (1980): Wood-Water Relations, Springer, Berlin u. a. 1980

SON 2011 Sonderegger, W. et al. (2011): Combined bound water and water vapour diffusion of Norway spruce and European beech in and between the principal anatomical directions, Holzforschung, Berlin und Boston, 65(2011) S. 819-828

SPA 2014 http://www.spahn-platten.de/sortiment/tipla/index.html (6.4.2014)

STA 2006 Stadelbauer, W.; Sehnal, E.; Weiermayer, L. (2006): Wood Plastic Composites, Bundesministerium für Verkehr, Innovation und Technologie, Wien, Berichte aus Energie- und Umweltforschung 68/2006

STA 2010 Standfest, G. et al. (2010): Sub-Mikromter-Computertomographie für die Charakterisierung von Holzwerkstoffen, Holztechnologie, Dresden 51(2010), S. 44-49

STE 2004 Steiger, B.; Niemz, P. (2004): Untersuchungen zu ausgewählten Einflussfaktoren auf die Eigenschaften von dreischichtigen Massivholzplatten, Holz (2004)2 S. 29-32

STE 2011 Steeb, S. u.a. (2011): Zerstörungsfreie Werkstück- und Werkstoffprüfung; 4. akt. Auflage expert; Renningen, 2011

THO 1992 Thole, V.; Weiß, D. (1992): Eignung von Einjahrespflanzen als Zuschlagstoffe für Gipsspanplatten, Holz als Roh- und Werkstoff, Berlin 50(1992); 241- 245

TRE 1955 Trendelenburg,R., Mayer-Wegelin, H. (1955): Das Holz als Rohstoff, 2. Aufl., Carl Hanser, München, 1955

TOB 1998 Tobisch, S., Mittag, C. (1998): Zerstörungsfreie Untersuchung von Schadphänomenen an Bauholz, Holz-Zentralblatt, Leinfelden-Echterdingen 123(1998) S. 236-238

TOB 2000 Tobisch, St.; Plattes, D. (2000): Eigenschaften dreischichtiger Massivholzplatten. Erste orientierende Untersuchungen zur Beeinflussung der elastomechanischen Eigenschaften in Plattenebene, Holz-Zentralblatt (2000)65/86 S. 1148, 1159

TOB 2007 Tobisch, St. (2007): Mehrlagige Massivholzplatten, VDM Verlag Dr. Müller, 2007

TOL 2010 Tollert, M. (2010): Untersuchung der mechanischen Eigenschaften von Kompaktzugproben aus Eibe und Fichte in Abhängigkeit von der Rissausbreitungsrichtung, Diplomarbeit, Staatliche Studienakademie Dresden, 2010

TOM 1977 Tomin, M.(1977): Zur Rißausbreitung im Holz bei Schwingbeanspruchung, Holztechnologie, Leipzig 18(1977)1, S. 22-26

TOR 1990 Torgovnivkov, G.I. (1990): Dielektrische Eigenschaften von absolut trockenem Holz und Holzstoff, Holztechnologie, Leipzig 30(1990)1, S. 9-11

VOL 2005 Volk, R. (2005): Rauheitsmessung – Theorie und Praxis, Beuth, Berlin, 2005

VOR 1949 Vorreiter, L. (1949): Holztechnologisches Handbuch, Georg Fromme & Co., Wien, 1949

WAG 1980 Wagenführ, R. (1980): Anatomie des Holzes, 2. neubearb. Auflage, Fachbuchverlag, Leipzig, 1980

WAG 2007 Wagenführ, A.; Scholz, F. (Hrsg.) (2007): Taschenbuch der Holztechnik, Fachbuchverlag Leipzig im Carl-Hanser-Verlag, Leipzig, 2007

WAL 1977 Walter, F. (1977): Prüftechnik in der Holzindustrie, Fachbuchverlag, Leipzig, 1973

WEI 1936 Weibull, W. (1936): A statistical theory of the strength of materials, Ingeniörsvetenskapsaakademiens, Handlingar Nr. 151, Stockholm 1936

WEA 2011 http://www.zimmerin.de/zihi/fragen/goepel/haengewerk.shtml (Zugriff: 10.12.11)

WEB 2002 Weber, P. (2002): Holzbiologie Teil 3, Skript ETH Zürich Departement Forstwissenschaften, Professur Holzwissenschaften, 2002

WEB 2011 www.e-teaching-austria.at/.../Holzfeuchte/s_holzfeuchte_ls.doc? *(Zugriff: 22.12.2011)*

WEC 2012 http://eur-lex.europa.eu/LexUriServ/LexUriServ.do?uri=OJ:L:2011:088:0005:0043:DE:PDF *(24.05.2012)*

WED 2012 www.baurecht.de/gesetze (24.5.2012)

WEE 2012 http://www.dibt.de/de/data/BRL/Bauregelliste_2012_1.pdf (24.052012)

WEF 2012 http://www.iot.rwth-aachen.de/index.php?id=268 (22.10.2012)

WEG 2012 http://www.ucsc.edu (3.11.2012)

WEH 2012 http://www. Umweltbundes-amt.de/produkte/bauprodukte/dokumente/agbb_bewertungsschema_2012.pdf (21.11.2012)

WEN 2013 Wenderdel, C. et al. (2013): Influence of surface roughness of wood fibres on properties of Medium Density Fibre Board, ICWS Transilvania University of Brasov, Nov. 2013

WET 2011 Wetzig, M.; Sonderegger, W.; Niemz, P. (2011): Wärmeleitfähigkeit verschiedener Holzarten, Holz-Zentralblatt (2011)37, S. 914

WIE 2009 Weiß, B. (2009): Angewandte Holzanatomie unter besonderer Berücksichtigung der Holztechnik, Vortrag, Holzanatomisches Kolloquium, Dresden, 30.1.2009

WIM 2011 Wimmer, R.; Felber, G.; Teischinger, A. (2011): Biegemechanische Eigenschaften von Fichte in Abhängigkeit von Feuchtigkeit und Temperatur, Holztechnologie (2011)52, S. 17-21

WOJ 1981 Wojtowicz, A. (1981): Untersuchung einiger elektrischer Eigenschaften von natürlichem und mit Polystyren modifiziertem Buchenholz, Holztechnologie 22(1981)4, S. 201-206

YOS 2009 Yoshihara, Hiroshi (2009): Prediction off-axis-stress-strain relation of wood under compression loading, Eur. J. Wood Prod. (2009)67, S. 183-188

Stichwortverzeichnis

Bisher erschienene Bände der Reihe

Grundwissen für Holzingenieure

ISSN 2193-939X

1	Andreas Hänsel	Einführung in die Methoden zur Beschreibung und Verbesserung von Produkten und Prozessen ISBN 978-3-8325-3100-3 19.80 EUR
2	Hans-Peter Linde	Programmierung von CNC-Holzbearbeitungsmaschinen nach DIN 66025 ISBN 978-3-8325-3160-7 19.80 EUR
3	Jürgen Fröhlich	Fabrikplanung - Grundlagen, Ablauf, Methoden und Hilfsmittel ISBN 978-3-8325-3340-3 23.80 EUR
4	Hans-Peter Linde	Bearbeitungsstrategien für die CNC-Bearbeitung von Holz und Holzwerkstoffen ISBN 978-3-8325-3357-1 19.80 EUR
6	Andreas Hänsel	Holz und Holzwerkstoffe Prüfung - Struktur - Eigenschaften ISBN 978-3-8325-3697-8 24.50 EUR